内蒙古自治区人民政府科研专项"内蒙古农牧场动物福利研究"
（2016—2020年）资助

肉牛
全程福利生产新技术

ROUNIU

QUANCHENG FULI SHENGCHAN XINJISHU

翟　琇　贾伟星　主编

U0380959

中国农业出版社
农村读物出版社
北　京

编　委　会

前　言

　　当今，动物福利逐渐成为学术界和产业界一个日益关注的领域，尤其是农场动物福利受到越来越多国家、国际组织的关注和重视。近年来，农场动物福利这一理念及其实践在中国逐渐得到认可，形成了中国农业国际合作促进会动物福利国际合作委员会、中国畜牧兽医学会动物福利与健康养殖分会等专门推动动物福利事业发展的社会组织和一批科研机构、高等院校研究群体，部分企业也将动物福利作为提升畜禽产品品质和品牌价值的重要抓手。促进动物福利是推动我国农业绿色发展的一项重要选择，当前已成为保障食品安全和健康消费的一项重要措施，更是现代社会人文关怀的一种重要体现方式。

　　高福利产品是市场机遇，也是全球趋势。良好的动物福利提供了优质的畜产品，是畜牧业可持续健康发展的必然要求。目前，动物福利产品的商业化越来越成为提升企业品牌、占领市场的竞争策略。

　　我国是世界畜牧业生产大国，肉牛产业是我国畜牧产业中不可或缺的支柱产业。据国家统计局统计，2019 年我国牛存栏 6 998 万头，出栏 4 533.9万头，牛肉产量 667.28 万 t，人均牛肉消费量 5.94kg，同比增长 10.4％。我国肉牛产业正处于由传统畜牧业向现代畜牧业转型的关键时期，由“增量”发展转向“增效”发展的需求尤为迫切，肉牛生产需要增添“尊重肉牛习性、调配环境条件、采取适宜的生产组织形式、满足肉牛生活营养和健康所需”等生产福利要素，满足肉牛“环境福利、行为福利、生理福利、心理福利、卫生福利”，实现肉牛全程福利生产，生产出更多、更好的肉牛产品，不断满足人民日益增长的美好生活需要。

　　本书内容包括动物福利概念与意义，肉牛生物学特征与习性，环境条件控制与肉牛福利，生产方式与肉牛福利，营养、管理与肉牛福利，饲养、运输与肉牛福利，肉牛健康福利，全面系统地介绍了肉牛全程福利生产关键技术。本书在编写过程中，查阅了大量国内外动物福利、肉牛生产相关资料，在此由衷感谢相关参考文献的编著者，特别是关于动物福利方面的编著者。本书是从"动物福利"技术角度来论述肉牛全程生产的首部书籍，是编者的大胆尝试。本书具有较强的前瞻性和实用性，是肉牛生产从业者的一部实用技术参考书籍。

由于编者的知识有限，书中难免有纰漏、不足之处，敬请广大读者批评指正。

编　者

2020 年 10 月

CONTENTS

目 录

前言

第一章

动物福利概念与意义

    动物福利（animal welfare）已成为人们越来越关注的话题。动物福利的核心理念是要从满足动物的基本生理、心理需要的角度，科学合理地饲养动物和对待动物，保障动物的健康和快乐，减少动物的痛苦，使动物与人类和谐共处。动物福利与动物权利有本质的区别，它强调在利用过程中对动物个体的保护，与动物伦理、动物需求、动物健康、动物应激有着密切的联系。发展到现阶段，动物福利已成为一门由多学科渗透、交叉形成的综合性新兴学科，不但与畜牧学、兽医学、环境科学等自然科学有关，而且与伦理学、法学等社会科学也有密切关系。从动物福利的起源及发展来看，基本完成了从单一地反对虐待动物到全面地提高动物生存质量的变化历程。对于各种用途的养殖动物，最受关注的是农场动物，其次为实验动物、伴侣动物。动物福利主张的是人与动物协调发展。因此，在利用动物的过程中，实施良好的动物福利具有广泛的经济效益、社会效益和生态效益。

第一节　动物福利概念与范畴

一、动物福利及其基本原则

（一）动物福利概念

    动物福利概念在科学家当中讨论得非常广泛，大家都在努力地从不同角度进行定义。Brambell（1965）认为，动物福利是一个比较广泛的概念，包括动物生理上和精神上两方面的康乐（Well-being）。Lorz（1973）认为，动物福利是指动物从身体上、心理上与环境的协调一致。Hughes（1976）将饲养于农场的动物福利定义为动物与其所处环境协调一致、精神和生理完全健康的状态。Broom（1986）认为，动物个体的福利是其企图适应环境的一种状态，动物的状态有好有坏，但不管如何，通常均与动物的感觉有关。Duncan、Petherick（1989）认为，动物福利只依赖于动物的感觉。Dawkins（1990）则认为，动物福利主要依赖于动物的感觉。Webster（1994）认为，动物福利状况由动物避免痛苦或保持舒适的能力决定。Ewbank（1999）认为，用健康和愉快代替福利更具有实际意义。可见，这些描述动物福利的概念涉及动物生活质量的各个方面，特别强调动物本身的感受和身心健康。英国皇家反虐待动物协会（Royal Society for the Prevention of Cruelty to Animals，RSPCA）强调，动物福利就是要反对虐待动物并减少动物痛苦。

2004 年，世界动物卫生组织（OIE）将动物福利指导原则纳入《陆生动物卫生法典》中，并不断完善。在其第 7.1 章《动物福利规则导言》中明确指出，动物福利是指动物的状态，即动物适应其所处环境的状态。良好的动物福利，就是要让动物生活健康、舒适、安全、得到良好饲喂、能表达天生的行为，免受痛苦和恐惧，并能得到兽医治疗、疾病预防和适当的兽医处理、庇护、管理、营养、人道处置以及人道屠宰，这些要求需涵盖动物保健、饲养和人道处理等各个环节。作为旨在促进和保障动物卫生与健康工作的政府间国际组织，OIE 对动物福利的意义被广泛认可并接受。

尽管各国学者或组织对动物福利的定义不尽相同，但核心理念基本一致，就是要从满足动物的基本生理、心理需要的角度，科学合理地饲养和对待动物，保障动物的健康和快乐，减少动物的痛苦，使动物与人类和谐共处。动物活着本身就具有维持其生命、健康甚至舒适的需要。这种需要的满足度越高，动物福利水平就越高。因此，提高动物福利的实质即是更好地满足动物的需要。广义上讲，动物福利是指让动物在舒适的环境中健康快乐地生活；狭义上讲，动物福利是指满足动物个体的最适生存条件。从人道或生物伦理的角度看，要使动物获得良好的福利，必须善待动物，减少动物的痛苦。

提倡动物福利的目的就是人类在利用动物的同时，要关注和改善动物的生存状况。一是从以人为本的思想出发，改善动物福利可充分发挥动物的作用，让动物更好地为人类服务；二是从人道主义出发，重视动物福利，改善动物的康乐程度，可以使动物免受不必要的痛苦。具体地讲，提倡动物福利，就要为动物提供适合的营养、环境条件，善待动物，正确地处置动物，减少动物的痛苦和应激反应，提高动物的生存质量和健康水平，实现人类在合理地利用动物时能获得可持续的最大利益。这种动物福利的理念，是在人与动物之间的关系不断变化、演变过程中缓慢形成的，也是社会进步和经济发展到一定阶段的必然产物，体现了人与动物协调发展的客观需求。

这里提到的动物，是指人类为了各种目的所保有的家养动物，包括农场动物、实验动物、伴侣动物、工作动物、娱乐动物和圈养的野生动物。其中，农场动物饲养数量庞大，对人类的食品安全和生存环境影响较大，且在农场动物的饲养、运输、屠宰过程中存在着许多过度追求经济效益的生产方式，对动物造成极大的痛苦。因此，人们对农场动物福利越来越关注。作为生命科学、医学的必需材料，实验动物用于动物生长、发育、免疫、繁育等基本规律及调控机制的研究，药物和化妆品的致畸、致癌、致突变等药理毒理学与药效学方面的研究以及人类疾病模型的研究，用途非常广泛，科学实验过程中对动物的处置不可避免地会引起动物的痛苦。

农场动物福利就是要根据畜禽的生物学特性，合理运用各种现代生产技术，满足它们的生理和行为需要，确保它们的健康和快乐。这里的现代生产技术，是指现代育种繁殖技术、养殖设施环境控制技术、动物疾病防治技术、营养与饲料配制技术、工业化生产管理技术等，与动物福利五项基本原则达到理论与实践上的对应。没有科学技术和良好生产实践的进步与支撑，实现动物福利是不可能的。通俗地讲，就是要根据畜禽需要来提供使其健康生长或生产的环境条件，加强应激因素管理，减少畜牧业生产中不恰当的人为操作，力求得到优质安全的畜产品。这种强调生产系统中以动物需要为核心的观念，不但丰富了动物福利实用主义的内涵，还可促进生产工艺的改进，使动物和环境更加协调，生产过程更趋合理，减少动物不必要的痛苦，提高动物的健康水平，从源头上避免疾病频发、药物滥用、产品质量低下等诸多问题的出现，从而提高整体生产力水平，获得更大的经济效益。

具体到实验动物，应根据试验的需要，严格优化试验步骤，遵循"3Rs原则"；应避免开展对人类健康和生活意义不大的动物试验；动物试验应在后果可控的条件下实施；应对动物实施麻醉以减轻痛苦、伤害；对于因伤病不能治愈的动物，应予以安乐死。给予实验动物必要的福利，既是人道主义的要求，又是科学实验可靠性的必要保障。

（二）五项基本原则

动物福利五项基本原则，最早由英国农场动物福利委员会（Farm Animal Welfare Council，FAWC）提出，具体内容是：①为动物提供保持健康和精力所需的清洁饮水和食物，使动物免受饥渴（freedom from hunger and thirst—by ready access to fresh water and a diet to maintain full health and vigour）；②为动物提供适当的庇护和舒适的栖息场所，使动物免受不适（freedom from discomfort—by providing an appropriate environment including shelter and a comfortable resting area）；③为动物做好疾病预防，并给患病动物及时诊治使动物免受疼痛和伤病（freedom from pain，injury or disease—by prevention or rapid diagnosis and treatment）；④确保动物拥有避免精神痛苦的条件和处置方式，使动物免于恐惧和悲痛（freedom from fear and distress—by ensuring conditions and treatments which avoid mental suffering）；⑤为动物提供足够

的空间、适当的设施和同种动物伙伴，使动物自由表达正常的行为（freedom to express normal behaviour—by providing sufficient space, proper facilities and company of the animal's own kind）。FAWC 提出的这五项基本原则，实际上对应着动物的生理福利、环境福利、卫生福利、心理福利和行为福利，是一种整体的参考框架，主要出于研究和评估的目的，完全实现五项基本原则是极其理想化的目标。

1. 生理福利　动物的生理福利是指按照科学、合适的饲喂程序，给动物提供充足、安全、清洁的食物和饮水。动物的食物应当符合营养需要。不洁净、有毒的食物和水会引起动物消化道损伤，产生腹泻、生长停滞、中毒症，严重时可危及生命。长期采食、饮水不足，会引起动物生长受阻、繁殖能力降低、免疫力下降，动物表现为消瘦、虚弱、没有活力。

1998 年欧盟《关于保护农畜的理事会指令》规定，饲喂动物的食物应当是与其年龄、品种相适应的有益食物，这种食物应当充足，以保证动物的健康和营养需要；不得以引起动物不必要痛苦和伤害的方式，给动物喂养食物或者流体物质；喂养的间隔应当符合动物生理学的需要；应当给动物提供饮水的便利，并以其他方式满足动物获取流食的需要；动物的喂养和饮水设施的设计、建造与安装，应当保证食物和水污染最小化，保证不同动物个体之间的竞争最小化。

2. 环境福利　动物的环境福利是指根据动物的习性与生理特点，科学地设计动物的饲养场所以及设定饲养场所的具体环境参数，目的是使动物在舒适的环境下生存。众多研究表明，动物所处的环境条件对动物的生理和心理具有巨大的影响，环境条件的异常会导致动物健康状况受损，生产性能下降，严重时会危及动物生命。

1998 年欧盟《关于保护农畜的理事会指令》规定，动物栖息处的光照、温度、湿度、通风和有害气体浓度、噪声强度等环境条件，应当符合动物的品种特点、发育程度、适应程度和驯化程度。欧盟还通过《集约化养猪福利兽医科学委员会报告》《肉鸡福利》《蛋鸡福利》等研究报告，向生产者推广具体的环境参数。

3. 卫生福利　动物的饲养场所应保持清洁卫生，以利于动物的健康。污浊环境中，气溶胶、动物皮肤直接接触到的地面和墙壁均带有大量致病微生物，动物在这种环境下易感染疾病。微生物活动所产生的氨气和恶臭，也会对动物呼吸道造成损害。欧盟《猪的最低保护标准》规定，必须经常清洗和消毒猪舍、栅栏等设备，以防止交叉污染和致病微生物滋生；粪尿和剩料必须得到及时清理，以减少臭味散发，引来鼠类、苍蝇。

同时，对动物应进行及时的疾病预防、疾病诊治，可以有效降低动物因疾病导致的痛苦和生产者的经济损失。对于疾病的预防，应做到控制病原、隔离带病动物、疫苗免疫等。对于发病动物的诊治，应该做到早期诊断要准确，并实施有效治疗。疾病的有效治疗，需要综合考虑药物治疗、管理和环境因素。不及时的诊治会大大提高动物死亡率，加大因疾病带来的痛苦，以及给生产者带来更大的经济损失。

4. 心理福利　动物天生具有较强的感官能力和警惕心理，能感受到疼痛、恐惧。在饲养、运输、屠宰过程中，不当的人为操作会给动物带来疼痛与恐惧，直接影响动物的健康和动物产品品质。

动物的心理应激主要来源于人类的虐待，以及饲养、运输、试验、屠宰过程中的不合理、非人道的处置。世界各国的动物福利法律法规，均明文禁止虐待动物。1998 年修订的德国《动物福利法》规定，任何人都不得无故使动物遭受疼痛、痛苦或伤害。我国台湾《动物保护法》规定，任何人不得恶意或无故骚扰、虐待或伤害动物。我国 1988 年《实验动物管理条例》规定，从事实验动物工作的人员必须爱护实验动物，不得戏弄或虐待。于 2010 年施行的《广东省实验动物管理条例》规定，从事实验动物工作的人员在生产、使用和运输过程中，应当维护实验动物福利，关爱实验动物，不得虐待实验动物。对实验动物进行手术时，应当进行有效的麻醉；需要处死实验动物时，应当实施安乐死。

除了一些原则性的规定，西方的动物福利法律法规针对动物的饲养、运输、试验、屠宰等环节还提出了具体而又详细的要求，以最大限度地减少动物的痛苦。如动物屠宰中，传统的宰杀是在动物清醒状态下完成的，故动物会承受巨大的痛苦。1979 年《保护屠宰用动物的欧洲公约》规定，为了使动物免受不必要的痛苦，必须采用"击晕"的方法使动物在死前失去知觉。

5. 行为福利　无论是农场动物、实验动物、工作动物还是伴侣动物，均是由野生动物驯化而来，其必定带有该种动物特有的习性。例如，鸡有刨土、啄食、搜食、梳理羽毛、沙浴、筑巢、在隐蔽的场所产蛋等习性。由于鸡笼严重限制了鸡的活动，鸡无法自由移动、拍打翅膀以及表达其他本能行为，因而持续处于受挫状态中。在单调和压抑的环境中，它们会把啄食行为转变为啄击其他同伴的行为。为了避免这种现象，工业化养殖采用断喙的方法。这种手术给鸡带来巨大痛苦，不符合福利要求。由于过度产蛋，鸡的骨质疏松症极为普遍。由于缺乏运动，使得鸡体型较大，鸡腿难以承受体重负荷，加上骨质不好，很容易出现腿部骨折。为此，欧盟发布了从 2012 年取消使用旧式层架式鸡笼的指令。实践证明，用替代方法生产出的鸡蛋比使用旧式层架式鸡笼生产出的鸡蛋质量更好，鸡蛋污染和破碎的也少。给予动物一定的行为福利，对动物的身心健康和人类的经济利益均有裨益。

二、动物福利与其他相关概念的异同点

（一）动物福利与动物权利

19 世纪以后，西方社会出现了一种看法，即动物拥有与人类相似的生理、记忆力和情感，人类应该给予动物平等的道德关怀，动物应该具备这样的权利。动物权利（animal rights）可概括地定义为，动物作为一种自然存在，享有获得人类从道义上给予尊重的权利。

围绕动物权利的实现，学术界出现了两种不同的看法。一种是"动物权利论"，主张将动物的地位提升至与人一样，动物按照自己的意愿去生活，人类应该停止任何形式的屠杀、虐待和利用动物，包括猎杀、生产、试验、囚禁、观赏以及使用动物产品作为原料的化妆品和服饰；另一种是"动物福利论"，支持人类对动物的合理利用，人类应当停止对动物的虐待，可通过改进生产工艺和改变人类对待动物的态度而减少动物的痛苦。在他们看来，"动物福利"是依据"动物福利论"实现"动物权利"的手段。

动物对人类的社会、经济、文化有着巨大影响，是人类文明的重要组成部分，人类对动物的利用无法停止。"动物福利论"既考虑了人的情感和利益，又考虑了动物本身的价值和感受；而"动物权利论"主张禁止人类对动物的利用，这与人类社会的现实相悖。倘若人类停止利用动物，与动物产品相关的食品、皮革、化工行业就会全部消失，人类社会将出现巨大的失业问题；倘若停止对动物源性食品的摄入，人类的营养水平和健康水平将受到影响；倘若禁止使用取材于动物的医药产品及试验材料，人类医疗水平将会倒退。综上所述，"动物权利论"过于激进，难以全面推广；而"动物福利论"却具有很强的现实意义。

（二）动物福利与动物保护

在善待动物的理念得到人类社会普遍关注和认可以前，动物被当做一种重要的自然资源，成为人类随意猎杀、捕捞、驯养、观赏的对象，或者作为试验材料和动物源性产品的原料等被随意利用。工业革命以后，人类对动物的过度利用，导致了动物资源的严重透支。由于宗教、习俗等因素，人类对弱势的动物缺乏怜悯，残酷虐待动物的事件屡见不鲜。在这种背景下，人类逐渐认识到，动物不是取之不尽、用之不竭的普通资源，而是与人一样有血有肉的生命体，具有会感知痛苦或快乐的能力。因此，人类在饲养、利用动物的时候，要有博爱的情怀，善待动物。在这种思潮影响下，越来越多的人投入动物保护事业。动物保护（animal protection）不仅是保障人类经济利益的手段，还是维护生态平衡的重要环节，更是社会伦理道德程度提高的表现。动物保护的概念涉及种群保护和个体保护两个层面。

1. 种群保护　目的是保存物种资源或保护生物多样性。这是以物种资源或种群为对象的保护，包括野生动物、实验动物、伴侣动物、农场动物等的品种保护，重点关注的是动物种群的延续。动物的遗传资源具有不可再生性，一旦动物物种或品种灭绝就再也无法恢复。据国际自然和自然资源保护联盟（IUCN）《红皮书》统计，20世纪有110个种和亚种的哺乳动物以及139个种和亚种的鸟类灭绝，约有20%的脊椎动物面临灭绝的危险；目前，世界上已经有超过1 000个品种的家养动物灭绝，世界畜禽基因库面临枯竭的窘境。保护动物种群，对于维护生态平衡和畜禽品种改良以促进畜牧业发展有着巨大而深远的意义。

2. 个体保护　目的是保护动物免受身体损伤、疾病折磨和精神痛苦，减少人类活动对动物造成的伤害。这个层面就是我们常说的动物福利，强调利用过程中对动物个体的保护，即要善待动物，满足动物的基本需要，避免任意虐待动物。对动物个体保护涉及所有与人类活动有直接联系的家养动物以及受到人类活动影响的野生动物。动物保护的渊源，可以追溯到距今4 000多年的中国夏朝。《逸周书·大聚篇》中有"夏三月，川泽不入网，以成鱼鳖之长"的内容，意为不要在鱼鳖的幼年时期去捕捞。距今3 000多年西周王朝的《伐崇令》，规定"毋坏屋，毋填井，毋伐树木，毋动六畜，有不如令者，死无赦"。其中的"六畜"，指当时的农场动物。"动六畜……死无赦"指不能伤害家畜，违反就是死罪。在中国古代，农场动物是极其重要的生产工具，是农业生产中最主要的动力来源，所以被视为重点保护的对象。中国周、秦、汉、唐、宋、元、明、清等时期，均有类似的动物保护法规出台。

西方最早的国家动物保护法出现在爱尔兰。1635年，爱尔兰议会通过了一项禁止从活羊身上拔毛、禁止拽马尾巴进行耕作的禁令。1822年，英国出现了西方世界第一部真正意义上的动物保护法律。西方国家从19世纪初开始，用了约一个世纪的时间，完成了"反虐待"性质的立法。从第二次世界大战以后至21世纪初，又完成了"动物福利"性质的立法。目前，西方国家的动物保护理论、技术标准、评估方法和法律法规均趋于成熟。动物保护被西方社会广泛接受。

现在东方各国和地区的动物保护法律，是以现代西方动物保护理论为基础，根据各国实际情况各自制定的。

（三）动物福利与动物伦理

动物伦理（animal ethics）是人类与动物的关系观，以及人类对待动物的行为和标准。

古代东西方动物伦理有着很大的不同。古代东方的动物伦理主张尊重动物、有节制地利用动物。例如，受到宗教的影响，印度素有善待动物、敬畏动物的传统氛围。古代中国的先民认为"竭泽而渔"的发展模式不正确，不要只顾眼前，而要捕捞有度，确保人与动物的长期共存。孔子说"钓而不纲，戈不射宿"，意为只用竹竿钓鱼，而不用网捕鱼；只射飞着的鸟，不射夜宿的鸟。孟子认为"数罟不入洿池，鱼鳖不可胜食也"，意为不用细密的渔网捕鱼，鱼和鳖就怎么也吃不完。19世纪以前，古代西方认为动物是人类的附庸，作为食物和工具而存在。传统的基督教观念认为，动物仅仅是人类的食物来源。亚里士多德认为，动物地位低贱。勒内·笛卡尔甚至认为，动物不过是机器。19世纪以来，西方社会逐渐认识到，动物并非仅仅是人类的工具和食物，动物与人类甚至还有工作关系和伴侣关系；动物与人类有类似的生理、感觉和情感，人类与动物共处时应该避免或减少给动物造成痛苦。经历了两个世纪的伦理学讨论，最终形成了"人有善待动物的义务"的社会共识。

动物福利是在善待动物的生物伦理下，人类根据慈悲情怀和人道主义精神，为动物提供必要的基本生存条件，以保障动物的生存质量。动物福利和动物伦理的关系是，动物伦理阐释了人与动物是何种关系，动物福利阐释了在善待动物的生物伦理下，人类应当如何善待动物。动物福利是动物伦理的具体实践。

尽管对动物福利的研究以及动物福利标准的建立都是以自然科学为基础，但如果没有伦理上的考虑，动物福利科学这门学科就不可能获得突飞猛进的发展。实际上，涉及动物使用和动物福利的话题，多半都需要通过社会的伦理讨论才能获得理性认知。特别是在实用伦理学领域，当人类与动物的利益相互冲突如集约化畜牧业、动物试验、基因工程等问题，都需要根据伦理学和合理的现实需求加以考虑，这可以促进对人与动物关系及相关伦理原则的理解。这些讨论及其结果也将对动物所受待遇产生深远的影响。人类的发展史也是驯化、利用动物的历史，动物为我们提供饱暖之需、精神安慰和身心享受。可以说，动物改变了人类生活，所以我们应怀敬畏之心、感恩之情对待动物。伦理不仅与人有关，还与动物有关。动物和我们一样渴求幸福、感受痛苦和畏惧死亡。我们不仅要关心人与人之间的关系，还要关心人类与其他所有生命的关系。面对动物伦理引发的社会问题，应该运用人类的智慧，站在更高的层面来处理好人与动物的各种关系。重视动物福利，保障动物作为一个生命体所应享有的基本权利，许多动物伦理问题就能有效遏止，阐明人与动物和谐关系的伦理观是实现动物福利的必要条件。

但是，一个国家的动物伦理与历史传统和习俗有很大的关系。我们应该汲取各种动物伦理观的合理成分，同时，结合我国古代先民利用动物的朴素情怀以及中国的现状，正确地定位人与动物的伦理关系。

（四）动物福利与动物需求

动物需求（animal needs）是动物的生物学需要量，即需要获取特定的资源。动物需求由动物的生物学基础决定，因为这些需求与动物机体不同的功能系统相关。动物需求可从不同的角度进行划分。从对个体生存的重要性来看，动物需求可分为生存需求和非生存需求；从动物生理和心理上的不同角度看，动物需求可分为物质需求和精神需求；从需求随时间变化的角度看，动物需求分为持续性需求和阶段性需求；从个体和整体角度看，动物需求可分为个体需求和种群需求。

动物的生存需求是动物维持个体生命活动的基本条件。生存需求不能得到满足，动物会出现疾病和死亡。生存需求包括获取充足的食物和水、适宜的栖息地环境、免于天敌威胁等。在满足动物个体生存需求的基础上，动物可以进行正常的繁殖及其他活动，如筑巢、求偶、交配、哺育幼崽、占据领地、嬉戏、群居等。动物对以上非个体生存必需行为的需求，属于非生存需求。

动物的物质需求包括充足、适宜的食物，充足、洁净的饮用水和洗浴用水，符合动物生理特点的环境条件，充足的居住空间等。精神需求包括免于虐待、免于疼痛、免于恐惧以及获得关怀与保护、群居生活等需求。

动物的持续性需求指动物在生命的全过程都必须获得的需求，如采食、饮水、睡眠等。阶段性需求指动物在特定阶段才出现的需求，如繁殖期的繁殖需求、成年动物的领地需求、幼年动物的哺乳需求、动物在不同阶段的特定营养需求等。

动物的个体需求指动物个体维持正常生理和心理活动的需求。动物的种群需求指维持动物种群延续的需求，如遗传多样性、种群数量、种群结构、栖息地环境条件等。

动物的个体生存需求有不同层次。在基本需求即生存需求满足后，动物还具有确保其健康和舒适的需求，即健康需求和舒适需求。健康需求高于生存需求，而舒适需求又高于健康需求。在一定范围内，动物需求被满足的充分程度越高，动物福利水平越高；反之，则越低。

动物福利主要针对动物的个体需求，特别关注与动物生存和健康相关的需求，并非涵盖了动物的所有需求。例如，家养动物的繁殖行为受人类调控，常采用人工授精；动物的居住空间并非像自然条件下那么宽广、可以自由活动；为保护新生仔猪受压，人类使用限位栏限制哺乳阶段母猪的活动等，所有这些并没有完全满足动物的需求。值得一提的是，人类给动物提供的养殖环境，在营养平衡、抵抗异常气候条件方面有时会优于自然环境下动物所能获得的条件。因此，人工饲养的动物生长速度、繁殖率和种群数量，常常高于或大于野生状态下动物的生长速度、繁殖率和种群数量。

（五）动物福利与动物健康

谈到动物健康（animal health），首先要界定健康的含义。在一些词典中，"健康"通常被简单扼要地定义为"机体处于正常运作状态，没有疾病"，这是较为传统的健康概念。1946年，世界卫生组织（WHO）成立时在它的宪章中明确指出，健康乃是一种在身体上、心理上和社会上的完满状态，而不仅仅是没有疾病和虚弱的状态，这就是现代关于健康的较为完整的科学概念。从这一定义可以得出，健康的含义是多元的、广泛的，包括生理、心理和社会适应性3个方面。

将健康这种多元的现代概念应用到动物上，则需要缩小它的内涵。一般认为，动物健康是指动物身心处于良好的状态，即包括生理健康和心理健康。这两部分都可以用一系列可测量的生理和行为指标，如动物的体况、生理参数、生长状态、应激状态、精神面貌等，来客观地衡量，但其标准很难掌握。在各种利用动物的实践中，人们提到动物健康，更多地是指动物的身体健康，没有患上疾病，精神状态良好。

《OIE陆生动物卫生法典》（以下简称《陆生法典》），旨在建立全球范围内改善陆生动物健康和福利以及兽医公共卫生的标准。2004年《陆生法典》纳入了世界动物卫生组织动物福利指导原则，其中列出的第一个原则就是"动物健康和福利之间具有非常重要的关系"（that there is a critical relationship between animal health and animal welfare）。可见，动物健康不健康是衡量动物福利状况的重要内容。只有处于健康状态的动物才能正常发挥各种生理功能，表达正常的种属行为，才能高效地生长和繁殖子代。因此，动物的健康状况越好，动物福利水平则越高；反之，动物福利状况就会受到影响。

在进行动物健康评价时，往往只评价动物当时的身体状况。而对动物福利评价时，不但要了解动物当时的健康状况，还要了解动物是否受到过或正在受到虐待、伤痛和恐惧，过往或现在所处的环境是否满足动物的需要。由此，相比较而言，动物健康的内涵较窄，而动物福利涵盖的内容则更广。也可以说，动物健康只涉及动物福利的一部分内容，是实现动物福利的必要条件；反过来，只有良好的动物福利，才能确保动物健康。因此，在改善动物福利时，首先应考虑能否确保或改善动物健康。

（六）动物福利与健康养殖

健康养殖（healthy feeding）是中国独有的概念，是伴随着我国养殖业（水产、畜产）环境污染、疫病频发、产品质量安全得不到保障三大问题日益严重的背景而出现的。最先应用于海水养殖，之后陆续向淡水养殖、生猪养殖和家禽养殖拓展，并不断完善。1997年，《科学养鱼》期刊上最早开辟了健康养殖专栏，连续刊载了30多期，阐明健康养殖是一种科学防治疾病的养殖模式。石文雷（2000）认为，健康养殖是指根据养殖对象的生物学特性，运用生态学、营养学原理来指导养殖生产。卢德勋（2005）认为，健康养殖即坚持科学发展观，以优化生产效率为中心，将养殖效益、动物健康、环境保护以及畜产品品质安全 4 个方面统筹考虑，实现动物养殖的全面、协调、可持续发展。可见，健康养殖是一种以优质、安全、无公害为主要目标，数量、质量和生态并重的可持续发展的养殖方式。

健康养殖着眼于养殖生产过程的整体性（整个养殖行业）、系统性（养殖系统的所有组成部分）和生态性（环境的可持续发展），关注动物健康、环境健康、人类健康和产业链健康，确保生产系统内外物质和能量流动的良性循环、养殖对象的正常生长以及产出的产品优质、安全。随着时间的推移，健康养殖的概念正好迎合了人们急于想改变养殖业污染严重、疫病频发、畜产品重大安全事件多发的现状。因此，健康养殖一词已成为热点词汇，得到了大量运用。只要与养殖有关的管理技术、环境控制技术、养殖方式等，大家都喜欢归纳为健康养殖。2007 年，在中央 1 号文件中都明确提出，要积极推广健康养殖模式，改变传统养殖方法。本质上讲，健康养殖的核心就是科学饲养。

动物福利强调的是动物的康乐以及使动物获得康乐的外部环境条件，更多的是一种理念和理论上的表述，偏重于个体关怀。而健康养殖是一种确保整个养殖系统健康、可持续发展的养殖模式，偏重于整个养殖系统及其所有的组成部分，强调的是运用各种先进的养殖技术组合，促进养殖业的健康发展，更侧重生产实践和技术上的运用。动物福利的目的是减少动物的痛苦；健康养殖的目的是生产系统运转正常。尽管动物福利和健康养殖的内涵不同，但它们有一个共同的交集，即都强调动物的健康。

养殖生产上存在着许多应激因素。对这些应激因素进行适当调控，减少畜禽的应激反应，使畜禽从应激状态过渡到健康状态，不但可以提高畜禽的福利水平，而且可以让畜禽将更多的营养物质和能量用于增重与繁殖，获得更好的生产效益。因此，动物福利是健康养殖的核心内容。

健康的动物是养出来的，只有在饲养的过程中，全面贯彻善待动物、"养"重于"防"、"防"重于"治"的经营理念，从舍饲环境和应激管理上下功夫，才能提高畜禽自身的健康水平和免疫功能，从源头上解决畜禽疫病频发的诱因。因此，健康养殖涵盖了饲养环节中动物福利的基本要求。同时，兼顾了科学性和经济上的考量。

当然，不健康的动物也是养出来的。人类在利用动物过程中采用的方法或提供的条件不适当，是造成动物患病、健康出现问题的主要因素。这些因素包括高密度养殖、唯高产选育、引种混乱而不有效隔离、多重超强免疫、对于疾病的不及时和错误处置、投入品（饲料、药物、饮水）质量低劣或短缺以及恶劣的饲养环境，甚至还涉及养殖企业的员工对动物的残酷虐待。提倡动物福利或福利养殖，就是要消除这些影响动物健康和福利的因素，或将它们的影响降到最低程度。

（七）动物福利与有机畜牧业

有机畜牧业（organic livestock）是指动物在饲养过程中只使用有机饲料，饲养的动物能到户外活动，呼吸新鲜空气和享受阳光，当动物生病时也尽量不使用滞留性有毒药品的一种畜牧业饲养方式。对于严格的有机生产，所使用的有机饲料必须经过有关认证机构认证，且不得含有化学合成的农药、化肥、生长调节剂、饲料添加剂等物质以及基因工程生物及其产物。同时，有机畜牧业动物饲养应具有满足动物行为需要的活动条件和居住条件，能满足动物生理和习性的需求。

有机畜牧业的真正内涵是在提供有机畜产品的同时，按照系统工程的原理，遵循可持续发展原则，努力促进畜牧业在农业生产系统内部的生物多样性和物质良性循环，延长能量流动的生态链，生产合格的畜禽产品，实现畜牧业的持续发展。在有机畜牧业的生产中，首要条件就是无公害、无污染的生态环境。

有机畜牧业生产非常重视遵循自然形成的生物学生存法则，从满足农场动物生理和行为需要出发，强调饲养的农场动物与环境的可持续协调发展，以确保农场动物良好的福利水平和健康状况，达到少用药甚至不用药的目的，从而生产出安全、优质的畜产品。尊重自然、善待动物、关爱生命，这些有机畜牧业的基本要求是其区别于其他生产方式的显著特征，也是保障有机农场动物及其产品高质量、高安全性的具体表现。可见，保持动物较高的福利水平，是有机畜牧业生产的基本要求之一。

因此，有机畜牧业的动物福利，是指在自然的环境（或具有相应关键特征）下提升农场动物的健康和生理功能，允许农场动物充分表现其物种特异性行为，且要求按照物种特异性需求来饲养。

有机畜牧业与动物福利有着非常紧密的联系。要发展有机畜牧业，必须考虑饲养过程中的动物福利；而反过来，动物福利不只是在有机畜牧业生产方式中需要考虑，在非有机畜牧业生产中也同样需要重视。有机畜牧业和动物福利概念的提出及发展，都体现了人类对自然和动物的关注，表现了社会的进步、人类文明素质的提高。所有这些都是为了满足人类生活质量日益提高的需要，最终为人类的利益服务。

（八）动物福利与动物应激

应激（stress）这个词在生物学领域使用得非常广泛。动物应激（animal stress）是指在外界和内在环境中，一些具有损伤性的生物、物理、化学或心理刺激作用于动物体后，动物体产生的一系列非特异性全身性反应的总和，主要包括以交感神经兴奋和垂体肾上腺皮质分泌增多为主的一系列神经内分泌反应，以及由此而引起的各种机能和代谢的改变。按照动物对刺激因素是否能够适应，可将应激分为"生理性应激"和"病理性应激"。"生理性应激"是指动物机体适应了外界刺激，并维持了机体的生理平衡，有时甚至使动物感到愉快。例如，动物在玩耍时的奔跑行为和交配行为。在生理性应激条件下，动物也有一些典型的应激反应，如心率加速、糖皮质激素和儿茶酚胺激素浓度增加等。但是，这些变化对动物无害。"病理性应激"是指由于应激因素而导致机体出现一系列机能、代谢紊乱和机体损伤，甚至发病，危及动物福利和健康。

任何对动物机体或情绪的刺激，只要达到一定的强度，都可以成为应激源（stressor）。现代绝大多数集约化畜禽生产系统中，恶劣的饲养环境和不当的饲养管理，都不可避免地给动物带来各种应激。其中，常见的应激源包括环境温度过高或过低、噪声太大、饲养密度过大、硫化氢和氨气等有害气体浓度过高、病原微生物感染、内外寄生虫侵袭、疫苗和药物接种注射、突然换料、饲料营养不平衡、饲料和饮水缺乏、饲料适口性差、水不洁净、饲养员突然更换并粗暴对待动物以及在转群、去势、抓捕、手术治疗、运输、屠宰等过程中不当的生产操作。

应激反应时的生物学物质消耗是决定应激是否影响动物福利的关键。在抵抗应激反应时，如果机体需要动用其他功能系统的物质和能量（如用于维持免疫、繁殖或生长）来参与体内的应激调控，则动物会产生应激负荷。应激期间，各种生物功能的减弱使得动物体处于一种亚病理状况，且易于转化为病理变化。

以往大量的研究集中在各种畜禽生产管理系统或条件是否引起应激，从而形成这样的观点：任何造成应激的情形必须避免或禁止。但动物自身有复杂的行为和生理学机制来对付应激，只有应激引起动物某些生理状况的显著变化，威胁到动物的健康，才能影响到动物福利。不幸的是，很多用于评估动物应激的行为学和生理学测定，并没有告诉我们是否存在着这种有意义的生物学变化。

可见，动物存在应激并不一定说明该动物福利水平低下。当然，也不能否认强烈的或过于持久的应激源作用有时会给动物带来严重的伤害，如过度而持久的精神紧张、各种意外的躯体性的严重伤害等。实际的动物饲养和利用过程中，应激因素不可能完全消除。适度的应激可提高动物总体抵抗力，有助于动物适应环境，如合理的疫苗免疫等。故提高动物福利并不是完全消除动物应激，而是消除或减少动物应激中的病理性应激。认识动物应激和动物福利之间的这种关系，及时处理好伴有严重应激的事件，采取一些针对应激本身造成损害的预防措施，以尽量防止或减轻对机体的不利影响，可更好地做好动物福利工作。

第二节　动物福利起源与发展

伴随着人们对人类与非人类动物之间关系的思考，经历动物解放和保护运动的不断洗礼，动物福利科学及其概念从极端的、片面的理念逐渐发展到务实的、全面引导人们合理友善地利用动物的行动指南。

一、动物福利起源

动物福利最初产生于人类对动物生存状况的关切。随着生物科学的发展，人们逐渐认识到，动物是活的生命，具有感知痛苦的能力。因此，不应该恶意地虐待和残害动物。1635 年，爱尔兰通过了欧洲第一个动物保护立案。随后北美洲马萨诸塞湾殖民地区也通过了保护家养动物的法律，条文规定，人们不应残暴对待为了利用而保有的动物。1822 年，英国人道主义者 Colonel Richard Martin 再次提出禁止虐待动物议案，均获得上下两院通过，形成了世界上影响广泛和深远的反对虐待动物的法律，即所谓的"马丁法令"。它首次以法律条文的形式，较全面地规定了动物的利益，被认为是动物福利保护史上的里程碑。因此，在近代，真正从动物利益出发引申出的动物福利概念始于禁止虐待动物。当时，动物福利概念的主要内涵就是要禁止虐待动物，这也是对动物福利的低层次要求。

二、动物福利发展历程

自从 20 世纪中期以来，尤其是西方国家，人与动物之间的关系发生了很大的改变。人与动物之间关系发生改变之一是，第二次世界大战以来，农业产业化和生物医学研究的快速发展，动物遭受的虐待和痛苦越来越多。为此，随着英国动物福利大学联盟于 1954 年发起资助了提高动物福利的系列研究项目，任命学校的两位学者 William Russell 和 Rex Burch 研究提高实验动物福利的方法。5 年后，他们把研究结果出版成书，书名为《人道实验技术原则》（*The Principles of Humane Experimental Technique*）。这本书详细地介绍了如何用无感知的材料替代有意识的高等动物活体、如何减少实验动物的使用数量又使试验获得的信息数量和精度不受影响、在必须使用动物进行试验时如何优化试验流程减少不人道操作对动物的伤害，这就是实验动物替代（replacement）、减少（reduction）和优化（refinement）使用原则，即"3Rs 原则"

的首次提出。这本书很快得到该领域权威学者的认可，书中提到的方法目前已经被全球很多实验动物学者所采用。因此，自这本书出版后，保障试验研究和教学过程中使用的动物福利均以"3Rs原则"为指导加以推进和实施，即实验动物福利的基本内涵就是尽可能减少动物试验，对必须使用的实验动物要为其创造适宜的生存条件，将试验过程中动物的痛苦减少到最低程度，力求确保实验动物的康乐。

人与动物之间关系发生改变之二是，20世纪50年代，农场主为了满足不断增加的动物源性食品需求，同时达到降低生产成本、增加生产量的目的，将外界环境下的动物转移到舍内饲养，并且饲养的数量也以惊人的速度不断增加。这种以快速周转、高饲养密度、高度机械化、低劳动力需求、高饲料转化效率为主要特点的集约化饲养模式在全球得到迅速发展，导致动物所分配到的空间越来越小，其个体福利也越来越差。对英国工业化畜禽养殖进行广泛研究后，Ruth Harrison在1964年出版了《动物机器：新型工业化养殖》（*Animal Machines：The New Factory Farming Industry*）。这本书利用翔实的资料和大量的图片，不但详细地描述了人类残酷虐待工厂化养殖动物及动物承受的痛苦，也揭示了工厂化养殖产出的动物源性产品中含有的激素、抗生素以及其他化学物质对消费者健康产生的潜在危害。作者最后指出，为了保护动物健康和人类健康，人们应该完全废除集约化养殖模式，如禁止用限位栏限制动物的饲养方式。这本书出版后立即引起了巨大的轰动，直接促使英国政府成立了Brambell委员会，调查研究农场动物的生存状况。1年后该委员会发布报告，首次提出良好农场动物福利应该享有五项基本原则，后来扩展到人类饲养或受到人类行为影响的所有动物。这就是目前国际上普通认可的良好动物福利的基本要求。

在这期间，也出现了一些很有影响的期刊和书籍。例如，1992年英国动物福利大学联盟（Universities Federation for Animal Welfare）创刊了期刊*Animal Welfare*，主要发表家养动物以及受到人类活动影响的野生动物福利方面的科技研究结果以及综述，涉及农场动物、动物园动物、野生动物、实验动物、伴侣动物等，内容广泛，每年固定出版4期，偶尔也以增刊的形式出版动物福利科学国际会议研究进展。1997年，M. Appleby和B. Hughes主编的*Animal Welfare*得以出版发行，对当时人们关注的众多动物福利问题进行了科学回应。该书更多内容涉及农场动物，但阐述的基本原则同样适用于所有的动物，适合动物科学、兽医学、应用动物学和心理学的专业及非专业人士阅读，产生了广泛的影响，其第二版已于2011年面世。

至此，经过约200年的时间，动物福利的概念完成了从单一地反对虐待动物到全面地提高动物生存质量的变化历程。可以总结得出，动物福利的核心问题就是避免让动物遭受痛苦，如果无法完全避免动物的痛苦，那么就应该使其降至最低。良好的福利应该完全避免发生虐待动物的情况，能够满足动物对食物、饮水、庇护场所、空间大小、群体交流等的需要。同时，还要给动物提供充分表达本能行为的必要条件，这是对动物福利的高层次要求。

三、动物福利立法

在动物福利立法方面，欧盟的体系是最健全、水平最高的，尤其是关系到国际贸易的农场动物方面，如 99/74/EC 蛋鸡最低保护标准、91/629/EEC 动物运输保护、93/119/EC 动物屠宰和处死时的保护。这些指令对饲养过程中的地面、垫料、光照、通风、供水供料系统、饲养密度、疾病预防、房屋设施以及运输过程中容易造成动物应激的车辆设计、通风、温度、密度、饮食、休息、运输前准备、装卸车操作和屠宰过程中的宰前保定、致昏、放血等关键点作出了详细规定，要求各成员国遵守。

动物福利工作在我国起步不久，有关动物福利保护的法律法规正在相关部门、协会和学会的不断努力下在不同程度上得到体现。这也为日后福利法规的制定和实施奠定了基础。1998 年，我国出台了《野生动物保护法》，明确了野生动物的法律地位。2006 年 7 月 1 日起实行的《畜牧法》中，增加了"国务院畜牧兽医行政主管部门应当指导畜牧业生产，改善畜牧繁育、饲养、运输条件和环境"一条，体现了动物福利精神。2008 年，我国在全国范围内开展人道屠宰培训，并起草完成了人道屠宰草案。2017 年十二届全国人大五次会议上，安徽省农业科学院副院长赵皖平建议，加快推进中国农场动物福利立法，给农场动物提供人道的饲养方式，推动中国养殖业向健康、高效、安全的方向迈进。

四、动物福利未来趋势

动物福利作为一门学科发展到今天，已经从纯理念上人与动物的关系怎样、如何对待动物的哲学或伦理争论中慢慢地解脱出来，转向人们更多地关注在利用各种用途的动物时如何善待动物，并付诸实践。因此，动物福利学科理论的未来发展有以下 4 个主要趋势：

第一，动物福利越来越强调以科学为依据。例如，评价动物福利水平的高低要有科学数据支撑，某种养殖模式或生产实践是否符合动物的需求或满足动物需求的程度如何，均要以动物的生理和行为反应来科学评价。

第二，动物福利与生产实践越来越紧密。例如，OIE 在发布动物福利指导原则以后，陆陆续续地将动物陆路运输、动物海上运输、动物空中运输、供人食用的动物屠宰、为控制疾病的动物宰杀、流浪犬的控制、研究和教育方面的动物使用、动物福利和肉牛生产系统、动物福利和肉鸡生产系统共 9 个动物福利标准纳入《陆生动物卫生标准法典》；将养殖鱼类在运输过程中的福利、供人食用的养殖鱼类致昏和宰杀福利、为控制疾病的养殖鱼类宰杀 3 个动物福利标准纳入《水生动物卫生法典》。这些标准都为相关产业的良好实践或特定动物的良好管理提供指导原则，将动物福利要求落实到动物生产或管理的各个环节。

第三，对各种用途的动物福利差异化要求越来越明显。尽管对于所有的家养动物和受到人类活动影响的野生动物，善待它们、减少它们不必要的痛苦这些基本原则是一致的，但在实际操作上如何实现福利良好的生产规范，则与动物具体的用途有非常大的关系。人们逐渐认识到，对于农场动物，不可能获得像伴侣动物那样的日常照顾和医疗服务，只能分门别类制定各自的动物福利良好操作指南，运用到各自的领域。

第四，农场动物福利越来越受到重视。粗略估算，目前全球用于生产肉、乳、蛋的农场动物饲养数约 600 亿头（只），平均每人占到 10 头（只），数量非常巨大，而且这个数量还在逐年增加，它们与人类的生活质量息息相关。因为动物生产环节产生的污染对人类生存环境、动物产品质量对人类的食品安全、养殖场不断暴发的动物疫病对人类健康都有很大的影响，而且农场动物生产过程有待向高福利生产方式进行规范和改进，这种需要迫使人们越来越关注农场动物及其福利。

第三节 动物福利生产的意义

动物福利主张的是人与动物协调发展，即在人类需要和动物需要之间寻找一种平衡，建立一种既让动物享有福利，又能提高动物利用价值的共生关系。目前，国际上对动物福利的关注已从日常的伴侣动物逐渐扩展到农场动物、实验动物等各种用途的动物上。

一、经济效益

20 世纪 60～70 年代，西方一些发达国家出于农场动物生产和经济效益方面的考虑，发展了一系列集约化、工厂化的养殖模式，导致动物没有活动空间，正常生理行为得不到满足，进而出现动物的体质和抗病力大幅下降、畜禽疾病频发、牧场以及周边环境污染等问题。这些问题在粗放式管理条件下并不突出，却在集约化生产系统频频出现，并随着集约化程度的提高及其普及而加剧。如果对这些问题进行综合分析、判断，可以得出结论，这不是动物品种问题，也不是营养问题，更不是繁殖问题，而是集约化生产方式本身的问题，是畜禽根本无法适应这一新的生产方式的结果，是动物福利低下的后果。

可见，农场动物的经济效益与动物的健康状况、福利水平密切相关。农场动物处于亚健康或疾病状态下，会导致生产性能下降、个体损伤过多、使用寿命短、死亡率高、用药量大、动物产品质量和安全性下降等一系列棘手的问题。在饲养、运输和屠宰环节提高动物福利，有助于改善动物的健康状况，更大限度地发挥动物的遗传潜力，提高动物的生产性能，减少动物患病及药物的使用，促进动物源性产品质量和安全性的提高，从而提高动物养殖的经济效益。尽管提高动物福利需要增加一定投入，但提升动物福利可以提高动物产品质量，增加优质产品带来的收益。但过高的动物福利会使设备投资大幅增加，并不适合所有生产者。故应在生产和福利之间找到一个最适的平衡点，以达到最佳的经济效益。

改善伴侣动物和观赏动物的福利水平，可直接带动相关行业的发展，如宠物饲养场、宠物医疗、宠物美容、宠物摄影、宠物寄养、宠物服饰、宠物食品、宠物卧具、宠物玩具以及其他宠物用品业等。改善观赏动物的福利，可改善其体色、体态、精神状态、声音等，提高观赏性，促使人们更多地饲养观赏动物。

在一些机械化程度不高的发展中国家，工作动物仍具有不可低估的作用，改善工作动物的营养水平、饲养条件和工作条件，有助于其提供更多的畜力。

此外，提高动物福利水平是适应出口贸易和经济发展的要求。世界贸易组织以及一些西方国家对动物福利有较高的要求，这使得动物福利成为一项贸易壁垒。如欧盟要求其成员国在进口第三国动物产品之前，要求供货方必须提供畜禽或水产品在饲养、宰杀过程中没有受到虐待的证明；欧盟对动物产品的药物残留和疫病有严格的检查，如发现严重问题则停止从特定的出口国、地区或企业进口该类动物产品。我国目前的饲养、运输、屠宰等环节的动物福利，与西方国家相比还有很大差距，这制约了我国对西方国家的动物产品出口。例如，黑龙江某实业有限公司由于鸡舍没有达到欧盟现有的动物福利标准，使得原定每年出口 5 000 万只活鸡到欧盟的计划搁浅。2003 年 1 月欧盟通过了一项法令，要求在 2009 年以后，化妆品的研制过程中禁止使用动物来做试验，并禁止进口用动物进行试验的化妆品。我国也是世界上重要的化妆品出口大国之一，这项措施将直接影响我国化妆品的对外贸易和经济利益。因此，提高动物福利水平，有助于促进我国动物及其产品的对外贸易。

二、生态效益

随着养殖业的蓬勃发展，规模化养殖场的数量和规模迅速增多，生产中产生的废弃物，如动物排泄物和动物尸体等，对生态环境造成严重威胁。废弃物中含有高浓度的氮、磷，进入水体后可引起水体富营养化、土壤板结。废弃物中的重金属，如铁、铜、锰、锌、砷，会造成难以被环境降解的污染。污水中的抗生素等药物，会破坏正常的微生物生态系统，并导致大量耐药菌株的出现。

提高动物福利，一可改善动物的生存环境，降低动物的发病率，减少抗生素及其他药物用量；二可提高生产效率，在出栏量相近的情况下使饲养量减少，降低污染物总排放量；三可降低动物的死亡率，减少动物尸体对环境的污染；四可提高饲料转化率和利用率，减少饲料用量并降低污染物中营养物质浓度。

此外，城市野生动物对城市的物质循环起到一定作用，同时又是城市生态系统的晴雨表。城市野生动物的种类、数量及其个体行为上的变化，可以用作环境监测的工具。提高城市野生动物的福利，为其提供生存场所和必要的生存条件，对城市的生态环境有良性作用。

三、社会效益

人类尊重动物、关心动物、善待动物的态度，是社会文明进步的标志。莫罕达斯·卡拉姆昌德·甘地曾说过，一个民族的伟大之处和他们得到的进步，可以用他们对待动物的态度来衡量。德国思想家、哲学家康德认为，人类对待动物的凶残，会使人类养成凶残的本性。因此，保护动物，悲悯生命，有助于培养爱护弱者、珍惜生命的社会风气。培养动物福利意识，有助于使人类从妄自尊大、自我为尊的意识中解脱出来，转向以自然为中心，热爱自然，敬畏自然。

伴侣动物在人类生活中扮演了不可或缺的角色。伴侣动物具有降低人类心理压力的作用。研究结果表明，饲养伴侣动物后，人的心理压力可得到一定程度的舒缓。对于独居老人，犬是最好的伴侣。独居老人通过与犬的交流，排解心理压力。独居老人出现意外，如中风、突发心脏病，经过训练的伴侣犬能起到报警作用。美国《神经心理内分泌学》研究发现，让自闭症患儿与特训宠物犬玩耍并照顾宠物犬，可以使患者压力水平明显下降，行为问题大大改善。此外，还有研究认为，伴侣动物能够减少独生子女的孤独感，有利于独生子女的身心健康。

改善动物福利，对于人类食品安全和公共卫生安全有重要的作用。动物产品中残留的药物、毒素对于人类的健康有负面效应，如抗生素、肾上腺激素等；很多疾病是人畜共患传染病，如 H5N1 禽流感、狂犬病、流行性乙型脑炎、口蹄疫等，对人类的生命安全造成巨大的威胁。在动物生长、繁殖、生产阶段提高福利水平，根据畜禽营养、生理和行为等方面的需求改善它们的生存环境，并进行合理规范的管理，能减少它们的应激反应，极大地提高畜禽自身的抗病能力和免疫能力，减少各种疫病的发生和蔓延，从而减少抗生素等药物的使用，提高畜禽产品品质，保障人类健康，同时也可节约医疗费用，有助于社会的和谐与稳定。

实验动物为人类医学等生命科学研究作出了无法替代的贡献。从美国实验胚胎学家、遗传学家摩尔根把果蝇作为研究遗传规律的材料，到现代科学家应用动物进行转基因克隆，都是揭示生命本质、提高人类健康水平和满足人类对动物源性产品数量与质量方面日益增长的需求。可以毫不夸张地说，如果没有实验动物，就没有动物试验，我们可能至今对生命现象的本质仍一无所知，也没有严格意义上人工合成的新药，更没有各种高产、优质的畜禽品种。动物试验离不开实验动物。实验动物具有与人类相似的感情和心理活动。在饥饿、恐惧、不适宜的环境下，实验动物的生理和心理状态都有可能处于异常。无论是心理上的还是生理上的异常，都将影响试验结果的准确性。改善实验动物福利，有利于改善动物生理和心理状态，提高科学实验的有效性和准确性。

第二章

肉牛生物学特征与习性

第一节　肉牛生物学特征

一、消化与吸收

（一）牛消化系统结构

牛的消化系统包括消化道及与消化道有关的附属器官。消化道起于口腔，经咽、食管、胃、小肠（包括十二指肠、空肠和回肠）、大肠（包括盲肠、结肠和直肠），止于肛门。附属消化器官有唾液腺、肝脏、胰腺、胃腺和肠腺。

牛的胃为复胃，包括瘤胃、网胃（蜂巢胃）、瓣胃（重瓣胃）和皱胃（真胃）4 个室（图 2-1）。前 3 个室的黏膜没有腺体分布，相当于单胃的无腺区，总称为前胃，俗称"草肚子"。瘤胃和网胃由 1 个叫做蜂巢瘤胃壁的褶叠组织相连接，使采食入胃的食物可以在这两胃之间流通。皱胃黏膜内分布有消化腺，机能与单胃相同，所以又称之为真胃，俗称"水肚子"。牛消化道有一食管沟，它从贲门起始到重瓣胃止，由两片肌肉褶构成。当肌肉褶关闭时，形成一个管沟，可使饲料直接由食道进入真胃，避开瘤胃发酵。食管沟是犊牛吮吸奶时把奶直接送到皱胃的通道，它可使吮吸的奶中营养物质躲开瘤胃发酵，直接进入皱胃和小肠，被机体利用。这种功能随犊牛年龄的增长而减退，到成年时只留下一痕迹，闭合不全。胃的容积大，占整个消化系统的 70%。4 个胃室的相对容积和机能随牛的年龄变化而发生很大变化。初生犊牛皱胃约占整个胃容积的 80% 或以上，前两胃很小，而且结构很不完善，瘤胃黏膜乳头短小而软，微生物区系还未建立，此时瘤胃还没有消化作用，乳汁的消化靠皱胃和小肠。随着日龄的增长，犊牛开始采食部分饲料，瘤胃和网胃迅速发育，瘤胃黏膜乳头也逐渐增长变硬，并建立起较完善的微生物区系，3～6 月龄时已能较好地消化植物饲料。而皱胃生长较慢。

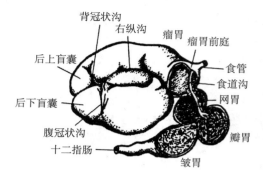

图 2-1　牛胃的结构

（引自韩刚，1998）

1. 瘤胃　瘤胃最大，占 4 个胃总体积的 80％；而网胃最小，占 5％；瓣胃和皱胃各占 7％～8％。瘤胃的发育随着年龄、采食饲料的种类、饲养管理等因素的改变而在结构、体积和微生物种群上发生改变。成年牛的瘤胃几乎充满了整个腹腔左侧，下部的一部分越过正中线占据腹腔右半部。

瘤胃是一个发酵罐，为厌氧环境，能够容纳 132L 以上含 10％～20％干物质的物料，是微生物活动的场所。常见的微生物有细菌、纤毛虫和真菌。细菌附着于饲料颗粒，将饲料降解并产生挥发性脂肪酸（VFA），作为牛的一种能量来源。瘤胃内的 pH 为 5.5～7.0，温度为 39～40℃。当瘤胃内 pH 降至 5.0 以下时，瘤胃微生物失去活性；若 pH 升至 8.0 以上，瘤胃微生物也会失去活性。饲料在瘤胃内停留 20～48h，瘤胃每 50～60s 收缩两次以上。瘤胃的内壁表面布满乳头状、细小如手指状的突起，以此增加瘤胃的吸收面积。挥发性脂肪酸、氨和水可以直接通过瘤胃壁进入血液。

2. 网胃　内壁呈蜂巢状，贲门和瘤网皱褶将网胃和瘤胃隔开。位于剑状软骨区的体正中面偏左，与第 6 至第 8 肋骨相对。其前壁紧贴膈及肝，而膈与心包的距离仅为 1.5cm。当饱食后，膈与心包几乎相接。随着网胃的有力收缩，瘤网皱褶移位从而将网胃内的消化物推向上方进入瘤胃，这一过程随瘤胃肌肉收缩而反复。同时，在此过程中将网瓣口打开，细小浓稠的消化物流入瓣胃，而粗大稀疏的消化物反流回瘤胃的腹囊中。消化物流出瘤-网胃之前，网胃的收缩起了分类过筛的主要作用。因此，当牛吞食的金属异物进入网胃后，由于网胃的蠕动与收缩，金属异物常刺穿网胃壁而引起创伤性网胃炎，严重者可刺穿膈进入心包而引起创伤性心包炎。

瘤-网胃是牛容量最大的消化器官，整个消化道内 67％的消化物存在于瘤-网胃中。瘤胃本身的重量占整个消化道重量的 44％。两个区域适合微生物发酵的最佳 pH 为 6.0～6.8。

3. 瓣胃　瓣胃呈球状结构，是由许多肌肉形成的叶片状结构组成，俗称"重瓣"或"百叶肚"。位于体正中面的右侧，在肩端水平线与第 8 至第 11 肋间隙相对处，前由网瓣胃孔与网胃相连，后由瓣皱胃孔与皱胃相接。成年牛的瓣胃形状如一个篮球大小相当，有一定的活动范围。来自瘤-网胃的消化物通过瓣胃中的叶片状结构后变得很干，瓣胃吸收了从瘤胃进来的水分等物质，如钠离子（Na^+）和碳酸（H_2CO_3）。过量摄入矿物质和低劣的纤维，诸如向日葵籽壳、半干不湿的玉米皮、粉碎的稻草粉可以造成瓣胃的阻塞。

4. 皱胃　皱胃是牛的第四个胃，常称为"真胃"，因为它具有腺体表层，分泌消化酶和盐酸（HCl）。皱胃有两个独特的结构，其基底主要分泌盐酸和酶，以维持皱胃酸性环境，皱胃的 pH 为 2～4，可以杀灭来自前胃的微生物。消化物进入十二指肠之前在幽门区被聚集成小团。皱胃中的食物刺激胃壁分泌盐酸，盐酸能使胃蛋白酶原转变为胃蛋白酶，胃蛋白酶能使蛋白质变成短链的多肽或氨基酸，以利于小肠消化和吸收；在皱胃中还可消化一些脂肪。

5. 小肠　小肠由十二指肠、空肠、回肠 3 段组成，长 27～49m，相当于体长的 20 倍。小肠部分的消化腺很发达，胆汁和胰液由导管输入小肠的第一段十二指肠内，十二指肠起于皱胃幽门，其后是空肠，空肠是小肠中最长的一段，与管壁较厚的回肠相连，回肠末端开口于盲肠与结肠的交界处，连接处有回盲瓣，瓣口控制食糜从小肠流入盲肠和大肠，并且阻止回流入小肠。小肠管腔内壁满布如指纹样的网状突起，称为绒毛。绒毛中分布有淋巴管和大量毛细血管，其上还有更微小的绒毛。这些绒毛可以扩大吸收的表面积，小肠是进行消化和吸收的主要部位。

6. 大肠　牛的大肠包括盲肠、结肠和直肠 3 段，长 6.4～10m，是牛消化道的最后一段。大肠较短、管径较粗，肠黏膜上无肠绒毛，发达部有纵肌带和肠袋。盲肠是悬垂在回肠和结肠之间的外突肠段。盲肠有两个开口，即回盲口和盲结口，分别与回肠和结肠相通。牛的盲肠较为发达，主要是消化前段未被消化的纤维。结肠分为升结肠、横结肠和降结肠 3 部分，结肠是大肠部分最长的一段，起始部粗如盲肠，向后逐渐变细，结肠能吸收食糜中大量的水分和电解质。结肠连接最后一段称为直肠，位于骨盆腔内，后端与肛门相连，主要作用是吸收水分和排出粪便。

据报道，反刍动物的瘤胃可看做是一个发酵罐；盲肠和结肠也进行发酵作用，能消化饲料中纤维素的 15%～20%。因此，牛等反刍动物两大发酵罐同时并存，纤维素经发酵产生大量挥发性脂肪酸，可被机体吸收利用。

一切不能被消化利用的草料残渣、消化管的排泄物、微生物发酵腐败的产物，在结肠内形成粪便，经直肠、肛门排出。大肠内也会产生少量有毒物质，大部分随粪便排出，少量被吸收入肝脏解毒。长期便秘，毒物积聚不能排除易引起机体中毒。因此，必须每天观察大便情况。

由于复胃和肠道长的缘故，食物在牛消化道内存留时间长，一般需 7～8d 甚至 10d 以上的时间，才能将饲料残余物排尽。因此，牛对食物的消化吸收比较充分。

（二）瘤胃内环境和功能

1. 瘤胃内环境

（1）瘤胃中内容物分布。牛采食时摄入的精饲料，大部分沉入瘤胃底部或进入网胃。草料的颗粒较粗，主要分布于瘤胃背囊。Euans 等（1973）研究，母牛每天喂干草 3kg、5kg 或 7kg 的情况下，不同部位的内容物干物质含量仍有明显差异，瘤胃顶部或背囊为 12.7％、腹囊为 4.5％、网胃为 4.9％。不同饲养水平对同一部位的干物质含量也有一定影响。

（2）瘤胃中的水。瘤胃内容物的水分来源，除饲料水和饮水外，尚有唾液和瘤胃壁透入的水。以喂干草、体重 530kg 的母牛为例，24h 流入瘤胃的唾液量超过 100L，瘤胃液平均 50L，24h 流出量为 150～170L。白天流入量略高于夜间流入量。通常将每小时离开瘤胃的流量占瘤胃液容积的比例称为稀释率。喂颗粒饲料的牛平均流量为 18％瘤胃液体容积，即 9L/h。泌乳牛流量比干奶牛高 30％～50％。瘤胃液约占反刍动物机体总水量的 15％，而每天以唾液形式进入瘤胃的水分占机体总水量的 30％，同时瘤胃液又以占机体总水量 30％左右的比例进入瓣胃，经过瓣胃的水分 60％～70％被吸收。此外，瘤胃内水分还通过强烈的双向扩散作用与血液交流，其量可超过瘤胃液 10 倍之多。瘤胃可以看作体内的蓄水库和水的转运站。在生产实际中，如能通过调控瘤胃水平衡来提高瘤胃稀释率，可提高瘤胃微生物蛋白进入小肠的数量。

（3）瘤胃温度。瘤胃内温度比牛体温高 1～2℃，瘤胃正常温度为 39～41℃。瘤胃温度易受饲料、饮水等因素影响。采食易发酵饲料，可使瘤胃温度高达 41℃。当饮用 25℃的水时，会使瘤胃温度下降 5～10℃，2h 后才能复原到 39℃。瘤胃部位不同，温度亦有差异，一般腹侧温度高于背侧温度。

（4）瘤胃内容物比重。据研究，瘤胃内容物的比重平均为 1.038（1.022～1.055）。放牧牛有的报道为 0.80～0.90，有的报道平均为 1.01。瘤胃内容物的颗粒越大比重越小，颗粒越小比重越大。

（5）瘤胃内环境的 pH。瘤胃 pH 变动范围为 5.0～7.5，低于 6.5 对纤维素消化不利，而对淀粉则没有影响。瘤胃 pH 易受日粮性质、采食后测定时间和环境温度的影响。喂低质草料时，如秸秆，瘤胃 pH 较高。喂苜蓿和压扁的玉米时，瘤胃 pH 降至 5.2～5.5。大量喂淀粉或可溶性碳水化合物可使瘤胃 pH 降低，采食青贮料时 pH 通常降低，饲后 2～6h 瘤胃 pH 降低，以后随着唾液的分泌 pH 又回升。背囊和网胃内 pH 较瘤胃其他部位略高。

（6）瘤胃内环境的渗透压。一般情况下，瘤胃内渗透压比较稳定。平均为 280mOsm/kg（260～340mOsm/kg）。饲喂前一般比血浆低，饲喂后数小时高于血浆，然后又渐渐转变为饲前水平。饮水导致瘤胃渗透压下降，数小时后恢复正常。高渗透压对瘤胃功能有影响，当达到 350～380mOsm/kg 时，可使反刍停止。体外试验表明，达到 400mOsm/kg，纤维素消化率下降。

（7）瘤胃的缓冲能力。瘤胃 pH 在 6.8～7.8 时具有良好的缓冲能力，超出这个范围则缓冲力显著降低。重要的缓冲物为碳酸氢盐和磷酸盐，缓冲能力与碳酸氢盐、磷酸盐、挥发性脂肪酸的浓度有关。饲料粉碎对缓冲力的影响很小，饮水的影响主要是由于稀释了瘤胃液，牛在绝食情况下，碳酸氢盐比磷酸盐更重要，当 pH<6 时，磷酸盐相对比较重要。

微生物发酵需要比较稳定的 pH。唾液是重要的缓冲剂。唾液分泌量在吃粗饲料时最多，吃精饲料时则少，咀嚼时间长就多，咀嚼时间短则少，唾液还为微生物提供些营养物。所以，唾液对牛瘤胃的活动尤为重要。

（8）氧化还原电位。瘤胃内经常活动的菌群，主要是厌气性菌群，使瘤胃内氧化还原电位保持在－250～450mV。负值表示还原作用较强，瘤胃处于厌氧状态；正值表示氧化作用强或瘤胃处于需氧环境。在瘤胃内，二氧化碳占 50%～70%，甲烷占 20%～45%，还有少量的氢、氮、硫化氢等，几乎没有氧的存在。有时瘤胃气体中含 0.5%～1% 的氧气，主要是随饲料和饮水带入的。不过，少量好气菌能利用瘤胃内氧气，使瘤胃内仍保持很好的厌氧条件和还原状态，保证厌氧性微生物连续生存和发挥作用。

（9）瘤胃液的表面张力。通常瘤胃液的表面张力为 5×10^{-4}～$6\times10^{-4}N/cm^2$。当表面张力和内容物黏度都增高时会造成瘤胃的气泡臌气。饮水和表面活性剂（如洗涤剂、硅、脂肪）可降低瘤胃液的表面张力，而饲喂精饲料补充料，尤其是小颗粒的，可使瘤胃内容物黏度增高，表面张力增加。

2. 瘤胃功能 瘤胃通过其强有力的肌肉组织对食团进行混合和搅拌。瘤胃的运动可以混合内容物，增加粗饲料颗粒的回流量和亲和性，增强反刍、消化能力。瘤胃可看做是一个发酵罐，其中的某些微生物促进了气体的产生。这些气体位于瘤胃上部，主要由二氧化碳和甲烷组成，通过嗳气排出体外，每天有 500～1 000L。

（1）瘤胃发酵作用。瘤胃中微生物主要是细菌和原生动物，另外还有真菌，1mL 瘤胃液可含 160 亿～400 亿个细菌和 20 万个原生动物。细菌和原生动物种类很多，摄入的饲料种类决定着细菌主要群系，而细菌群系又决定着挥发性脂肪酸的生成量和比例。

瘤胃发酵的主要功能：从纤维素和半纤维素中吸取能量，将蛋白质和非蛋白氮（NPN）转变成细菌蛋白，后者可被牛利用合成乳蛋白；牛可利用瘤胃细菌合成的 B 族维生素复合物和维生素 K，瘤胃发酵还可中和饲料中的一些有毒成分。

与此同时，瘤胃内碳水化合物的发酵与部分能量损失有关（甲烷和二氧化碳的生成）。如果细菌没有足够的能量将氨转化成细菌蛋白，就会部分地降解饲料中高营养价值的蛋白质，从而使其以氨的形式丢失。牛采食大量的低能量植物纤维如劣质牧草，这些物质需在瘤胃内停留较长时间以便逐渐发酵。但日粮植物纤维比例过高时，即使牛摄入大量的这类饲料仍会发生能量不足。虽然瘤胃内微生物对日粮成分的变化适应很快，但牛仍然需要相当长的时间调整，以适应不同挥发性脂肪酸比例的变化。因而，改变饲料成分应当是渐进的（需 4～5d）。瘤胃内每天细菌生成量，直接与可被细菌利用的能源量相关，后者又与采食饲料所含的能量呈正比。虽然牛并不直接采食细菌，但是瘤-网胃内每天可形成 2.5kg 的细菌蛋白（相当于 400g 氮）排入小肠。这些细菌蛋白在小肠内被消化并作为氨基酸的主要来源。

（2）瘤胃动力学。健康的牛，瘤胃每分钟有两次以上的收缩，瘤胃的运动促进内容物的混合，使细菌和饲料接触增加。如果瘤胃内容物较为稠厚和粒度较短，就直接推移出瘤胃，并将粒度长的饲料推移至瘤胃上端，供产生反刍。牛每天有 8～10 次的反刍，反刍周期包含 4 个阶段。当食道周围部位因粗饲料的感受和刺激便发生回呕（刮擦效应）；一旦粗饲料位于口腔，就发生第二阶段的再咀嚼，磨碎饲料至较小的颗粒；第三阶段是再次分泌唾液，唾液中含有缓冲剂或缓冲物质，与回呕的饲料混合后能够稳定瘤胃的 pH，一头牛正常发生反刍时，1d 能产生多至 100L 的唾液；第四阶段是牛再吞咽草团，如果粗饲料经过咀嚼已经机械地减小粒度，当饲料粒度浓稠（较重）和较短时，饲料应下沉至瘤胃底部，随后离开瘤胃移入网胃，但粒度长的饲料在瘤胃中悬浮，在瘤胃上部形成饲草或干草的浮筏，并促使另行的反刍。如果粗饲料过于粗长，诸如农作物秸秆，就需要更多的时间再次咀嚼饲料，这样就降低了总体的干物质进食量。

当饲料在瘤胃中发酵时，将形成大量的甲烷、二氧化碳和其他气体，就必须通过嗳气不断排出（28～47L/h）。在通常情况下，气体的扩张促使母牛必须有瘤胃的收缩，这将起到清理或疏通食道的作用，并将气体嗳出或嗝出；如果这一部位没有疏通或者气体形成泡沫，牛可能发生瘤胃臌胀。

（3）碳水化合物的瘤胃发酵。平均而言，碳水化合物占 70%～80% 的日粮干物质，而蛋白质、脂肪和矿物质组成其余的部分。

碳水化合物是瘤胃微生物的主要能量来源。在饲料中有两种类别的碳水化合物，即非结构性碳水化合物（糖和淀粉）和结构性碳水化合物（纤维素、半纤维素和果胶）。

糖存在于植物的细胞以及诸如糖蜜和乳清的饲料中。淀粉是能量的储存形式，存在于谷物和块根中。

结构性碳水化合物为植物提供刚度和力度。木质素不是碳水化合物，但在分析上列入结构性碳水化合物。

结构性碳水化合物和非结构性碳水化合物由瘤胃微生物消化（从复杂结构转化成单糖），并发酵产生挥发性脂肪酸（表 2-1）。这些挥发性脂肪酸提供了 $60\%\sim80\%$ 母牛所需要的能量，瘤胃中未降解的碳水化合物、脂肪和蛋白质，提供了其余的能量。挥发性脂肪酸从瘤胃吸收进入血液，并转运至肝、乳腺、脂肪沉积组织和其他组织。当各个挥发性脂肪酸的产量和比率改变时，奶产量和奶成分也发生变化。碳水化合物的瘤胃降解有所不同，这取决于饲草的成熟度、碳水化合物的来源（结构性的还是非结构性的）以及诸如谷物的粉碎和饲草切割的加工处理。瘤胃微生物与挥发性脂肪酸之间关系见表 2-2。

表 2-1　碳水化合物转化成挥发性脂肪酸情况

碳水化合物	类型	瘤胃发酵率	消化程度（%）	产生的主要挥发性脂肪酸
非结构性	糖	很快	100	丙酸
	淀粉	快	70～90	丙酸
结构性	木质素	非常缓慢	0	无
	纤维素	缓慢	30～50	乙酸-丙酸
	半纤维素	中等	70	乙酸-丙酸
	果胶	快	70～90	乙酸-丙酸

表 2-2　瘤胃微生物与挥发性脂肪酸之间的关系

细菌类别	优选底物	需要氨的类别	产生的主要挥发性脂肪酸	pH	翻倍的时间（h）
纤维消化菌	纤维素	氨	乙酸	6.0～6.8	8～10
半纤维素菌		丁酸			
淀粉消化菌	淀粉	氨	丙酸	5.5～6.0	0.5
糖消化菌		氨基酸	乳酸		
原虫	淀粉	氨基酸		6.2～7.0	15～24

（4）蛋白质和氮的代谢。蛋白质为维持、生长、繁殖和产奶所必需。泌乳牛的蛋白质需要量是生物学功能所需要氨基酸的总和。氨基酸是由瘤胃细菌合成的蛋白质和过瘤胃饲料蛋白质，在小肠消化后供给的。有 $60\%\sim70\%$ 的饲粮蛋白质由微生物降解为肽、氨基酸和氨，这些都可被微生物用作氨的

来源。

瘤胃微生物利用氨合成蛋白质。未利用的氨通过瘤胃壁吸收，进入血液，在肝中转换成尿素，通过唾液再进入瘤胃被利用或从尿液和乳汁中排出。

牛奶尿素氮（MUN）浓度超过 18mg/100mL 的奶牛群，有两种情况：一是瘤胃中蛋白质利用效率低下；二是瘤胃中过多的氨或瘤胃有效能量缺乏，从而限制了微生物的生长。

有 3 种类别的蛋白质可以用于表述瘤胃的日粮蛋白质的利用情况和限定奶牛蛋白质的需要量。

可溶性蛋白质（SP），是在瘤胃中快速降解的饲料蛋白质部分，如尿素或酪蛋白。

瘤胃可降解蛋白质（RDP），是瘤胃内可被降解的饲料蛋白质部分（包括可溶性蛋白质和降解较为缓慢的蛋白质来源）。约有一半的日粮可降解蛋白质应该为可溶性蛋白质的形式。日粮中必须提供充足的 RDP，使瘤胃液的氨浓度达到合适浓度，供微生物蛋白质的合成。瘤胃和网胃中蛋白质及非蛋白氮的利用见图 2-2。

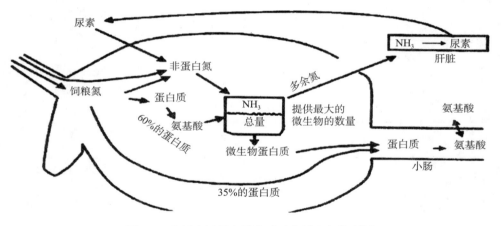

图 2-2　瘤胃和网胃中蛋白质及非蛋白氮的利用

瘤胃非降解蛋白质（RUP），是不能在瘤胃中降解，而是通过瘤胃进入下一消化道仍然保持原样的饲料蛋白质部分。瘤胃非降解蛋白质包括了下一消化道消化和吸收的有效部分（也称为过瘤胃蛋白）以及不消化并在粪便中排出的部分（也称为结合蛋白、热损害蛋白、酸洗纤维不溶氮）。

营养师对氨基酸营养的目标是增加微生物氨基酸的瘤胃合成（满足所需要总蛋白质的 50%～70%），并且用含有必需氨基酸的瘤胃非降解蛋白（RUP）与瘤胃微生物产生的氨基酸相补充，满足母牛的氨基酸需要量（图 2-3）。

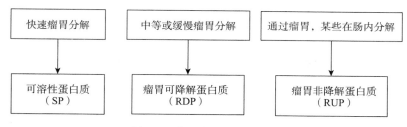

图 2-3　瘤胃中蛋白质的分类

（5）脂肪代谢。通常喂给奶牛的日粮中，脂肪以适中的数量存在（2%～3%）。当母牛在高峰产奶量期间而处于负能量状态时，补充脂肪可以增加日粮的能量含量。如果干物质进食量没有降低，总的脂肪水平可以增加到日粮干物质的 6%。脂肪酸的组成和脂肪、油脂在瘤胃的惰性程度，是影响瘤胃环境和干物质进食量的重要条件。

采食的日粮脂肪和油类中，既有三酰甘油（3 个脂肪酸附着于 1 个甘油分子），也有游离脂肪酸。瘤胃微生物水解三酰甘油成脂肪酸和甘油（由瘤胃微生物用作次要的能量来源）。饲料中的脂肪酸可以分为饱和脂肪酸和不饱和脂肪酸。

瘤胃微生物可以部分氢化不饱和脂肪酸，形成相似碳链长度的较为饱和的脂肪酸。脂肪酸（诸如大豆和鱼粉中的）可能负面地干扰瘤胃发酵并降低纤维的消化率。不饱和脂肪酸对瘤胃纤维消化细菌可能是有毒性的，并可包被纤维颗粒，因而降低了细菌的附着和纤维的消化。

（6）矿物质和维生素。矿物质为瘤胃微生物生长所需要，应该与饲草和精饲料混合饲喂。水溶性 B 族维生素可由瘤胃微生物合成，并满足牛的需要。钴是瘤胃微生物合成维生素 B_{12} 所需要的。硫则为瘤胃微生物合成硫氨基酸所需要的，饲粮中理想的氮硫比例为（10～12）:1。

（7）优化瘤胃消化。瘤胃中微生物发酵产生的挥发性脂肪酸是牛能量的主要来源。最主要的挥发性脂肪酸是乙酸，占挥发性脂肪酸的 65%～90%。乙酸产自结构性碳水化合物的消化，并有乳腺合成牛奶中的脂肪酸；乙酸也是体组织中的一种能量来源。

丙酸或丙酸盐是一种产自淀粉、糖和果胶消化的三碳挥发性脂肪酸。瘤胃产生的丙酸，占挥发性脂肪酸的 15%～30%。乳酸也在瘤胃中产生。肝脏可以用丙酸合成葡萄糖，葡萄糖用于合成牛奶中的乳糖。

第三种主要挥发性脂肪酸是丁酸或丁酸盐，是产自结构性碳水化合物和糖分解的四碳挥发性脂肪酸，占所产生的挥发性脂肪酸的 5%～15%。丁酸可用作体组织的能量来源，并用于乳脂的合成。在瘤胃中也产生其他的挥发性脂肪酸（戊酸、异丁酸），但与 3 个主要的挥发性脂肪酸相比，它们的数量很少。

瘤胃液中乙酸对丙酸（A∶P）的比率（如 60％的乙酸∶20％丙酸或 3∶1），可以表示瘤胃发酵的特征。在最适的条件下，A∶P 比率应该大于 2.2∶1。生产丙酸在能量利用上效率较高，而且可提供高产奶牛所需要的葡萄糖前体。相对于丙酸的高水平乙酸，说明日粮中纤维多而淀粉少；相对于乙酸的高水平丙酸，可能表示纤维消化的降低和酸中毒。

（8）瘤胃 pH 的影响。牛体内液体的 pH 对正常的化学反应和健康状况至关重要。瘤胃的 pH 变化范围为 5.5～7.5，最佳 pH 为 6.2～6.8。瘤胃内纤维消化细菌的生长最好在 pH 为 6.0～6.8，但淀粉消化细菌的生长宜在 pH 为 5.5～6.0。因此，为了两种细菌群的最佳生长，并产生有利的蛋白质产量和各个挥发性脂肪酸比率，瘤胃的 pH 须保持在近乎 6.0。

（9）影响瘤胃 pH 的因素。

①饲草与精饲料比率。高饲草日粮有利于 pH 超过 6.0，并可以引起唾液的大量分泌。唾液中含有缓冲瘤胃和增加乙酸产量的碳酸氢钠。瘤胃细菌发酵饲草中的主要碳水化合物（纤维素和半纤维素）没有发酵精饲料中的碳水化合物（淀粉和糖）那么快。瘤胃的 pH 高有利于乙酸的生产以及高的 A∶P 比率（超过 3）和较高的乳脂率。饲喂过量的精饲料则会增加丙酸产量，降低瘤胃 pH（6 以下），降低干物质进食量，减少微生物营养物质的产量，并导致乳脂抑制（乳蛋白率虽有增加，但乳脂率降低）。

②饲料的物理形状。粉碎、制粒、切断和在搅拌车内过度混合，均可改变饲料粒度。如果饲草粒度过短（母牛采食少于 2.3kg 的粒度在 2.5cm 饲草），瘤胃的饲草悬浮就难以形成，这样纤维的消化降低，而且瘤胃的 pH 下降。由于较少的咀嚼或反刍时间，唾液的产量也减少。母牛通常每天有 8h 以上的咀嚼时间或者每 0.45kg 干物质有 10～15min 的咀嚼时间。休息时，60％的母牛应该反刍。如果精饲料过细，淀粉的微生物发酵就会加速瘤胃 pH 降低，而且丙酸产量和乳酸产量增加，由此降低了乳脂率，提高了乳蛋白率，减少了奶产量。粮食谷物的蒸汽压片、制粒和粉碎会崩解淀粉颗粒，提高瘤胃利用率，并可支持瘤胃微生物的生长，但也可能增加瘤胃酸中毒的风险。

③饲料进食量。随精饲料进食量的增加，特别当含有大量的可发酵碳水化合物时，瘤胃 pH 可能下降。随着较多的干物质进入瘤胃，就有较多的细菌发酵，发酵随之扩增，并增加了挥发性脂肪酸的产量。产生的唾液数量虽有增加，但与较高饲料进食量相比较，增加的数量或速率相对缓慢，这样唾液的缓冲作用有所抵消，使 pH 下降。

④日粮的水分含量。饲喂湿的饲料可以降低瘤胃 pH，因为反刍减少，产生的唾液减少。如果总日粮的水分超过 55％，干物质进食量也减少。

⑤饲喂不饱和脂肪和油类。不饱和脂肪酸，诸如植物油，可以降低纤维的

消化率，对纤维消化细菌具有毒性，可包被纤维粒，减少纤维的消化。油籽的加工可破坏种子的细胞壁，释放油脂存在于瘤胃，影响纤维的消化。

⑥饲喂方法。饲喂全混合日粮（TMR）可以较好地稳定瘤胃 pH，增加干物质进食量，并减少挑食。如果精饲料是分开饲喂的，每次限量至 2.27kg 的干物质，避免高淀粉饲料的大量饲喂，并尽可能减少细粉碎谷物的饲喂。

二、母性行为

（一）母性行为

母性行为（maternal behavior）是指幼畜出生前后母畜所表现出来的分娩及育幼相关的行为，主要包括选地、做窝、分娩、舔仔、识仔、喂仔、护仔、教仔、亲仔等行为表现。母性行为在保持母畜与后代关系以及种内社会关系中占据重要地位。对后代来说，母性行为对其存活和适应环境起关键作用。母畜是其后代学习的最初来源，母畜可以提供给幼畜以社交经验及捕食、鸣叫和识别事物的技巧。诸多研究表明，母仔交流不畅或距离过远可明显增加后代情绪的紧张和沮丧，从而给后代成活、生长及健康带来不利影响。

母仔识别主要依靠嗅觉、视觉和听觉，母畜识别仔畜的能力是分娩时就具备了的，仔畜出生后只要与母畜有几分钟接触，母畜就能通过嗅仔畜的泄殖区从而鉴别出自己的仔畜。母畜在舔舐新生畜中学到了许多怎样识别自己仔畜的本领，母畜的舔舐也促使幼畜对自己的母亲产生初始的兴趣，犊牛出生 6h 之内开始出现吮乳行为。随着日龄的增长，在仔畜识别母畜的能力中，视力的重要性下降，听力的重要性增加。据观察，放牧牛牧归时，发出哞叫，以寻找自己的犊牛；犊牛听到后也发出哞叫，犊牛叫声较母牛叫声频繁且很有规律，每头犊牛哞叫有各自特定的时间间隔，如 9s、13s 等不同，此时母仔识别中听觉很重要。

（二）母性行为表达

1. 分娩前行为　接近分娩时母牛会从畜群中移至畜群外，为避免与其他个体发生冲突，通常会寻找一处安静、不受同伴和人类干扰的地方。如果受到干扰，分娩可能就会延迟数小时。母牛行为会在分娩的前几天或几个小时突然改变，表现为精神不安、徘徊走动、食欲减退、不时作排尿状并伴随着舔舐自己的腹侧或摇尾。

2. 分娩　分娩通常可分为 3 个阶段：第一阶段，子宫开始收缩，黏膜与液体排出，并破水；第二阶段，子宫收缩加强，产出犊牛；第三阶段，胎盘（胎衣）排出，母牛开始舔舐幼牛。多数母牛产犊后会将胎盘吃掉，这是某些偶蹄类动物的行为表征。这样可有效防止细菌污染，也可避免掠食者闻味而至。

3. 母仔识别 母性行为是母牛哺育、保护和带领犊牛能力的表现。生单胎的母牛要比生双胎的母牛反应性强些。初胎母牛的保姆性常不成熟，但经产牛较强。而当 2 只双胞胎犊牛分开时，这种反应会加强。母牛在产犊后 2h 左右即与犊牛建立牢固的相互联系。母仔相识，除通过互相认识外貌外，还依靠气味、叫声。母牛识别犊牛是在舔初生犊牛被毛上的胎水时开始，母牛舔舐新生犊牛，从而刺激犊牛血液循环并排出胎尿和胎粪（图 2-4）。当犊牛站立吸吮母乳时，尾巴摆动，母牛回头嗅犊牛的尾巴和臀部，进一步巩固对亲犊的记忆，发挥保姆性。犊牛存在时，其体嗅、叫声或用头部激烈撞击母牛乳房等排乳刺激促进母牛催产素的分泌，乳汁开始由乳腺排出。母牛保护亲犊吮乳，拒绝非亲犊吮乳。犊牛识母，是通过吮乳时对母牛气味的记忆，以及吮乳过程中母牛轻柔的叫声与舔嗅行为。经 1～2h 的相处，犊牛即能从众多母牛中凭声音准确找到母亲。人工哺乳的犊牛也可以此认出犊牛饲养员，使以后成长为成年牛时仍对人温顺，较之随母牛哺乳成长的牛，更易接受乳房按摩和人工挤乳等活动。

图 2-4 母牛舔舐新生犊牛
（仿自 SEGES）

4. 母仔关系建立 母牛在舔舐犊牛过程中对犊牛的气味形成记忆，舔舐时间可达 1.5h。另外，母牛和犊牛进行声音交流，对发展母仔关系也是非常重要的。犊牛出生后几分钟内便可建立母仔联系，如果延迟母仔联络 5h，50% 的母牛会拒绝接受犊牛。可见，母仔关系形成的关键期为产后几小时之内。如果经过一段短暂的接触后，把犊牛移走，母牛则表现不安，并呼唤。经过 24h 分离后，母牛则不再辨识自己的犊牛。

5. 哺乳行为 大多数仔牛在出生后 5～6h 就会吮乳，如同其他年幼的反刍动物一样，犊牛寻找母牛无毛的区域来寻找乳头，接触最多的是腋下和腹股沟。母牛的乳房形状影响犊牛找到乳头的时间，如果乳房较大且下垂，犊牛要花费较长的时间进行第一次吮乳。从出生到第一次吃到乳，初产乳牛的犊牛需要约 200min；经产乳牛的犊牛需要接近 300min，与乳头形状大小以及初生乳牛的个体都有关系。而母牛的乳房小，犊牛花费时间则较短（17min）。母性好的母牛通过移动身躯使犊牛容易找到乳头。当哺乳时，母牛表现出特殊的伸腿姿势，使肩部降低，刺激乳的流出。新生犊牛每天哺乳 5～7 次，持续时间 8～10min，随着年龄的增大，哺乳时间减少。

6. 护仔行为　护仔行为是母牛的本能，当异物接近犊牛或听到犊牛的求救叫声时，母牛往往不畏强敌去保护自己的犊牛。护仔行为很大程度上发生在母牛身上，通常描述为母性；而寻求保护是幼龄犊牛的行为。护仔、寻求保护这些行为从出生后不久开始表现，直到母仔分离后。

母牛在产犊时寻找相对安静的地方，如果有可能，它们会藏起来。出生后新母亲的寻仔行为立即就显现出来，它站起来开始舔干它的新生犊牛，有些母牛开始跟它们的孩子"讲话"。在它们的孩子首次试图站立、踉踉跄跄走出几步时，它们变得十分担心和敏感。在母牛的舔护和"言语"的鼓励之下，犊牛逐渐站立，开始寻找乳头。新生犊牛的视力都不太好，但可以闻、碰触和尝试。如果在牧场上，新母亲通常会把它的犊牛藏起来，在出生后的 1～2d 犊牛主要是睡觉，母牛就在附近吃草，忍住巨大的疼痛不会暴露出隐藏犊牛的地方。在吃草间隙，它返回藏身之处去喂犊牛。

母牛和犊牛之间的识别是通过闻（嗅觉）、看（视觉）和听（听觉）。母牛会在离开一段时间后嗅闻它的犊牛，犊牛也会识别出它母亲的叫声。这种母牛和犊牛之间的联系非常强。若在出生后 1h 左右的这个关键时段把犊牛从它的母亲身边移走，过段时间再放到它的母亲身边，犊牛常会遭到母牛的拒绝。

三、繁殖行为

牛是单胎家畜，繁殖年限为 10～12 年，家牛一般无明显的繁殖季节。性成熟年龄，公牛为 6～10 月龄，母牛为 8～14 月龄。母牛性成熟之后，出现正常的发情周期，家牛的发情周期通常为 18～24d，妊娠期为 280～285d。母牛产后通常在 30d 以后出现第一次发情。牛发情时，多出现明显的兴奋、不安、哞叫、爬跨等表现，采食量亦下降，可以据此进行发情鉴定。妊娠期的长短，因品种、个体、年龄、季节及饲养管理条件的不同而异。母牛妊娠后，性情一般变得温顺，行动迟缓；外阴部比较干燥，阴部收缩，皱纹明显，横纹增多。

（一）发情、交配行为

母牛发情具有明显的周期性。发情时，母牛变得不安、兴奋，采食量下降、外阴红肿、阴道分泌物增加，常伴有"挂线"现象，愿意接近公牛，并接受公牛爬跨。公牛的交配具有特定的行为过程，其典型的模式是：性激动、求偶、勃起、爬跨、交合、射精和交配结束。当发情母牛与公牛接触时，常出现公牛嗅舐母牛外阴部，然后公牛阴茎勃起试图爬跨，母牛接受时，体姿保持不动，公牛跃起并将前肢搭于其骨盆前方，阴茎插入后 5～10s 射精，尾根部肌肉痉挛性收缩，公牛跃下，阴茎缩回，完成交配动作。

（二）分娩行为

母牛的分娩可分为产前期、胎儿产出期和产后期 3 个行为时期。

1. 产前期　临产时，母牛摄食行为减弱，出现有规则的不安，惊恐地环顾四周，两耳不断往各个方向转动，继而表现为躺下和起立交替，不断踏步，回顾腹部，并常拱背、尿频、出现轻度的腹部收缩运动。随着时间的延长，疼痛性痉挛越来越明显和频繁，此后每隔大约 15min 出现一次持续约 20s 的强直收缩。产前期大约持续 4h。

2. 胎儿产出期　胎儿产出期开始于更为强烈的努责，羊膜暴露，大约每隔 3min 有一次持续 0.5min 左右的努责。犊牛的前肢被推挤到外阴部时，努责则更强、更快。当犊牛的前躯部分产出之后，多数母牛即可迅速起立（若此前母牛是侧卧躺下），并采取站立姿势，犊牛的后躯于是很快地由盆腔中脱出，随着脐带断裂，分娩期结束。

3. 产后期　在胎儿产出、母牛经过或长或短的休息之后，开始舔吃犊牛体表附着的胎膜和胎水。自然状态下的母牛，甚至会吞噬随后排出的胎盘；在人工饲养管理下，一般会采取措施，防止母牛这种产后行为的建立。

四、争斗行为

争斗行为多发生于公牛之间，发生打斗时先用前肢刨地，大声吼叫，然后用头角相互顶撞，直至分出胜负。母牛一般比较温顺，很少发生争斗，偶见于采食、饮水时，以强欺弱。

争斗行为是个体之间头部和角基部顶在一起的动作，一方将另一方顶到后退、逃跑为止，整个过程结束，常在等级不明或等级接近的个体之间发生，也可发现犊牛的社会游戏行为有与争斗行为相同的动作；头顶和推开是上位个体对下位个体所表示的行为，头顶是用头部，推开是使用肩和体侧部排挤下位个体的行为；威吓可以看作是头顶动作形式化的行为或头顶动作的前行为，当威吓有效果时，就不会发生实际的头顶行为，即上位个体向下位个体摆出攻击的架势而吓退对方，实际上是没有物理性接触就排挤成功的行为；逃避是下位个体面对上位个体的攻击或威吓而逃离的行为；回避是下位个体尽管没有受到上位个体的威吓或者是预先察觉到上位个体威吓等行为，避免受到物理性攻击而避开的行为。

争斗行为、头顶和推开动作是个体之间的实际接触，称为物理性敌对行为；而威吓、逃避、回避称为非物理性敌对行为。在一个群体等级稳定的群内，可以观察到其非物理性的敌对行为所占的比例较高。两者的比例可以看作牛群内社会安定的一个指标。

牛只间的攻击行为（图 2-5）和身体相互接触主要发生在建立优势序列（排定位次）阶段。牛只的排序通常由其年龄、体重、气质以及在牛群中的资历等因素决定。通过这种方式，年长和体型大的牛只通常会拥有较高的优势地位，而年幼、体轻和新转入群体内的母牛地位较低。

图 2-5　牛只间的攻击行为
a. 正面打斗　b. 侧面攻击　c. 示威性行为

另外，牛只自身活动（躺卧、站立和伸展等）所需要的空间范围和同伴之间所要保持的最小距离空间范围受到了侵犯，牛会试图逃跑或对"敌对势力"进行攻击。牛所需的空间范围一般以头部的距离计算。通常在放牧条件下，成年母牛的个体空间需求为 2～4m。如果密度过大限制了其自由移动，牛只就会产生压力，并表现出相应的行为。诸如食物、饮水和躺卧位置等资源条件受到限制，可能会激发牛只间大量的、剧烈的攻击性行为。因而，在牛场设计时，考虑牛的空间需求是很有必要的。

第二节　肉牛习性

一、合群

牛科动物在自然状况下常常是自发地组成一个以母牛为主体的"母性群体"。这种结构是由一头老母牛、它的后裔及其幼犊所组成的持久的联系。成年公牛通常是独居生活或生活在"单身群"中，只有在繁殖季节才同母牛发生接触。在家牛中，特别是在密集饲养条件下，这种畜群组织特点则已完全改变了。"母性群体"已经消失，往往是将同性别、年龄相近的牛饲养在一起。

牛是群居家畜，具有合群行为。根据牛的群居性，舍饲牛应有一定的运动场面积，若面积太小，容易发生争斗。驱赶牛转移时，单个牛不易驱赶，小群牛驱赶则较单个牛容易些，而且群体性强，不易离散。当个别牛受到惊吓而哞叫时，会引起群体骚动，一旦有牛越栏，其他牛会跟随。

家养的牛在散养条件下以群体从一个场所移动到另一个场所，而且个体间距离都很近。在被驱赶或护送时，它们会彼此靠得很近，肉牛经常以群体卧躺，放牧的牛通常相互间保持仅几米的距离，很少会跑到牛群中其他牛的视野之外。对青年母牛的研究显示，母牛之间较其他牛之间更容易结合。在这项研究中，饲养在一起的犊牛，成年时更可能去结合。当然，也形成其他的联合，而且这些联合在混合了各年龄段的哺乳群中发生。在哺乳群中的牛经常彼此梳理（彼此舔舐），并且共度白天时大部分的时光。群体间的舔舐及简单的梳理皮肤和毛发对所涉及的动物心理稳定很可能有作用。

多头牛在一起组成一个牛群时，开始有相互顶撞现象。一般年龄大、胸围和肩峰高大者占统治地位。待确立统治地位和群居等级后就会合群，相安无事。这个过程视牛群大小以及是否有两头或两头以上优势牛而定，一般需6～7d。牛在运动场上往往是3～5头在一起结帮合卧，但又不是紧紧靠在一起，而是保持一定距离；放牧时也喜欢3～5头结群活动；舍饲时仅有2%单独散卧，40%以上3～5头结群卧地。牛群经过争斗会建立优势序列，优势者在各方面都占有优先地位。因此，放牧时，牛群不宜太大，一般以70头以下为宜；否则，影响牛的辨识能力，增加争斗次数，同时影响牛的采食。分群时，应考虑牛的年龄、健康状况和生理状态，以便于进行统一的饲养管理。

二、采食

在一天24h中，牛采食时间为4～9h。采食量大小受牛只年龄大小、生理状态、牧草植被和气候情况制约。牛日采食鲜草量约为其体重的10%，折合的干物质量约为其体重的2%。牛的食性特点是以植物性饲料为主，采食量大，进食草料速度快，采食后反刍时间长，有卧槽倒嚼的习惯。牛一昼夜反刍6～8次，多者达10～16次，总共需7～8h，约占全天1/3的时间，且大部分时间在夜间进行，白天只反刍4～6次。所以，要给予牛充分的休息时间。日粮应以体积较大的青粗饲料为主，不宜用大量的精饲料。

牛个体较大，消化系统复杂，代谢机能旺盛。牛没有上门齿，采食主要靠舌头卷入口内，用上齿板与下齿，把饲草夹住撕断，牛采食相对比较粗放，采食时不加选择，不加充分咀嚼就吞咽入胃。因此，饲喂草料时要注意清除混在饲料中的铁钉、铁丝等金属异物；否则，极易造成创伤性心包炎。饲喂块根类饲料时，要切成片状或粉碎后饲喂，块过大易引起食道堵塞。牛的臼齿很发达，当休息时，才把食入的饲料团反刍到口腔内，细致咀嚼，将粗硬的草料锉碎，再咽入胃中。牛采食量大，采食时分泌大量的唾液，每昼夜分泌60L左右，大量的唾液起混合、湿润、软化饲料的作用，有利于牛的吞咽和反刍。

每分钟咬啃的次数和每次咬啃的草的长度决定着采食量的多少。牛在正常牧食中每分钟咬啃50～70次，在牧食条件十分有利的状况下，可以增加到每分钟 80 次。如果牧草的纤维素和干物质含量低时，每分钟咬啃的次数还可以增加。在一系列咬啃过程中，牛每约半分钟头部常向上抬起一次以完成摄食和吞咽动作，在舍饲下喂以 10cm 长的牧草时，牛可以连续采食 1h 之久而不需要抬头。在一个牧食周期开始时，牧食速率可达最高限，然后逐渐减慢，到牧食周期之末速率降至最低限。通过 10 对同卵双胎的犊牛的牧食行为观察表明，最快和最慢的速率分别为每分钟咬啃 48.5 次和 37 次，而每对双胎的同胞之间每分钟咬啃的次数仅有 2 次的差别。由此可见，牧食的速率是受遗传因素控制的。

三、喜干厌湿

在高温条件下，如果空气湿度升高，会阻碍牛体的蒸发散热过程，加剧热应激；而在低温环境下，如湿度较高，又会使牛体的散热量加大，使机体能量消耗相应增加。空气相对湿度以 50％～70％ 为宜，适宜的环境湿度有利于牛发挥其生产潜力。试验证明，在相对湿度为 47％～91％、-11.1～4.4℃ 的低温环境中，牛不产生明显影响；而在同样相对湿度下，处于 23.9～38℃ 的环境气温中，牛的体温上升且呼吸加快，生产性能下降，发情受到抑制。因此，牛对环境湿度的适应性主要取决于环境的温度。夏季的高温、高湿环境还容易使牛中暑，特别是产前、产后母牛更容易发生。

四、嗅觉

牛比人能嗅出更远距离的气味，在风速 5 000m/h、相对湿度 75％ 时，牛能嗅到 3 000m 以外的气味，如风速和湿度增加，还会嗅得更远些。母牛在发情时散发出一种特有的吸引公牛的气味，在自然交配（本交）中公牛凭借嗅觉能找到较远距离的发情母牛。

牛在牧食时总是在不断地"嗅闻"牧草，可是是否依靠嗅觉来鉴别哪些牧草被采食或被拒绝，这还是一个不太明确的问题。外来草种的牧草气味、某一区域混有粪便的牧草常可影响牧食的选择性，牛常拒绝杂以排泄物的牧草。但是，如果大片牧场都被污染的话，牛却可以摄取这种牧草。

五、运动

运动是牛的一项喜好，适当运动对于增强牛抵抗力、维持牛的健康、克服繁殖障碍、提高奶产量等均具有重要作用。放牧饲养的牛每天有足够的时间在草场采食和运动，一般不存在缺乏运动问题；舍饲养的牛运动不足，会有不孕、难产、肢蹄病，而且会降低抵抗力，引发感冒等疾病。

牛的最常见运动为行走、小跑和奔跑。此外，还可见跳跃、踢踏等动作以及多种不同的动作组合。

牛需要定期运动来锻炼出发育正常的肌肉、肌腱和骨骼。如果锻炼不足，牛可能会在站起或躺卧时遇到困难、步态不稳以及难以做到动作协调。

饲养于犊牛岛的犊牛，自其有机会锻炼后，犊牛的跑动和跳跃、踢踏意愿均会有所增加，可以通过定期提供运动场和将犊牛饲养于较大的栏内来提供锻炼机会。

放牧牛在采食时可以走很远来寻找水源，但身体活动会消耗能量和时间。多项研究表明，根据草的生长情况、草品质量和牧场大小，放牧牛每天可行走3～5km。如果牛每天走很远的距离（如大于10km），其饲料采食量和产奶量均会有所下降。

六、爱清洁

牛喜欢清洁、干燥的环境，厌恶污浊。健康牛通过舔舐、抖动、搔抓来清理被毛和皮肤，保持体表清洁卫生。体弱牛清洁能力差，导致被毛逆立、粗乱无光，体表后肢污染严重。

牛喜欢采食清洁干燥的饲草，凡被污染、践踏，或发霉变质有异味、怪味的饲料和饮水均不采食饮用。因此，牛舍地面应在饲喂结束后及时清扫，冲洗干净；运动场内的粪便应及时清除，保持干燥、清洁、平整，防止积水，夏季要注意排水。

七、适应性

牛的适应性强，分布广，牛有很强的适应环境能力。我国大部分地区都有牛饲养，这些牛已经很好地适应了当地的环境。但是，不能因此而放松对牛的管理，生产中要为牛创造一个适宜生产性能发挥的环境。冬春季节要注意保暖，夏天要注意降温。

（一）耐粗饲

牛对粗饲料的利用率较高。牛与其他反刍家畜一样，由于它具有特殊消化机能的4个胃室（瘤胃、网胃、瓣胃和皱胃），瘤胃容积最大，其中有无数的细菌和纤毛虫等微生物，因此能使青粗饲料中的纤维素发酵、分解，产生各种化合物，被牛体消化吸收。据研究，牛对粗纤维的消化率一般为55%～65%，最多可达90%；而马、猪等单胃动物只有5%～25%。因而，牛能广泛利用75%不能被单胃动物直接利用的农作物秸秆、藤蔓、各种野草以及其他加工副产品，转变为人类生活所必需的奶、肉、皮张等畜产品。此外，牛还能利用尿素、铵盐等非蛋白质含氮物，通过瘤胃微生物的作用，形成菌体蛋白，被牛体消化利用，以补充日粮中蛋白质饲料的不足。

牛的臼齿发达，瘤胃中有大量微生物，能消化纤维素、半纤维素含量高的各种农作物（玉米、高粱、大麦、小麦、莜麦、荞麦、谷子、豆类等）秸秆、秕壳。尽管这些饲料粗纤维比重大，营养价值不高，但实践证明，这些饲料不但大部分能被消化吸收，而且吸水性强，容积大，可填充瘤胃，使牛有饱腹感。另外，对胃肠有刺激作用，能增强牛的消化机能。所以，在牛的日粮中，除了有一定数量的精饲料外，还必须要有足够的粗饲料。如果经常缺乏粗饲料，很容易使牛发生酸中毒，停止反刍，严重的发生疾病，甚至死亡。

（二）耐寒性

牛对低温环境条件的自身调节能力较强，能耐受低于其体温20～60℃的温度范围。当气温从10℃降到−15℃时，对牛的体温并无明显影响。生活于寒冷地区的黄牛，在−20℃左右的环境气温下仍能生存。但是，低温环境对牛仍构成两方面的影响：一是为了保持体温恒定，必定增加采食而提高产热；二是极端寒冷的环境条件，抑制母牛的发情和排卵。不同品种对温度的适应性也有差异，我国北方黄牛个体较大，耐寒而不耐热；南方黄牛个体小，皮薄毛稀，耐热、耐潮湿，而耐寒能力较差。

（三）抗病力

一般来说，牛的抗病力很强。正是由于抗病力强，往往在发病初期不易被发现，没有经验的饲养员一旦发现病牛，多半病情已很严重。因此，必须时刻细致观察，尽早发现，及时治疗。

牛的抗病力或对疾病的敏感性取决于不同品种、不同个体的先天免疫特性和生理状况。牛病的发生直接受多种环境因素的影响，而这些因素对本地品种牛和外来品种牛的影响是不同的。研究表明，外来品种牛容易发生的普通病多为消化性和呼吸性疾病。外来品种牛比本地品种牛对环境的应激更为敏感。所以，外来品种牛比本地品种牛的发病率、死亡率高。有些本地品种牛虽然生产性能差，但具有适应性强、耐粗饲、适应本地气候条件和饲料条件的优点。因此，保护本地品种牛种质资源，对用于杂交改良非常重要。

八、性情

牛的性情温顺，能建立人牛亲和关系。所以，平时不要打、骂、虐待牛，不能粗暴对待；否则，可能会攻击人。经常刷拭牛体，可以增进牛与人的感情，易于管理，同时也保持了牛皮肤的清洁，促进血液循环和新陈代谢，预防皮肤病。从小调教，使牛形成温顺的性格，便于饲养管理，要早调教，调教晚了难驾驭。生产实际中要尊重牛的习性，不能违背牛的生活习性，才能发挥牛的遗传潜力。

第三节　肉牛异常行为

一、异食

异食癖又名异食症，是由于代谢机能紊乱、味觉异常引起的一种综合征。突出表现为精神异常，容易兴奋，食欲减退，挑食现象明显。在人们看来毫无营养价值或不应该吃的物品，患牛却情有独钟，非常喜欢舔舐、啃咬。例如，粪尿、污水、垫草、墙壁、食槽、墙土、新垫土、砖瓦块、煤渣、破布、围栏、产后胎衣等。患牛易惊恐，对外界刺激敏感性增高，以后则迟钝。患牛被毛缺乏光泽、皮肤干燥而缺乏弹性、消化机能存在障碍、磨牙、逐渐消瘦、贫血。常引起消化不良，食欲进一步恶化，在发病初期多便秘，其后下痢或交替出现。怀孕的母牛，可在妊娠的不同阶段发生流产。异食癖多为慢性经过，病程长短不一，有的甚至达 1～2 年。

（一）异食发生原因

本病的发病原因多种多样，有的尚未弄清。但一般认为由于营养、管理和疾病等因素引起。

1. 营养因素

（1）饲料单一。钠、铜、钴、锰、铁、碘、磷等矿物质不足，特别是钠盐的不足；某些维生素的缺乏，特别是 B 族维生素的缺乏，可导致体内的代谢机能紊乱，而诱发异食癖；某些蛋白质或氨基酸缺乏也能引起本病。

（2）饲料组成比例失调。长期饲喂大量精饲料或酸性饲料过多，常见有异食癖的牛舔食带碱性的物质。

（3）钙磷比例失调也可引起异食癖。

2. 管理因素

（1）不合理的管理是牛形成恶癖的主要原因。在肉牛饲养过程中，没有合理供给饲料、饮水以及没有适当限制饲喂量等，会直接造成机体消化系统功能异常，尤其是肠胃内的酸碱失衡，或者发生腹泻而造成体内大量的钠元素流失，从而引起异食癖。

（2）牛场基础设施布局不合理，饲养环境恶劣，舍内通风较差，含有大量有害气体，缺少阳光照射，存在有害噪声以及严重感染寄生虫等，也都会造成机体消化系统失调，从而引起异食癖。

3. 疾病因素　患有佝偻病、软骨病、慢性消化不良、前胃疾病、某些寄生虫病等可成为异食的诱发因素。虽然这些疾病本身不可能引起异食癖，但可产生应激作用。

（二）预防措施

1. 加强营养管理　异食癖的治疗可针对发病原因的不同，以补充营养要素、调节中枢神经、调整瘤胃功能为治疗原则。对钙缺乏的，使用磷酸氢钙、维生素 D、鱼肝油等；对碱缺乏的，供给食盐、小苏打、人工盐；对贫血或微量元素缺乏的，可使用氯化钴、硫酸铜；对硒缺乏的，给其肌肉注射亚硒酸钠；调节中枢神经可静脉注射安溴 100mL 或盐酸普鲁卡因 0.5～1g，也可将氢化可的松 0.5g 加入 10%的葡萄糖溶液中静脉注射；瘤胃环境的调节，可用酵母片 100 片、生长素 20g、胃蛋白酶 15 片、龙胆末 50g、麦芽粉 100g、石膏粉 40g、滑石粉 40g、多糖钙片 40 片、复合维生素 B 20 片、人工盐 100g 混合 1 次内服，每天服 1 剂，连服 5d。

2. 加强日常管理　合理的饲养管理可防止异食癖产生。因此，应提倡善待牛，饲养员要与牛建立感情。必须在病原学诊断的基础上，有的放矢地改善饲养管理。应根据动物不同生长阶段的营养需要喂给全价配合饲料。当发现异食癖时，适当增加矿物质和微量元素的添加量。此外，喂料要定时、定量、定饲养员，不喂冰冻和霉败的饲料。在饲喂青贮饲料的同时，加喂一些青干草。同时，根据牛场的环境，合理安排牛群密度，做好环境卫生工作。对寄生虫病进行流行病学调查，从犊牛出生到老龄淘汰，定期驱虫，以防寄生虫诱发的恶癖。

二、母性行为异常

任何导致初生畜死亡或受伤的母性行为都属于异常母性行为。异常母性行为主要包括缺乏母性、母性过强和食仔 3 种类型。缺乏母性的母畜常表现为遗弃或拒绝接受仔畜或延迟母性照顾开始时间。其原因有的是妊娠期间或分娩后受到了各种应激因素的刺激；有的是母畜初产，没有经验；还有的是母畜在育成期缺乏学习的机会。母性过强往往表现为窃占别窝的仔畜。食仔的母畜表现为攻击或杀死自己的新生儿，初产母畜多见。其原因有的是遗传因素导致，有的是母畜奶水不够或受到外来惊扰，母畜的逃走冲动与保护仔畜冲动产生分歧，导致母畜杀死自己的新生儿。

异常的母性行为多由不正常的环境条件所导致，分为几种情况，其后果均可能导致幼畜死亡。

（一）缺乏母性

母性差的个体多为初产母畜，表现在产后拒绝授乳，甚至攻击幼畜。母畜母性不强的原因有的由遗传因素和激素因素导致的，也有的在育成期、妊娠期和分娩期所处的应激环境条件导致的。

饲养者经常会遇到种群中的母牛拒绝哺育犊牛的情况。出现这种情况可能的原因有母畜难产、幼仔与母亲的体温差异、暴风雨雪、种群迁移、产仔环境拥挤等。有些情况下，如果产后将母畜和仔畜分开，当它们再次结合时，母畜熟识的气味可能已经丧失或者被其他动物的气味冲淡，这时母畜就会拒绝哺乳仔畜。当然，目前有很多重建母仔关系的方法，如将母畜和仔畜一同离群饲养，在仔畜身上擦拭母畜的羊水、组织、奶水、粪尿等，从而使仔畜具备母畜所熟悉的气味。

（二）母性过强

放牧饲养方式中，妊娠后期的母牛经常在产前过早地表现出母性行为，窃夺其他母畜的后代。"偷盗者"的表现差异极大：有的母牛在亲生犊牛出生后便抛弃寄养犊牛，拒绝其吮乳；有的母牛分娩后抛弃亲生犊牛，而只照顾寄养犊牛；有的母牛虽然能同时照顾亲生犊牛和寄养犊牛，但仍过多袒护后者。

三、发情异常

雌性的异常性行为常表现为慕雄狂和安静发情。慕雄狂是指性兴奋亢进，表现为持续、频繁地强烈发情，并且有吼叫、扒地、追随和爬跨其他家畜的行为，以奶牛较多见，严重者尾根部隆起，乳槽增大，其原因多与卵巢囊肿有关；在动物养殖过程中，安静发情的发生率比较高，是家畜繁殖中的一个难题，动物发情时表现不明显，易错过配种时间，母牛若多次失配可能被淘汰，其原因可能与营养不良、精神压抑有关。因此，在畜牧生产中，后备种畜的饲养应照顾到其社群性，减少异常行为的产生。

泌乳过多和环境温度的变化等都可引起母牛异常发情，常见的异常发情有以下几种。

（一）安静发情

安静发情是指母牛发情时缺乏发情的外部表现，但卵巢内有卵泡发育成熟并排卵，又称安静排卵、隐性发情、潜伏发情。大多数母牛产后第一次发情为安静发情。夏季高温、冬季寒冷，长期舍饲又缺乏运动，高产母牛营养不良等均会出现安静发情。这种牛发情持续时间短，很易漏配。

（二）持续发情

本来母牛发情持续期很短，但有的母牛却连续 2~3d 发情不止，母牛发情时间延长，并呈时断时续的状态。此种现象常发生于早春及营养不良的母牛，其原因是卵巢囊肿或卵泡交替发育所致。交替发育的卵泡中途发生退化，而另一新的卵泡又开始发育。因此，形成持续发情的现象。

1. 卵巢囊肿 分为黄体囊肿和卵泡囊肿。卵巢囊肿是由不排卵的卵泡继续增生、肿大而成。由于卵泡的不断发育，分泌过多的雌激素，又使母牛不停地延续发情。引起的原因可能与子宫内膜炎、胎衣不下以及营养有关。

2. 卵泡交替发育　开始在一侧卵巢有卵泡发育，产生雌激素，使母牛发情；但不久另一侧卵巢又有卵泡发育产生雌激素，又使母牛发情。由于两个卵泡前后交替产生雌激素，而使母牛延续发情。原因是垂体所分泌的促卵泡激素不足所致。

（三）假发情

母牛的假发情有两种情况：

1. 孕期发情　有的母牛怀孕时仍有发情表现，称为孕期发情。据报道，母牛在怀孕初期（3个月内）有3%～5%会发情，其原因主要是生殖分泌比例失调，即黄体分泌孕酮不足，胎盘分泌雌激素过多所致。有时也可因母牛在怀孕初期卵巢中尚有卵泡发育，雌激素含量过高，引起发情，并常造成怀孕早期流产，称为"激素性流产"，常发生孕期流产的母牛要及时淘汰。还有母牛在妊娠5个月左右，突然有性欲表现，特别是接受爬跨。但进行阴道检查时，子宫颈外口表现收缩或半收缩，无发情黏液；进行直肠检查时，能摸到胎儿，有人把这种现象称为"妊娠过半"。

2. 发情不排卵　有的母牛虽具备各种发情的外部表现，但卵巢内无发育的卵泡，最后也不能排卵，常出现在卵巢机能不全的育成母牛和患有子宫内膜炎的母牛身上。

（四）不发情

母牛常因营养不良、卵巢疾病、子宫疾病，乃至全身疾病而不发情。处于泌乳盛期的高产奶牛或使役过重的役用牛往往也不发情。

四、公牛行为异常

繁殖现象与性行为对环境因素极为敏感。在人工饲养条件下，动物生活的环境条件发生大的改变，常常产生异常性行为。

性行为异常与畜禽的性别有关。雄性的异常性行为常表现为同性恋、自淫、性欲过强等。在按性别分群饲养的公畜群，易发生同性恋现象，群体内地位较低者被强行爬跨，牛、羊、猪皆可见。在非自然条件下雄性动物还表现为爬跨异种动物，或对形状与高低适合的物体如假台畜，进行爬跨等性欲过强的行为。

（一）阳痿

阳痿的公畜不爬跨发情母畜或者从接触母畜到爬跨的时间极长。阳痿的公牛经常出现在限制饲养的牛场中，自由放牧公牛较少。这样的公牛缺少求偶行为，也没有嗅闻发情母牛外阴部和卷唇为主要特征的性嗅反射，而是将下颌放在母牛的尻部上面没有任何反应。

（二）爬跨失向

公畜在爬跨时其身体纵轴和站立不动的发情母畜的身体纵轴之间的角度过大，有时甚至呈 180°。正常爬跨时，二者之间的角度应为 0°或近似 0°（图 2-6A）。爬跨失向的公畜一般有顽固的爬跨取向：即它们总是从母畜的左面或右面爬跨，而且，它和瞌睡阳痿有较强的相关性，二者可以同时发生，或者爬跨失向是瞌睡阳痿的先兆。

公畜阳痿和爬跨失向可见于各种家畜，发生原因可能包含性经验不足等因素，如幼年期和后备期始终处于同质群中或缺少社会交流的公畜。

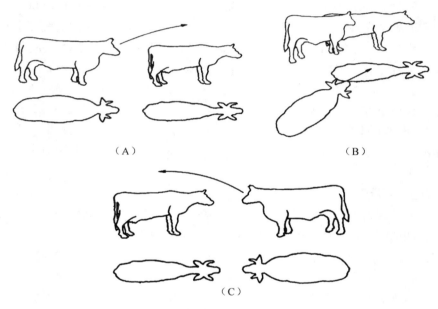

图 2-6　正确的爬跨方向与爬跨失向（王昕陟绘）

（A）为正确的爬跨方向　（B）为爬跨失向公畜的身体纵轴和站立不动的发情母畜的身体纵轴之间的角度过大　（C）为有时甚至呈 180°

公畜阳痿可能受遗传因素的影响。例如，海福特牛和安格斯牛容易出现瞌睡阳痿；而其他几个品种的牛容易出现插入阳痿。在自然条件下，配种能力差的雄性动物的后代少，基本上可排除来自遗传的可能性。在家养条件下，人们一般比较重视公畜的配种能力。因为配种能力对公畜的种用价值来讲至关重要，但由于在选种时有其他经济指标的参与和人工授精技术的普及，相对降低了配种能力的重要性。这可能使阳痿越来越与遗传因素有关。

（三）同性性行为

家畜通常养于保持单一性别的群体，很少或永远不会见到异性个体，因而性行为对象往往会指向同性个体，称为同性性行为（homosexual interaction）。正常情况下，性行为的行为对象为异性个体。因此，同性性行为归属于异常行为范畴。同性性行为在奶牛群体中比较频繁，发情的母牛或小母牛被其他母牛爬跨，饲养人员通常将这种同性爬跨作为发情标志，以此作为饲养中的常规管理手段。但在公牛的饲养中，公畜的爬跨目标动物往往是同性个体，即便在随后的育种管理中安排其接触母畜，部分公畜经过学习可以改正错误，但仍有部分公畜的性取向不会改变。同性性行为如果发生在青年公畜中，一般认为是比较正常的。

第三章

环境条件控制与肉牛福利

第一节　场址选择和规划布局

一、牛场场址选择

如何选择一个好的场址，需要周密考虑，统筹安排，要有长远的规划，要留有发展的余地，以适应今后养牛业发展的需要。同时，必须与农牧业发展规划、农田基本建设规划以及今后修建住宅等规划结合起来，符合兽医卫生和环境的要求，周围无传染源，无人畜地方病，适应现代养牛业的发展方向。

（一）场址选择的原则

1. 符合肉牛的生物学特性和生理特点。
2. 有利于保持牛体健康
3. 能充分发挥其生产潜力。
4. 最大限度地发挥当地资源和人力优势。
5. 有利于环境安全、保护。

（二）场址选择

1. 地势和地形　场地应选在地势高燥、避风、阳光充足的地方，这样的地势可防潮湿，有利于排水，便于牛体生长发育，防止疾病的发生。与河岸保持一定距离，特别是在水流湍急的溪流旁建场时更应注意，一般要高于河岸，最低应高出当地历史洪水线以上。其地下水位应在 2m 以下，即地下水位需在青贮窖底部 0.5m 以下。这样的地势可以避免雨季洪水的威胁，减少土壤毛细管水上升而造成的地面潮湿。要向阳背风，以保证场区小气候温热状况能够相对稳定，减少冬季雨雪的侵袭。牛场的地面要平坦稍有坡度，总坡度应与水流方向相同。山区地势变化大，面积小，坡度大，可结合当地实际情况而定，但要避开悬崖、山顶、雷区等地。地形应开阔整齐，尽量少占耕地，并留有余地来发展。理想的地形是正方形或长方形，尽量避免狭长形或多边角。

2. 土壤　场地的土壤应该具有较好的透水透气性能、抗压性强和洁净卫生。透水透气，雨水、尿液不易聚集，场地干燥，渗入地下的废弃物在有氧情况下分解产物对牛场污染小，有利于保持牛舍及运动场的清洁与干燥，有利于防止蹄病等疾病的发生；土质均匀，抗压性强，有利于建造牛舍。沙壤土是牛场场地的最好土壤，其次是沙土、壤土。土壤的生物学指标见表3-1。

表 3-1　土壤的生物学指标

污染情况	每千克土中 寄生虫卵数（个）	每千克土中 细菌总数（万个）	每克土中 大肠杆菌值（个）
清洁	0	1	1 000
轻度污染	1～10	—	—
中等污染	10～100	10	50
严重污染	>100	100	1～2

3. 水源 场地的水量应充足，能满足牛场内的人、肉牛饮用和其他生产、生活用水，并应考虑防火和未来发展的需要，每头成年牛每天耗水量为 60L。要求水质良好，能符合饮用标准的水最为理想，不含毒素及重金属。此外，在选择时要调查当地是否因水质不良而出现过某些地方性疾病等。水源要便于取用，便于保护，设备投资少，处理技术简单易行。通常以井水、泉水、地下水为好，雨水易被污染，最好不用。

4. 草料 饲草、饲料的来源，尤其是粗饲料，决定着牛场的规模。牛场应距秸秆、干草和青贮料资源较近，以保证草料供应减少成本，降低费用。一般应考虑 5km 半径内的饲草资源，根据有效范围内年产各种饲草、秸秆总量，减去原有草食家畜消耗量，剩余的富余量便可决定牛场的规模。

5. 交通 便利的交通是牛场对外进行物质交流的必要条件。但距公路、铁路和飞机场过近时，噪声会影响牛的正常休息与消化，人流、物流频繁也易使牛患传染病。所以，牛场应距交通干线 1 000m 以上、距一般交通线 100m 以上。

6. 社会环境 牛场应选择在居民点的下风向、径流的下方、距离居民点至少 500m。其海拔不得高于居民点，以避免肉牛排泄物、饲料废弃物、患传染病的尸体等对居民区的污染。同时，也要防止居民区对牛场的干扰，如居民生活垃圾中的塑料膜、食品包装袋、腐烂变质食物、生活垃圾中的农药造成的牛中毒，带菌宠物传染病，生活噪声影响牛的休息与反刍。为避免居民区与牛场的相互干扰，可在两地之间建立树林隔离区。牛场附近不应有超过 90dB 噪声的工矿企业，不应有肉联、皮革、造纸、农药、化工等有毒、有污染危险的工厂。

7. 其他因素

（1）我国幅员辽阔，南北气温相差较大，应减少气象因素的影响。例如，北方不要将牛场建设于西北风口处。

（2）山区牧场还要考虑建在放牧出入方便的地方。

（3）牧道不要与公路、铁路、水源等交叉，以避免污染水源和防止发生事故。

（4）场址大小、间隔距离等均应遵守卫生防疫要求，并应符合配备的建筑物和辅助设备及牛场远景发展的需要。

（5）场地面积根据每头牛所需要面积 $160\sim200m^2$ 确定；牛舍及房舍的面积为场地总面积的 $10\%\sim20\%$。由于牛体大小、生产目的、饲养方式等不同，每头牛占用的牛舍面积也不一样。育肥牛每头所需面积为 $1.6\sim4.6m^2$，通栏育肥牛舍有垫草的每头牛占 $2.3\sim4.6m^2$。

二、牛场规划布局

牛场规划布局的要求应从人和牛的保健角度出发，建立最佳的生产联系和卫生防疫条件，合理安排不同区域的建筑物，特别是在地势和风向上进行合理的安排和布局。牛场一般分成管理区、生产辅助区、生产区以及病牛隔离和粪污处理区四大功能区，各区之间保持一定的卫生间距。

（一）管理区

管理区为全场生产指挥、对外接待等管理部门。包括办公室、财务室、接待室、档案资料室、试验室等。管理区应建在牛场入场口的上风处，严格与生产区隔离，保证50m以上距离，这是建筑布局的基本原则。另外，以主风向分析，办公区和生活区要区别开来，不要在同条线上，生活区还应在水流或排污的上游方向，以保证生活区良好的卫生环境。为了防止疫病传播，场外运输车辆（包括牲畜）严禁进入生产区。汽车库应设置在管理区。除饲料外，其他仓库也应该设在管理区。外来人员只能在管理区活动，不得进入生产区。

（二）生产辅助区

生产辅助区为全场饲料调制、储存、加工、设备维修等部门。生产辅助区可设在管理区与生产区之间，其面积可按要求来决定。但也要适当集中，节约水、电线路管道，缩短饲草饲料运输距离，便于科学管理。

粗饲料库设在生产区下风向地势较高处，与其他建筑物保持60m防火距离。兼顾由场外运入，再运到牛舍两个环节。饲料库、干草棚、加工车间和青贮池，离牛舍要近一些，位置适中一些，便于车辆运送草料，减小劳动强度。为防止牛舍和运动场污水渗入，饲料库、干草棚、加工车间和青贮池也应设在厂区的下风向处。

（三）生产区

人员和车辆不能直接进入生产区，以保证最安全、最安静。大门口设立门卫传达室、消毒室、更衣室和车辆消毒池，严禁非生产人员出入场内，出入人员和车辆必须经消毒室或消毒池严格消毒。生产区牛舍要合理布局，分阶段分群饲养，按育成牛、架子牛、育肥阶段等顺序排列，各牛舍之间要保持适当距离，布局整齐，以便于防疫和防火。

（四）病牛隔离和粪污处理区

此区应设在下风向、地势较低处，应与生产区距离 100m 以上，单独通道，便于消毒，便于污物处理。该区要四周砌围墙，设小门出入，出入口建消毒池、专用粪尿池，严格控制病牛与外界接触，以免病原扩散。

粪污处理区应位于下风向、地势较低处的牛场偏僻地带，防止粪尿恶臭味四处扩散，蚊蝇滋生蔓延，影响整个牛场环境卫生。配有污水池、粪尿池、堆粪场，污水池地面和四周以及堆粪场的底部要做防渗处理，防止污染水源及饲料饲草。

第二节　牛舍的设计与建设

一、牛舍的类型及特点

目前，棚舍式牛舍、半开放式牛舍、封闭式牛舍、装配式牛舍较为常见。

（一）棚舍式牛舍

有屋顶，但没有墙体。在棚舍的一侧或两侧设置运动场，用围栏围起来。棚舍结构简单，造价低。适用于温暖地区和冬季不太冷地区的成年牛舍。

炎热季节棚舍能避免肉牛受到强烈的太阳辐射，缓解热应激对牛体的不良影响。棚舍的轴向以东西向为宜；棚顶材料和结构有秸秆、树枝、石棉瓦、钢板瓦以及草泥挂瓦等，根据使用情况和固定程度确定。如果长久使用，可以选择草泥挂瓦、夹层钢板瓦、双层石棉瓦等；如果临时使用或使用时间很短，可以选择秸秆、树枝等搭建。秸秆和树枝等搭建的棚舍只要达到一定厚度，其隔热作用较好，棚下凉爽；棚的高度一般为 3～4m，棚越高越凉爽。冬季可以使用彩条布、塑料布以及草帘将北侧和东西侧封闭起来，避免寒风直吹牛体。

（二）半开放式牛舍

1. 一般半开放牛舍　一般半开放牛舍有屋顶，三面有墙（墙上有窗向阳一面敞开或半敞开），墙体上安装大的窗户，有部分顶棚，在敞开一侧设有围栏，水槽、料槽设在栏内，肉牛散放其中。每舍（群）15～20 头，每头牛占有面积 4～5m²。这类牛舍造价低，节省劳动力，但冷冬防寒效果不佳。适用于青年牛和成年牛。

2. 塑膜暖棚牛舍　近年北方寒冷地区推出的一种较保温的半开放牛舍。

与一般半开放牛舍比，保温效果较好。塑膜暖棚牛舍三面全墙，向阳一面有半截墙，有 1/2～2/3 的顶棚。向阳的一面在温暖季节露天开放，寒冬在露天一面用竹片、钢筋等材料做支架，上覆单层或双层塑料膜，两层膜间留有间隙，使牛舍呈封闭状态。借助太阳能和牛体自身散发热量，使牛舍温度升高，防止热量散失。适用于各种肉牛。

修筑塑膜暖棚牛舍要注意：一是选择合适的朝向，塑膜暖棚牛舍需坐北朝南，南偏东或偏西角度最多不要超过 15°，舍南至少 10m 应无高大建筑物及树木遮蔽；二是选择合适的塑料薄膜，应选择对太阳光透过率高、而对地面长波辐射透过率低的聚氯乙烯等塑膜，其厚度以 80～100μm 为宜；三是合理设置通风换气口，棚舍的进气口应设在南墙，其距地面高度以略高于牛体高为宜，排气口应设在棚舍顶部的背风面，上设防风帽，排气口的面积以 20cm×20cm 为宜，进气口的面积是排气口面积的一半，每隔 3m 远设置一个排气口；四是有适宜的棚舍入射角，棚舍的入射角应大于或等于当地冬至时太阳高度角；五是注意塑膜坡度的设置，塑膜与地面的夹角以 55°～65° 为宜。

（三）封闭式牛舍

封闭式牛舍四面有墙和窗户，顶棚全部覆盖，分单列封闭牛舍和双列封闭牛舍。单列封闭牛舍只有一排牛床，舍宽 6m，高 2.6～2.8m，舍顶可修成平顶也可修成脊形顶。这种牛舍跨度小，易建造，通风好，但散热面积相对较大。单列封闭牛舍适用于小型牛场。双列封闭牛舍舍内设有两排牛床，两排牛床多采取头对头式饲养，中央为通道。舍宽 12m，高 2.7～2.9m，脊形棚顶。双列封闭牛舍适用于规模较大的牛场，以每栋舍饲养 100 头牛为宜。

（四）装配式牛舍

装配式牛舍以钢材为原料，工厂制作，现场装备，属敞开式牛舍。屋顶为镀锌板或太阳板，屋梁为角铁焊接；"U" 字形食槽和水槽由不锈钢材料制作，可随牛只的体高随意调节；隔栏和围栏为钢管。装配式牛舍室内设置与普通牛舍基本相同，其适用性、科学性主要表现在屋架、屋顶和墙体及可调节饲喂设备上。装配式牛舍系先进技术设计，适用、耐用、美观，且制作简单、省时，造价适中。

二、牛舍的结构及要求

牛舍是由基础、屋顶及顶棚、外墙、地面及楼板、门窗、楼梯等（其中，屋顶和外墙组成牛舍的外壳，将牛舍的空间与外部隔开，屋顶和外墙称外围护结构）部分组成。牛舍的结构不仅影响到牛舍内环境的控制，而且影响到牛舍的牢固性和利用年限。

（一）基础

基础是牛舍地面以下承受畜舍的各种荷载并将其传给地基的构件，也是墙突入土层的部分，是墙的延续和支撑。它的作用是将畜舍本身重量及舍内固定在地面和墙上的设备、屋顶积雪等全部荷载传给地基。基础决定了墙和畜舍的坚固性和稳定性，同时对畜舍的环境改善具有重要意义。对基础的要求：一是坚固、耐久、抗震；二是防潮（基础受潮是引起墙壁潮湿及舍内湿度大的原因之一）；三是具有一定的宽度和深度。例如，条形基础一般由垫层、大放脚（墙以下的加宽部分）和基础墙组成。砖基础每层放脚宽度一般宽出墙60mm；基础的底面宽度和埋置的深度应根据畜舍的总荷重、地基的承载力、土层的冻胀程度以及地下水位高低等情况计算确定。北方地区在膨胀土层修建畜舍时，应将基础埋置在土层最大冻结深度以下。

（二）墙

墙是牛舍的重要组成部分，其作用是将屋顶和自身的全部荷载传给基础的承重构件，也是将畜舍与外部空间隔开的外围护结构，是畜舍的主要结构。以砖墙为例，墙的重量占畜舍建筑物总重量的40%～65%，造价占总造价的30%～40%。同时，墙也在畜舍结构中占有特殊地位。据测定，冬季通过墙散失的热量占整个畜舍总失热量的35%～40%，舍内的湿度、通风、采光也要通过墙上的窗户来调节。因此，墙对畜舍小气候状况的保持起着重要作用。对墙的要求是：一是坚固、耐久、抗震、防火；二是良好的保温、隔热性能，墙的保温、隔热能力取决于所采用的建筑材料的特性与厚度，尽可能选用隔热性能好的材料，保证最好的隔热设计，在经济上是最有利的措施；三是防水、防潮，受潮不仅可使墙的导热加快，造成舍内潮湿，而且会影响墙体寿命，所以必须对墙采取严格的防潮、防水措施（墙的防潮措施有用防水耐久材料抹面，保护墙面不受雨雪侵蚀，做好散水和排水沟；设防潮层和墙围，如墙裙高1.0～1.5m，生活办公用房踢脚高0.15m，勒脚高约为0.5m等）；四是结构简单，便于清扫消毒。

（三）屋顶

屋顶是畜舍顶部的承重构件和围护构件，主要作用是承重、保温隔热、防风沙和雨雪。它由支承结构和屋面组成。支承结构承受着畜舍顶部包括自重在内的全部荷载，并将其传给墙或柱；对屋面起围护作用，可以抵御降水和风沙的侵袭，并隔绝太阳辐射等，以满足生产需要。对屋顶的要求是：一是坚固防水，屋顶不仅承接本身重量，而且承接着风沙、雨雪的重量。二是保温隔热，屋顶对于畜舍的冬季保温和夏季隔热都有重要意义。屋顶的保温与隔热作用比墙重要，因为屋顶的面积大于墙体。舍内上部空气温度高，屋顶内外实际温差总是大于外墙内外温差，热量容易散失或进入舍内。三是不透气、光滑耐久、耐火、结构轻便、简单、造价便宜。任何一种材料不可能兼有防水、保温、承重3种功能。所以，正确选择屋顶、处理好三方面的关系，对于保证畜舍环境的控制极为重要。四是保持适宜的屋顶高度。牛舍的高度依牛舍类型、地区气温而异。按屋檐高度计，一般为2.8～4.0m，双坡式为3.0～3.5m，单坡式为2.5～2.8m，钟楼式稍高点，棚舍式略低些。北方牛舍应低，南方牛舍应高。如果为半钟楼式屋顶，后檐比前檐高0.5m。在寒冷地区，适当降低净高有利于保温。而在炎热地区，加大净高则是加强通风、缓和高温影响的有力措施。

（四）地面

地面的结构和质量不仅影响牛舍内的小气候、卫生状况，还会影响肉牛体的清洁，甚至影响肉牛的健康及生产力。地面的要求是坚实、致密、平坦、稍有坡度、不透水、有足够的抗机械能力以及抗各种消毒液和消毒方式的能力。水泥地面要压上防滑纹（间距小于10cm，纵纹深0.4～0.5cm），以免肉牛滑倒，引起不必要的经济损失。

（五）门窗

牛舍门大小依牛舍而定。繁殖母牛舍、育肥牛舍门宽1.8～2.0m，高2.0～2.2m；犊牛舍、架子牛舍门宽1.4～1.6m，高2.0～2.2m。繁殖母牛舍、犊牛舍、架子牛舍的门数要求为2～5个（每一个横行通道一般有一个门），育肥牛舍的门数为1个。门高2.1～2.2m，宽2～2.5m。一般设成双开门，也可设上下翻卷门。封闭式牛舍的窗应大一些，高1.5m，宽1.5m，窗台高距地面以1.2m为宜。

三、牛舍的设计

（一）牛舍的内部设计

牛舍内需要设置牛床、饲槽、饲喂通道、清粪通道与粪沟、牛栏和颈枷等。

1. 牛床　必须保证肉牛舒适、安静地休息，保持牛体清洁，并容易打扫。牛床应有适宜的坡度，通常为1°～1.5°。常用的短牛床，牛的前身靠近饲料槽后壁，后肢接近牛床的边缘，使粪便能直接落在粪沟内。短牛床的长度一般为160～180cm。牛床的宽度取决于牛的体型，一般为60～120cm。牛床可以为砖牛床、水泥牛床或土质牛床。土质牛床常以三合土或灰渣掺黄土夯实。牛床应该造价低、保暖性好、便于清除粪尿。

目前牛床都采用水泥面层，并在后半部划线防滑。冬季为降低寒冷对肉牛生产的影响，需要在牛床上加铺垫物，最好采用橡胶等材料。不同类型的牛床规格见表3-2。

表 3-2　牛舍内牛床规格

单位：m

类别	长度	宽度	坡度
繁殖母牛	1.6～1.8	1.0～1.2	1.0～1.5
犊牛	1.2～1.3	0.6～0.8	1.0～1.5
架子牛	1.4～1.6	0.9～1.0	1.0～1.5
育肥牛	1.6～1.8	1.0～1.2	1.0～1.5
分娩母牛	1.8～2.2	1.2～1.5	1.0～1.5

2. 饲槽　饲槽一般位于牛床前，长度大致与牛床宽度相当，饲槽底高于牛床。饲槽需坚固，表面光滑不透水，多为砖砌水泥砂浆抹面，饲槽底部平整，两侧带圈弧形，以适应牛用舌采食的习性。为了不妨碍牛的卧息，饲槽前壁（靠牛床的一侧）应做成一定弧度的凹形窝。也有采用无帮浅槽的，把饲喂通道加高 30～40cm，前槽帮高 20～25cm（靠牛床），槽底部高出牛床 10～15cm。这种饲槽有利于饲料车运送饲料，饲喂省力。采食不"窝气"，通风好。饲槽尺寸见表 3-3。

表 3-3　饲槽尺寸

单位：cm

类别	槽内（口）宽	槽有效深度	前槽沿高	后槽沿高
成年牛	60	35	45	65
育成牛	50～60	30	30	65
犊牛	40～50	10～12	15	35

3. 饲喂通道　用于饲喂的专用通道，宽度为 1.6～2.0m，一般贯穿牛舍中轴线。

4. 清粪通道与粪沟　清粪通道的宽度要满足运输工具的往返，宽度一般为 150～170cm，清粪通道也是牛进出的通道。在牛床与清粪通道之间一般设有排粪明沟，明沟宽度为 32～35cm，深度为 5～15cm（一般铁锹放进沟内清理），并要有一定的坡度，向下水道倾斜。粪沟过深会使牛蹄子损伤。当深度超过 20cm 时，应设漏缝沟盖。

5. 牛栏和颈枷　牛栏位于牛床与饲槽之间，与颈枷一起用于固定牛只。牛栏由横杆、主立柱和分立柱组成。每 2 个主立柱间距离与牛床宽度相等，主立柱之间有若干分立柱，分立柱之间距离为 0.10～0.12m，颈枷两边分立柱之间距离为 0.15～0.20m。最简便的颈枷为下颈链式，用铁链或结实绳索制成，在内槽沿有固定环，绳索系于牛颈部、鼻环、角之间和固定环之间。此外，还有直链式、横链式颈枷。

（二）不同类型牛舍的设计

专业化牛场一般只饲养育肥牛，牛舍种类简单，只需要牛舍即可；自繁自养的牛场则牛舍种类复杂，需要有犊牛舍、育肥牛舍、母牛舍和分娩牛舍。

1. 犊牛舍 犊牛舍必须考虑屋顶的隔热性能和舍内的温度及昼夜温差。所以，墙壁、屋顶、地面均应重视。并注意门窗安排，避免穿堂风。初生犊牛（0～7日龄）对温度的抗逆力较差。所以，南方气温高的地方注意防暑。北方重点放在防寒，冬天初生犊牛舍可用厚垫草。犊牛舍不宜用煤炉取暖，可用火墙、暖气等，初生犊牛舍冬季室温在10℃左右，2日龄以上则因需放室外运动。所以，注意室内外温差不超过8℃。

犊牛舍可分为两部分，即初生犊牛栏和犊牛栏。初生犊牛栏，长1.8～2.8m，宽1.3～1.5m，过道侧设长0.6m、宽0.4m的饲槽。犊牛栏之间用高为1m的挡板相隔，饲槽端为栅栏（高1m）带颈枷，地面高出10cm，向门方向做1.5°坡度，以便清扫。犊牛栏长1.5～2.5m（靠墙为粪尿沟，也可不设），过道端设统槽，统槽与牛床间以带颈枷的木栅栏相隔，高1m，每头犊牛占面积3～4m²。

2. 育肥牛舍 育肥牛舍可以采用封闭式、开放式或棚舍式。具有一定保温隔热性能，特别是夏季防热。育肥牛舍的跨度由清粪通道、饲槽宽度、牛床长度、牛床列数、粪尿沟宽度和饲喂通道等条件决定。一般每栋牛舍容纳牛50～120头。以双列对头为佳。牛床长（加粪尿沟）2.2～2.5m，牛床宽0.9～1.2m，中央饲料通道1.6～1.8m，饲槽宽0.4m。

3. 母牛舍 母牛牛舍的规格和尺寸同育肥牛舍。

4. 分娩牛舍 分娩牛舍多采用密闭舍或有窗舍，有利于保持适宜温度。饲喂通道宽1.6～2m，牛走道（或清粪通道）宽1.1～1.6m，牛床长度1.8～2.2m，牛床宽度1.2～1.5m。可以是单列式，也可以是多列式。

第三节　牛舍内环境条件控制

影响牛群生活和生产的主要环境因素有空气温度、湿度、气流、光照、有害气体、微粒、微生物、噪声等。在科学合理地设计和建造牛舍、配备必需设备设施以及保证良好的场区环境的基础上，加强对牛舍环境管理来保证舍内温度、湿度、气流、光照、空气中有害气体、微粒、微生物、噪声等条件适宜，保证牛舍良好的小气候，为牛群的健康和生产性能提高创造条件。

一、舍内温度的控制

(一) 温度对肉牛的影响

适宜的温度对肉牛的生长发育非常重要。温度过高或过低都会影响肉牛的生长和饲料利用率。环境温度过高，影响肉牛热量散失，热平衡遭到破坏，轻者影响肉牛的采食和增重，重者可能导致中暑直至死亡；温度过低，降低饲料消化率，同时又提高代谢率，以增加产热量，维持体温，显著增加饲料消耗，生长速度减慢。

(二) 适宜的环境温度

环境温度为 5～21℃时，肉牛的增重速度最快。牛舍的适宜温度见表 3-4。

表 3-4　牛舍的适宜温度

单位：℃

类型	最适温度	最低温度	最高温度
肉牛舍	10～15	2～6	25～27
哺乳犊牛舍	12～15	3～6	25～27
断奶牛舍	6～8	4	25～27
产房	15	10～12	25～27

(三) 舍内温度的控制

1. 牛舍的防寒保暖　肉牛的抗寒能力较强，当冬季外界气温过低时，也会影响肉牛的增重和犊牛的成活率。所以，必须做好牛舍的防寒保暖工作。

(1) 加强牛舍保温隔热设计。牛舍保温隔热设计是维持牛舍适宜温度最经济、最有效的措施。根据不同类型牛舍对温度的要求，设计牛舍的屋顶和墙体，使其达到保温要求。

(2) 减少舍内热量散失。如关闭门窗、挂草帘、堵缝洞等措施，以减少牛舍热量外散和冷空气进入。

(3) 增加外源热量。在牛舍的阳面或整个室外牛舍扣塑料大棚。利用塑料薄膜的透光性，白天接受太阳能，夜间可在棚上面覆盖草帘，降低热能散失。犊牛舍必要时可以采暖。

(4) 防止冷风吹袭机体。舍内冷风可以来自墙、门、窗等缝隙和进出气口、粪沟的出粪口，局部风速可达 4～5m/s，使局部温度下降，影响肉牛的生产性能，冷风直吹机体，增加机体散热，甚至引起伤风感冒。冬季到来前，要检修好牛舍，堵塞缝隙，进出气口加设挡板，出粪口安装插板，防止冷风对牛体的侵袭。

2. 牛舍的防暑降温　夏季环境温度高，牛舍温度更高，会使牛发生严重的热应激，轻者影响生长和生产，重者导致发病和死亡。因此，必须做好夏季防暑降温工作。

（1）加强牛舍的隔热设计。加强牛舍外维护结构的隔热设计特别是屋顶的隔热设计，可以有效地降低舍内温度。

（2）环境绿化遮阳。在牛舍或运动场的南面和西面，以一定距离栽种高大的树木（如树冠较大的梧桐）或丝瓜、眉豆、葡萄、爬山虎等藤蔓植物，以遮挡阳光，减少牛舍的直接受热；在牛舍顶部、窗户的外面或运动场上拉遮光网，经实践证明是有效的降温方法，其折光率可达70%，而且使用寿命达4～5年。

（3）墙面刷白。不同颜色对光的吸收率和反射率不同。黑色吸光率最高，而白色反光率很强，可将牛舍的顶部及南面、西面墙面等受到阳光直射的地方刷成白色，以减少牛舍的受热度，增强光反射。在牛舍的顶部铺放反光膜，可降低舍温2℃左右。

（4）蒸发降温。牛舍内的温度来自太阳辐射，舍顶是主要的受热部位。降低牛舍顶部热能的传递是降低舍温的有效措施。在牛舍的顶部安装水管和喷淋系统；当舍内温度过高时，可以使用凉水在舍内进行喷洒、喷雾等，同时加强通风。

（5）加强通风。密闭舍加强通风可以增加对流散热。必要时，可以安装风机进行机械通风。

二、舍内湿度的控制

湿度是指空气的潮湿程度，生产中常用相对湿度表示。相对湿度是指空气中实际水汽压与饱和水汽压的百分比。肉牛体排泄和舍内水分的蒸发都可以产生水汽而增加舍内湿度。舍内上下湿度大，中间湿度小（封闭舍）。如果夏季门窗大开，通风良好，差异不大。保温隔热不良的牛舍，空气潮湿，当气温变化大、气温下降时，容易达到露点，凝聚为雾。虽然舍内温度未达露点，但由于墙壁、地面和天棚的导热性强，温度达到露点，即在牛舍内表面凝聚为液体或固体，甚至由水变成冰。水渗入围护结构的内部，当气温升高时，水又蒸发出来使舍内的湿度经常很高。潮湿的外围护结构保温隔热性能下降，常见天棚、墙壁生长绿霉和灰泥脱落等。

（一）湿度对肉牛的影响

空气湿度作为单一因子对肉牛的影响不大，常与温度、气流等因素一起对肉牛产生一定影响。

1. 高温高湿　高温高湿影响肉牛的热调节，加剧高温的不良反应，破坏热平衡。环境温度升高，为了维持体温恒定，肉牛会增加蒸发散热量。蒸发散热量正比于牛体蒸发面水汽压与空气水汽压之差，当舍内空气湿度大，牛体蒸发面（皮肤和呼吸道）水汽压与空气水汽压变小，不利于蒸发散热，加重机体热调节负担，热应激更严重，导致食欲下降，采食量显著减少，甚至中暑死亡；高温高湿有利于许多病原的滋生和繁殖，从而引起疫病的发生和流行，如有利于真菌的滋生而引起肉牛皮肤病和霉菌病的发生。

2. 低温高湿　低温高湿时，机体的散热容易，潮湿的空气使肉牛的被毛潮湿，保温性能下降，牛体感到更加寒冷，加剧了冷应激，特别是对犊牛和幼牛影响更大。肉牛易患风湿症、关节炎、肌肉炎、神经痛等，以及消化道疾病（下痢）。寒冷冬季，相对湿度过高，对牛的生长有不利影响，饲料转化率会显著下降。

3. 高温低湿　高温低湿的环境能使牛体皮肤或外露的黏膜发生干裂，降低了对微生物的防卫能力，而招致细菌、病毒感染等。低湿导致舍内尘埃增加，容易诱发呼吸道疾病。

（二）舍内适宜的湿度

封闭式牛舍的空气相对湿度以 $60\% \sim 70\%$ 为宜，最高不超过 75%。

（三）舍内湿度调节措施

1. 湿度低时　舍内相对湿度低时，可在舍内地面洒水或用喷雾器在地面和墙壁上喷水，水的蒸发可以提高舍内湿度。

2. 湿度高时　当舍内相对湿度过高时，可以采取以下措施：

（1）加大换气量。通过通风换气，驱除舍内多余的水汽，换进较为干燥的新鲜空气。当舍内温度低时，要适当提高舍内温度，避免通风换气引起舍内温度下降。

（2）提高舍内温度。舍内空气水汽含量不变，提高舍内温度可以增大饱和水汽压，降低舍内相对湿度。特别是冬季或犊牛舍，加大通风换气量对舍内温度影响大，可提高舍内温度。

3. 防潮措施　为保证牛舍干燥，需要做好牛舍防潮。除了选择地势高燥、排水好的场地外，可采取以下措施：

（1）牛舍墙基设置防潮层，新建牛舍待干燥后使用。

（2）舍内排水系统畅通，粪尿、污水及时清理。

（3）尽量减少舍内用水。舍内用水量大，舍内湿度容易增大。防止饮水设备漏水，能够在舍外洗刷的用具可以在舍外洗刷或将洗刷后的污水立即排到舍外，不要在舍内随处抛撒。

（4）保持舍内较高的温度，使舍内温度经常处于露点以上。

（5）使用垫草或防潮剂（如生石灰、草木灰），及时更换污浊潮湿的垫草。

三、舍内光照的控制

光照不仅显著影响肉牛繁殖，而且对肉牛有促进新陈代谢、加速骨骼生长以及活化和增强免疫机能的作用。在舍饲和集约化生产条件下，采用16h光照、8h黑暗制度，育肥肉牛采食量增加，日增重得到明显改善。一般要求牛舍的采光系数为1：16，犊牛舍为1：（10～14）。

四、舍内有害气体的控制

由于肉牛的呼吸、排泄物和生产过程的有机物分解，因此有害气体成分要比舍外空气成分复杂、含量高。在封闭式牛舍内，有害气体含量容易超标，可以直接或间接引起肉牛群发病或生产性能下降，影响肉牛群体安全和产品安全。

（一）舍内有害气体的种类及分布

牛舍中主要有害气体及分布见表3-5。

表3-5　牛舍中主要有害气体及分布

种类	理化特性	来源和分布	标准 mg/m³
二氧化碳	无色、无臭、无毒、略带酸味气体，重于空气	来源于牛的呼吸，聚集在空间底层	1 500
一氧化碳	无色、无味、无臭气体，相对密度0.967	来源于火炉取暖的煤炭不完全燃烧，特别是冬季夜间畜舍封闭严密，通风不良	

（二）有害气体的危害

牛舍内的二氧化碳、一氧化碳对人和肉牛都有害，严重刺激和破坏黏膜、结膜，降低肉牛体的屏障功能，影响肉牛抗病力，容易发生疾病。肉牛若长时间生活在这种空气污浊的环境中，首先刺激上呼吸道黏膜，引起炎症。污浊的空气还可引起肉牛的体质变弱、抗病力下降，易发生胃肠疾病及心脏病等。

（三）消除措施

1. 加强场址选择和合理布局，避免工业废气污染　合理设计牛场和牛舍的排水系统以及粪尿、污水处理设施。

2. 加强防潮管理，保持舍内干燥　由于有害气体易溶于水，当湿度大时，易吸附于材料中；当舍内温度升高时，又挥发出来。因此，加强防潮管理。

3. 适当通风　干燥是减少有害气体产生的主要措施，通风是消除有害气体的重要方法。当严寒季节保温与通风发生矛盾时，可向牛舍内定时喷雾过氧化物类的消毒剂，其释放出的氧能氧化空气中的硫化氢和氨，起到杀菌、除臭、降尘、净化空气的作用。

4. 加强牛舍管理　一是舍内地面和畜床上铺麦秸、稻草、干草等垫料，可以吸附空气中的有害气体，并保持垫料清洁卫生；二是做好卫生工作，及时清理污物和杂物，排出舍内的污水，加强环境消毒等。

5. 加强环境绿化　绿化不仅美化环境，而且可以净化环境。绿色植物进行光合作用可以吸收二氧化碳，生产出氧气。例如，每公顷阔叶林在生长季节每天可吸收1 000kg二氧化碳，产出730kg氧气；绿色植物可吸附大量的氨，如玉米、大豆、棉花、向日葵以及一些草都可从大气中吸收氨而生长；绿色林带可以过滤、阻隔有害气体，有害气体通过绿色林带至少有25%被阻留，煤烟中的二氧化硫被阻留60%。

6. 采用化学物质消除　可采用过磷酸钙、木炭、活性炭、煤渣、生石灰等具有吸附作用的物质去除牛舍空气中的有害气体。

五、舍内微粒的控制

微粒是以固体或液体微小颗粒形式存在于空气中的分散胶体。牛舍中的微粒来源于肉牛的活动、采食、鸣叫，以及饲养管理过程，如清扫地面、分发饲料、饲喂和通风除臭等机械设备运行。

（一）微粒对肉牛健康的影响

灰尘落到肉牛体表，可与皮脂腺分泌物、被毛、皮屑等混在一起而妨碍皮肤的正常代谢，影响被毛品质；灰尘吸入肉牛体内还可引起呼吸道疾病，如肺炎、支气管炎等；灰尘还可吸附空气中的水汽、有毒气体和有害微生物，产生各种过敏反应，甚至感染多种传染性疾病；微粒可以吸附空气中的水汽、氨、硫化氢、细菌和病毒等有毒有害物质造成肉牛黏膜损伤，引起血液中毒及各种疾病的发生。

牛舍中的可吸入颗粒物（PM10）不超过2mg/m³，总悬浮颗粒物（TSP）不超过4mg/m³。

（二）消除措施

1. 改善畜舍和牧场周围地面状况，实行全面的绿化，种树、草和农作物等。植物表面粗糙不平，多绒毛，有些植物还能分泌油或黏液，能阻留和吸附空气中的大量微粒。含微粒的大气流通过林带，风速降低，大径微粒下沉，小的被吸附。夏季可吸附35.2%～66.5%的微粒。

2. 牛舍远离饲料加工厂，分发饲料和饲喂动作要轻。

3. 保持牛舍地面干净，禁止干扫；更换和翻动垫草动作也要轻。

4. 保持适宜的湿度。适宜的湿度有利于尘埃沉降。

5. 保持通风换气, 必要时安装过滤设备。

六、舍内噪声的控制

物体呈不规则、无周期性地震动所发出的声音称噪声。噪声可由外界产生, 如飞机、汽车、拖拉机、雷鸣等; 也可由舍内机械产生, 如风机除粪机、喂料机等; 还可由牛本身产生, 如鸣叫、走动、采食、争斗等。

(一) 噪声对肉牛的影响

噪声可使肉牛的听觉器官发生特异性病变, 刺激神经反射, 引起食欲不振、惊慌和恐惧, 影响生产。噪声能影响肉牛的繁殖、生长、增重和生产力, 并能改变肉牛的行为, 易引发流产、早产现象。一般要求牛舍的噪声水平不超过 75dB。

(二) 改善措施

1. 选择场地 牛场选在安静、远离噪声的地方, 如避开交通干道、工矿企业和村庄等。

2. 选择设备 选择噪声小的设备。

3. 做好绿化工作 场区周围种植林带, 可以有效地隔声。

4. 科学管理 生产过程的操作要轻、稳, 尽量保持牛舍的安静。

第四节 牛场辅助性建筑与设施设备

一、辅助性建筑

(一) 运动场

牛舍外的运动场大小应根据牛舍设计的载牛规模和肉牛的体型大小规划。架子牛和犊牛的运动场面积分别为 15m² 和 8m²。育肥牛应减少运动, 饲喂后拴系在运动场休息, 以减少消耗。运动场应有一定的坡度, 以利于排水, 场内应平坦、坚硬, 一般不硬化或部分硬化。场内设饮水池、补饲槽和凉棚等。运动场的围栏高度, 成年牛为 1.2m, 犊牛为 1.0m。

(二) 干草库

干草库大小根据饲养规模、饲养类别、粗饲料的储存方式等确定。用于储存切碎粗饲料的草库要建得高些, 以 5～6m 为宜。草库窗户设在离地面较高处, 至少为 4m 以上。草库应设防火门, 距下风向建筑物应大于 50m。

(三) 饲料加工场

饲料加工场包括原料库、成品库、饲料加工间等。原料库的大小应能够储存牛场 10～30d 所需要的各种原料, 成品库可略小于原料库, 库房内应宽敞、干燥、通风良好。室内地面应高出室外 30～50cm，地面以水泥地面为宜，房顶要具有良好的隔热、防水性能。窗户要高，门窗注意防鼠，整体建筑注意防火等。

（四）青贮窖

青贮窖应建在饲养区，靠近牛舍的地方，位置适中，地势较高，防止粪尿等污水浸入污染。同时，要考虑进出料时运输方便，减小劳动强度。根据地势、土质情况，可建成地下式或半地下式长方形或方形的青贮窖。长方形青贮窖的宽、深比以 1：（1.5～2）为宜，长度以需要量确定。

二、设施设备

（一）消毒池和消毒室

在饲养区大门口和人员进入饲养区的通道口，分别修建供车辆和人员进行消毒的消毒池和消毒室。车辆用消毒池的宽度以略大于车轮间距即可，参考尺寸为长 3.8m、宽 3m、深 0.1m，池底低于路面，坚固耐用，不渗水。供人用消毒池，采用踏脚垫放入池内浸湿药液进行消毒，参考尺寸为长 2.8m、宽 1.4m、深 0.1m。消毒室大小可根据外来人员的数量设置，一般为串联的 2 个小间。其中一个为消毒室，内设小型消毒池和紫外线灯，紫外线灯每平方米功率为 2～3W；另一个为更衣室。

（二）沼气池

建造沼气池，把牛粪、牛尿、剩草、废草等投入沼气池封闭发酵，产生的沼气供生活或生产用燃料，经过发酵的残渣和废水是良好的肥料。目前，普遍推广水压式沼气池。这种沼气池具有受力合理、结构简单、施工方便、适应性强、就地取材、成本较低等优点。

（三）地磅

对于规模较大的牛场，应设地磅，以便对各种车辆和牛等进行称重。

（四）装卸台

可以提高装卸车的工作效率，同时减少肉牛的损伤。装卸台可建成宽 3m、长约 8m 的驱赶牛的坡道，坡的最高处与车厢平齐。

（五）排水设施与粪尿池

牛场应设有废弃物储存、处理设施，防止泄露、溢流、恶臭等对周围环境造成污染。粪尿池设在牛舍外、地势低洼处，且应在运动场相反的一侧，池的容积以能储存 20～30d 的粪尿为宜，粪尿池必须离饮水井 100m 以外。在牛舍粪尿沟至粪尿池之间设地下排水管，向粪尿池方向应有 2°～3°的坡度。

（六）补饲槽和饮水槽

在运动场的适当位置或凉棚下要设置补饲槽和饮水槽，以供肉牛在运动场时采食粗饲料和随时饮水。根据肉牛数的多少决定建补饲槽和饮水槽的多少及长短。每个饲槽长 3～4m，高 0.4～0.7m，槽上宽 0.7m，底宽 0.4m。每 30 头左右牛要有一个饮水槽，用水时加满，至少在早晚各加水 1 次，也可以用自动饮水器。

（七）清粪设备

牛舍的清粪形式有机械清粪、水冲清粪、人工清粪。我国牛场多采用人工清粪。机械清粪中采用的主要设备有连杆刮板式，适于单列牛床；环行链刮板式，适于双列牛床；双翼形推粪板式，适于舍饲散栏饲养牛舍。

（八）保定设备

保定设备包括保定架、鼻环、缰绳与笼头、吸铁器。

1. 保定架 保定架是牛场不可缺少的设备，在打针、灌药、编耳号及治疗时使用。通常用圆钢材制成，架的主体高度 160cm，颈枷支柱高 200cm，立柱部分埋入地下约 40cm，架长 150cm，宽 65～70cm。

2. 鼻环 鼻环有两种类型：一种用不锈钢材料制成，质量好耐用，但价格较高；另一种用铁或铜材料制成，质地较粗糙，材料直径 4mm 左右，价格较低。农村用铁丝自制的圈，易生锈、不结实，易将牛引起感染。

3. 缰绳与笼头 缰绳与笼头为拴系饲养方式所必需，采用围栏散养方式可不用缰绳与笼头。缰绳通常系在鼻环上以便牵牛；笼头套在牛的头上，抓牛方便，而且牢靠。缰绳有麻绳、尼龙绳，每根长 1.6m 左右，直径 0.9～1.5cm。

4. 吸铁器 由于肉牛采食行为是不经咀嚼直接将饲料吞入口中易造成肉牛的创伤性网胃炎或心包炎。吸铁器有两种：一种用于体外，即在草料传送带上安装磁力吸铁装置；另一种用于体内，称为磁棒吸铁器。使用时，将磁棒吸铁器放入病牛口腔近咽喉部，灌水促使牛吞入瘤胃，随瘤胃的蠕动，经过一定时间，慢慢取出，瘤胃中混有的细小铁器吸附在磁棒上一并带出。

（九）饲料生产与饲养器具

大规模生产饲料时，需要各种作业机械，如拖拉机和耕作机械，制作青贮时，应有青贮料切碎机；一般肉牛育肥场可用手推车给料，大型育肥场可用拖拉机等自动或半自动给料装置给料；切草用的铡刀、大规模饲养用的铡草机；还有称料用的计量器，有时需要压扁机或粉碎机等。

第五节 场区环境控制

一、牛场区合理规划

牛场除做好分区规划外，还要注意牛舍朝向、间距、牛场道路、储粪场以及绿化等设计。

（一）牛舍朝向和间距

牛舍朝向直接影响到牛舍的温热环境维持和卫生，一般应以当地日照和主导风向为依据，使牛舍的长轴方向与夏季主导风向垂直。如我国夏季盛行东南风，冬季多为东北风或西北风，所以，南向的牛场场址和牛舍朝向是适宜的。牛舍之间应该有 20m 左右的距离。

（二）牛场道路

牛场设置清洁道和污染道，清洁道供饲养管理人员、清洁的设备用具、饲料和健康肉牛等使用，污染道供清粪、污浊的设备用具、病死肉牛和淘汰肉牛使用。清洁道在上风向，与污染道不交叉。

（三）储粪场

储粪场应有专用道路，有利于粪便的清理和运输。储粪场设置注意以下问题：

1. 储粪场应设在生产区和牛舍的下风处，与住宅、牛舍之间保持一定的卫生间距（距牛舍 30~50m），并应便于运往农田或进行其他处理。

2. 储粪池的深度以不受地下水浸渍为宜，底部应较结实。储粪场和污水池要进行防渗处理，以防粪液渗漏流失污染水源和土壤。

3. 储粪场底部应有坡度，使粪水可流向一侧或集液井，以便取用。

4. 储粪池的大小应根据每天牧场家畜排粪量多少及储藏时间长短而定。

（四）绿化

绿化不仅可以美化环境，还可以净化环境，改善小气候，而且有防疫、防火的作用。牛场绿化应注意以下方面：

1. 场界林带的设置 在场界周边种植乔木和灌木混合林带，乔木如杨树、柳树、松树等，灌木如刺槐、榆叶梅等。特别是场界的西侧和北侧，种植混合林带宽度应在 10m 以上，以起到防风阻沙的作用。树种选择应适应北方寒冷的特点。

2. 场区隔离林带的设置 主要用以分隔场区和防火。常用杨树、槐树、柳树等，两侧种灌木，总宽度为 3~5m。

3. 场区内外道路两旁的绿化 常用树冠整齐的乔木和亚乔木以某些树冠呈锥形、枝条开阔、整齐的树种。需根据道路宽度选择树的高矮。在建筑物的采光地段，不应种植枝叶过密、过于高大的树种，以免影响自然采光。

4. 运动场的遮阳林 在运动场的南侧和西侧，应设 1~2 行遮阳林。多选枝叶开阔、生长势强、冬季落叶后枝条稀疏的树种，如杨树、槐树、枫树等。运动场内种植遮阳树时，应选遮阳性强的树种，但要采取保护措施，以防家畜损坏。

二、隔离卫生和消毒

(一)严格隔离

隔离是指阻止或减少病原进入肉牛体的一切措施,这是控制传染病重要而常用的措施,其意义在于严格控制传染源,有效防止传染病蔓延。

1. 牛场的一般隔离措施 除了做好牛场的规划布局外,还要注意在牛场周围设置隔离设施(如隔离墙或防疫沟),牛场大门设置消毒室(或淋浴消毒室)和车辆消毒池,生产区中每栋建筑物门前要有消毒池。进入牛场的人员、设备和用具只有经过大门消毒以后方可进入;引种时,要隔离饲养观察,无病后方可大群饲养等。

2. 发病后的隔离措施

(1)分群隔离饲养。在发生传染病时,要立即仔细检查所有的肉牛。根据肉牛的健康程度不同,分为不同的肉牛群管理,严格隔离(表3-6)。

表3-6 不同肉牛群的隔离措施

肉牛群	隔离措施
病肉牛	在彻底消毒的情况下,把症状明显的肉牛隔离在原来的场所,单独或集中饲养在偏僻、易于消毒的地方,专人饲养,加强护理、观察和治疗,饲养人员不得进入健康肉牛群的牛舍。要固定所用的工具,注意对场所、用具的消毒,出入口设有消毒池,进出人员必须经过消毒后,方可进入隔离场所。粪便无害化处理,其他闲杂人员和动物避免接近。如经查明,场内只有极少数的肉牛患病,为了迅速扑灭疫病并节约人力和物力,可以扑杀病肉牛
可疑病肉牛	与传染源或其污染的环境(如同群、同笼或同一运动场等)有过密切接触但无明显症状的肉牛,有可能处在潜伏期,并有排菌、排毒的危险。对可疑病肉牛所用的用具必须消毒,然后将其转移到其他地方单独饲养、紧急接种和投药治疗。同时,限制活动场所,平时注意观察
假定健康肉牛	无任何症状,一切正常,要将这些肉牛与上述两类肉牛分开饲养,并做好紧急预防接种工作。同时,加强消毒,仔细观察,一旦发现病肉牛,要及时消毒、隔离。此外,对污染的饲料、垫草、用具、牛舍和粪便等进行严格消毒;妥善处理好尸体;做好杀虫、灭鼠、灭蚊蝇工作。在整个封锁期间,禁止由场内运出和向场内运进

(2)禁止人员和肉牛流动。禁止肉牛场内和场外流动,禁止其他畜牧场、饲料间的工作人员来往以及场外人员来牛场参观。

(3)紧急消毒。对环境、设备、用具每天消毒一次并适当加大消毒液的用量,提高消毒的效果。当传染病扑灭后,经过2周不再发现病肉牛时,进行一次全面彻底的消毒后,才可以解除封锁。

（二）卫生与消毒

保持牛场和牛舍的清洁和卫生，定期进行全面消毒，可以减少病原的种类和含量，防止或减少疾病发生。

三、水源防护

牛场水源可分为三大类。第一类为地面水，如江、河、湖、塘及水库水等，主要由降水或地下泉水汇集而成。其水质受自然条件影响较大，易受污染。特别是易受生活污水及工业废水的污染，经常因此而引发疾病或造成中毒。使用此类水源应经常进行水质化验。一般而言，活水比死水自净力强。应选择水量大、流动的地面水源。供饮用的地面水要进行人工净化和消毒处理。第二类为地下水。这种水为封闭的水源，受污染的机会较少。地下水距离地面越远，受污染的程度越低，也越洁净。但地下水往往受地质化学成分的影响而含有某些矿物性成分，硬度较大。有时会因某些矿物性毒物而引起地方性疾病。所以，选用地下水时，应进行检验。第三类为降水。雨、雪等降落在地面而形成。由于大气中经常含有某些杂质和可溶性气体，使降水受到污染。降水不易收集，且无法保证水质，储存困难。除水源特别困难的小型牛场外，一般不宜采用降水作为水源。作为牛场源的水质必须符合卫生要求（表3-7、表3-8）。

表3-7　肉牛饮用水水质标准

	项目	标准
感官性状及一般化学指标	色度	≤30
	混浊度	≤20
	臭和味	不得有异臭、异味
	肉眼可见物	不得含有
	总硬度（以 $CaCO_3$ 计）（mg/L）	≤1 500
	pH	≤5.0～5.9
	溶解性总固体（mg/L）	≤1 000
	氯化物（以 Cl 计）（mg/L）	≤1 000
	硫酸盐（以 SO_4^{2-} 计）（mg/L）	≤500
细菌学指标	总大肠杆菌群数（个/100mL）	成畜≤10；幼畜≤1
	氟化物（以 F^- 计）（mg/L）	≤2.0
	氰化物（mg/L）	≤0.2
	总砷（mg/L）	≤0.2
毒理学指标	总汞（mg/L）	≤0.01
	铅（mg/L）	≤0.1
	铬（六价）（mg/L）	≤0.1
	镉（mg/L）	≤0.05
	硝酸盐（以 N 计）（mg/L）	≤30

表 3-8 肉牛饮用水中农药限量指标

项目	马拉硫磷	内吸磷	甲基对硫磷	对硫磷	乐果	林丹	百菌清	甲萘威	2,4-D
限量（mg/mL）	0.25	0.03	0.02	0.003	0.08	0.004	0.01	0.05	0.1

在肉牛生产过程中，牛场的用水量很大，如肉牛的饮水、粪尿的冲刷、用具及设施的消毒和洗涤，以及生活用水等。不仅在选择牛场场址时，应将水源作为重要因素考虑，而且牛场建好后还要注意水源的防护，其措施如下。

（一）水源位置适当

水源位置要选择远离生产区的管理区内，远离其他污染源，并且建在地势高燥处。牛场可以自建深水井和水塔，深层地下水经过地层的过滤作用，又是封闭性水源，水质水量稳定，受污染的机会很少。

（二）加强水源保护

水源周围没有工业和化学污染以及生活污染（不得建厕所、粪池、垃圾场和污水池）等，并在水源周围划定保护区，保护区内禁止一切破坏水环境生态平衡的活动以及破坏水源林、护岸林、与水源保护相关植被的活动；严禁向保护区内倾倒工业废渣、城市垃圾、粪便及其他废弃物；运输有毒有害物质、油类、粪便的船舶和车辆一般不准进入保护区；保护区内禁止使用剧毒和高残留农药，不得滥用化肥，不得使用炸药、毒品捕杀鱼类；避免污水流入水源。

（三）做好饮水卫生工作

定期清洗和消毒饮水用具及饮水系统，保持饮水用具的清洁卫生。保证饮水的新鲜。

（四）注意饮水的检测和处理

定期检测水源的水质，若污染要查找原因，及时解决；当水源水质较差时，要进行净化和消毒处理。

四、污水处理

牛场必须专设排水设施，以便及时排除雨、雪水及生产污水。全场排水网分主干和支干，主干主要是配合道路网设置的路旁排水沟，将全场地面径流或污水汇集到几条主干道内排出；支干主要是各运动场的排水沟，设于运动场边缘，利用场地倾斜度，使水流入沟中排走。排水沟的宽度和深度可根据地势与排水量而定，沟底、沟壁结实防渗，暗沟可用水管或砖砌，如暗沟过长（超过200m），应增设沉淀井，以免污物淤塞，影响排水。但应注意，沉淀井距供水水源应在200m以上，以免造成污染。污水经过消毒后排放。被病原体污染的水，可用沉淀法、过滤法、化学药品处理法等进行消毒。比较实用的是化学药品处理法，方法是先将污水处理池的出水管用一木闸门关闭，将污水引入污水池后，加入化学药品（如漂白粉或生石灰）进行消毒。消毒剂的用量视污水量而定（一般1L污水用25g漂白粉）。消毒后，将闸门打开，使污水流出。

五、灭鼠

鼠是人、畜多种传染病的传播媒介，鼠还盗食饲料，咬坏物品污染饲料和饮水，危害极大，牛场必须加强灭鼠。

（一）防止鼠类进入建筑物

鼠类多从墙基、天棚、瓦顶等处窜入室内。在设计施工时，注意墙基最好用水泥制成，碎石和砖砌的墙基应用灰浆抹缝。墙面应平直光滑，防鼠沿粗糙墙面攀登。砌缝不严的空心墙体，易使鼠隐匿营巢，要填补抹平。为防止鼠类爬上屋顶，可将墙角处做成圆弧形。瓦顶房屋应缩小瓦缝和瓦、椽间的空隙并填实。用砖、石铺设的地面，应衔接紧密并用水泥灰浆填缝。各种管道周围要用水泥填平。通气孔、地脚窗、排水沟（粪尿沟）出口均应安装孔径小于1cm的铁丝网，以防鼠窜入。

（二）器械灭鼠

器械灭鼠方法简单易行，效果可靠，对人、畜无害。灭鼠器械种类繁多，主要有夹、关、压、卡、翻、扣、淹、粘、电等。近年来，还研究和采用电灭鼠与超声波灭鼠等方法。

（三）化学灭鼠

化学灭鼠效率高、使用方便、成本低、见效快，缺点是能引起人、畜中毒，有些鼠对药物有选择性、拒食性和耐药性。所以，使用时需选好药剂和注意使用方法，以确保安全有效。灭鼠药剂种类很多，主要有灭鼠剂、熏蒸剂、烟剂、化学绝育剂等。牛场的鼠类以饲料库、牛舍最多，是灭鼠的重点场所。饲料库可用熏蒸剂毒杀。投放的毒饵，要远离牛床，并防止毒饵混入饲料。鼠尸和剩下的鼠药要及时清理，以防被人、畜误食而发生二次中毒。选用鼠吃惯了的食物作饵料，突然投放，饵料充足，分布广泛，以保证灭鼠的效果。牛场周围可以使用速效灭鼠药；牛舍、运动场等可以使用慢性灭鼠药。常用的灭鼠药物见表3-9。

表 3-9　常用的灭鼠药物

类型	名称	特性	作用特点	用法	注意事项
慢性灭鼠药物	敌鼠钠盐	为黄色粉末，无臭，无味，溶于沸水、乙醇、丙酮、性质稳定	作用较慢，能阻碍凝血酶原在鼠体内的合成，使凝血时间延长，而且其能损坏毛细血管，增加血管的通透性，引起内脏和皮下出血。一般在投药1～2d出现死鼠，第5～8d死鼠量达到高峰，死鼠可延续10多d	①敌鼠钠盐毒饵：取敌鼠钠盐5g，加沸水2L搅匀，再加10kg杂粮，浸泡至毒水全部吸收后，加入适量植物油拌匀，晾干备用　②混合毒饵：将敌鼠钠盐加入面粉或滑石粉中制成1%毒粉，再取毒粉1份，倒入19份切碎的鲜菜中拌匀即成。　③毒水：用1%敌鼠钠盐1份，加水20份即可	对人、畜毒性较低，但对猫、犬、肉牛、猪毒性较强，可引起二次中毒。在使用过程中要加强管理，以防家畜误食中毒或发生二次中毒。如发现中毒，可使用维生素K解救
急性灭鼠药物	灭鼠单	黄色结晶或粉末，难溶于水，微溶于乙醇	又名普罗米特。对鼠类毒性力强大，但已产生耐药性	配成0.1%～0.2%的毒饵投用	对人、畜毒力亦强，且能引起二次中毒，使用时需注意

六、杀昆虫

蚊、蝇、蚤、蜱等吸血昆虫会侵袭肉牛并传播疫病。因此，在肉牛生产中，要采用有效的措施防止和消灭这些昆虫。

（一）环境卫生

做好牛场环境卫生工作，保持环境清洁、干燥，是杀灭蚊、蝇的基本措施。蚊虫需在水中产卵、孵化和发育，蝇蛆也需在潮湿的环境及粪便等废弃物中生长。因此，填平无用的污水池、土坑、水和洼地。保持排水系统畅通，对阴沟、沟渠等定期疏通，勿使污水蓄积。对储水池等容器加盖，以防蚊、蝇飞入产卵。对不能清除加盖的防火储水器，在蚊、蝇滋生季节，应定期换水。永久性水（如鱼塘、池塘等），蚊虫多滋生在水浅而有植被的边缘区域。修整边岸、加大坡度和填充浅湾，能有效防止蚊虫滋生。牛舍内的粪便应定时清除，并及时处理，储粪池应加盖并保持四周环境的清洁。

（二）物理杀灭

利用机械方法以及光、声、电等物理方法，捕杀、诱杀或驱蚊、蝇。我国生产的多种紫外线光或其他光诱器，特别是四周装有栅，通常用蚊蝇光诱器，效果良好。此外，还有可以发出声波或超声波并能将蚊、蝇驱逐的电子驱蚊器等，都具有防除效果。

（三）生物杀灭

利用天敌杀灭害虫，效果良好。

（四）化学杀灭

化学杀灭是使用天然或合成的药物，以不同的剂型（粉剂、乳剂、油剂、水悬剂、颗粒剂、缓释剂等），通过不同途径（如熏杀、内吸等），毒杀或驱逐蚊、蝇。化学杀虫法具有使用方便、见效快等优点，是当前杀灭蚊、蝇的较好方法。常用的杀虫剂及使用方法见表 3-10。

表 3-10　常用的杀虫剂及使用方法

名称	性状	使用方法
敌百虫	白色块状或粉末。有芳香味；低毒，易分解，污染小，杀灭蚊（幼）蝇、蚤、蟑螂及家畜体表寄生虫	25％粉剂撒布；1％喷雾；0.1％畜体涂抹；0.02g/kg 体重口服驱除畜体内寄生虫
敌敌畏	黄色、油状液体，微芳香；易被皮肤吸收而中毒，对人、畜有较大毒害，畜舍内使用时应注意安全，杀灭蚊（幼）蝇、蚤、蟑螂、螨、蜱	0.1％～0.5％喷雾；表面喷洒；10％熏蒸

七、粪便处理

（一）用作肥料

肉牛粪在利用之前应当先经过发酵等处理。

1. 处理方法　将肉牛粪尿连同其垫草等污物，堆放在一起，最好在上面覆盖一层泥土，让其增温、腐熟。或将肉牛粪、杂物倒在固定的粪坑内（坑内不能积水），待粪坑堆满后，用泥土覆盖严密，使其发酵、腐熟，经 15～20d 便可开封使用。经过生物热处理过的肉牛粪肥，既能减少有害微生物、寄生虫的危害，又能提高肥效，减少氨的挥发。肉牛粪中残存的粗纤维虽肥分低，但对土壤具有疏松作用，可改良土壤结构。

2. 利用方法　直接将处理后的肉牛粪用作各类旱作物、瓜果等经济作物的底肥。其肥效高，肥力持续时间长；或将处理后的肉牛粪尿加水制成粪尿液，用作追肥喷施植物，不但用量省、肥效快，而且增产效果也较显著。粪液的制作方法是将肉牛粪存于缸内（或池内），加水密封 10～15d，经自然发酵后，滤出残余固形物，即可喷施农作物。尚未用完或缓用的粪液，应继续存放于缸中封闭保存，以减少氨的挥发。

（二）生产沼气

固态或液态粪污均可用于生产沼气。沼气是厌氧微生物（主要是甲烷细菌）分解粪污中含碳有机物而产生的一种混合气体。其中，甲烷占 60％～

75％，二氧化碳占 25％～40％，还有少量氧、氢、一氧化碳、硫化氢等气体。将牛粪、牛尿、垫料、污染的草料等投入沼气池内封闭发酵生产沼气，可用于照明、作燃料或发电等。沼气池在厌氧发酵过程中可杀死病原微生物和寄生虫，发酵粪便产气后的沼渣还可再用作肥料。

八、病死肉牛处理

科学及时地处理病死肉牛尸体，对防止肉牛传染病的发生、避免环境污染和维护公共卫生等具有重大意义。病死肉牛尸体可采用深埋法和高温处理法进行处理。

(一) 深埋法

一种简单的处理方法，费用低且不易产生气味。但埋尸坑易成为病原的储藏地，并有可能污染地下水。因此，必须深埋，而且要有良好的排水系统。深埋应选择高岗地带，坑深在 2m 以上。尸体入坑后，撒上石灰或消毒药水，覆盖厚土。

(二) 高温处理法

确认是炭疽、鼻疽、牛瘟、牛肺疫、恶性水肿、气肿疽、狂犬病等传染病和恶性肿瘤或两个器官发现肿瘤的病肉牛整个尸体，从其他患病肉牛各部分割除下来的病变部分和内脏，弓形虫病、梨形虫病、锥虫病等病畜的肉尸和内脏等进行高温处理。高温处理法：①湿法化制，是利用湿化机，将整个尸体投入化制（熬制工业用油）；②焚毁，是将整个尸体或割除下来的病变部分和内脏投入焚化炉中烧毁炭化；③高压蒸煮，是把肉尸切成重不超过 2kg、厚不超过 8cm 的肉块，放在密闭的高压锅内，在 112kPa 压力下蒸煮 1.5～2h；④一般煮沸法，是将肉尸切成规定大小的肉块，放在普通锅内煮沸 2～2.5h。

九、病畜产品的无害化处理

(一) 血液

漂白粉消毒法，用于确认是肉牛病毒性出血症、野肉牛热、肉牛产气荚膜梭菌病等传染病的血液以及血液寄生虫病病畜禽血液的处理。将 1 份漂白粉加入 4 份血液中充分搅拌，放置 24h 后于专设掩埋废弃物的地点掩埋。高温处理：将已凝固的血液切成豆腐方块，放入沸水中烧煮，至血块深部呈黑红色并呈蜂窝状时为止。

(二) 蹄、骨和角

肉尸做高温处理时剔出的病畜骨、蹄、角放入高压锅内蒸煮至脱脂。

(三) 皮毛

1. 盐酸食盐溶液消毒法 用于被炭疽、鼻疽、牛瘟、牛肺疫恶性水肿、气肿疽、狂犬病等疫病污染的和一般病畜的皮毛消毒。将 2.5％盐酸溶液和15％食盐水溶液等量混合，将皮张浸泡在此溶液中，并使液温保持在 30℃左右，浸泡 40h，皮张与消毒液之比为 1∶10（m/V）。浸泡后捞出沥干，放入2％氢氧化钠溶液中，以中和皮张上的酸，再用水冲洗后晾干。也可按 100mL25％食盐水溶液中加入盐酸 1mL 配制消毒液，在室温 15℃条件下浸泡 18h，皮张与消毒液之比为 1∶4，浸泡后捞出沥干。再放入 1％氢氧化钠溶液中浸泡，以中和皮张上的酸，再用水冲洗后晾干。

2. 过氧乙酸消毒法　用于任何病畜的皮毛消毒。将皮毛放入新鲜配制的2％过氧乙酸溶液，浸泡 30min 捞出，用水冲洗后晾干。

3. 碱盐液浸泡消毒　用于炭疽、鼻疽、牛瘟、牛肺疫、恶性水肿、气肿疽、狂犬病等疫病的皮毛消毒。将病皮浸入 5％碱盐液（饱和盐水内加 5％烧碱）中，室温（17～20℃）浸泡 24h，并随时加以搅拌，然后取出挂起。待碱盐液流净，放入 5％盐酸液内浸泡，使皮上的酸碱中和，捞出，用水冲洗后晾干。

4. 石灰乳浸泡消毒　用于口蹄疫和螨病病皮的消毒。制法：将 1 份生石灰加 1 份水制成熟石灰，再用水配成 10％或 5％混悬液（石灰乳）。将口蹄疫病皮浸入 10％石灰乳中浸泡 2h；对于螨病病皮，则将皮浸入 5％石灰乳中浸泡 12h，然后取出晾干。

5. 盐腌消毒　用于布鲁氏菌病病皮的消毒。将 15％皮重的食盐，均匀撒于皮的表面。一般毛皮腌制 2 个月，胎儿毛皮腌制 3 个月。

第四章

生产方式与肉牛福利

第一节　放牧与肉牛福利

　　放牧饲养是将牛群置于牧场之内，让牛自由采食青草，以促使其生长的饲养方式。这种饲养方式需要有大面积的牧场作为保障。草地放牧是牛饲养的最原始方式。然而，在现代肉牛业中，草地依然是非常重要的资源利用方式。带犊母牛在管理良好的草地放牧不需要补饲精饲料，足以满足母仔的全部营养要求。利用天然草地、草山、草坡或湖、海边沿滩涂自然生长的牧草放牧，在我国南北方都存在，是一种较为传统的饲养方式。例如，青海省牧区依当地自然条件将草地划分为3～4种类型，供不同季节使用。山间谷地与河边滩涂等地势较低的地区为冬、春季草场；海拔较高的高山地区为夏季草场；海拔相对较低的山坡地段为秋季草场。每年由山谷河滩将畜群赶往高山地区，再转移至山腰，天冷后进入山谷，按季节迁移，如此循环，年复一年。各个草场都有1～2处水源供牛饮用。牧民则携带帐篷及生活必需品，每到一处临时安家，同时修筑矮墙作为简易畜圈，供牛夜间休息。

　　传统放牧饲养的特点是季节性明显，定期转移场地，牛生产性能受牧草生长的好坏所制约，包括繁殖生产情况。由于公母混群，往往受孕率高，繁殖成活率低，如公牛质量不好，则受孕率也不高。不测定产草量，自由放牧，生产性能不稳定。

一、放牧的优点

（一）节省人力

　　在牛舍饲养需给牛购买加工精饲料、粗饲料，又得饲喂、清除粪便，这些都花费很多劳力。而放牧只需1～2名牧工放牧一群牛就可以了，其他工作一般不需多少劳力，减少了舍饲所需的劳力数量并降低了劳力素质要求。

（二）饲养成本低

舍饲牛精饲料、粗饲料开支大，一般可占到养牛费用的 60％以上。而依靠草地养畜基本没有多少投资，除非是人工草地要施肥以及一些田间管理，即便如此投入也有限。另外，牧草的营养价值比较全面，蛋白质、能量、矿物质、维生素都有，可以维持牛的基本需要，减少健康问题。这就降低了饲料饲养成本。

（三）固定资产投入少

降低建筑和设备成本，最大限度地利用非农业用地。

（四）减少粪尿污染，有利于环境保护

牛排尿、排粪量大，不易清除干净，尤其牛尿更是如此。在草地上放牧，牛的粪尿基本落入土中，充作有机肥，可促进牧草生长。放牧可以在保护好草地的同时合理地利用草地。这是生态平衡的需要，也是防止水土流失必不可少的。

（五）有利于发挥生产性能

牛在牧场上自由活动，接触阳光，呼吸新鲜空气和充分运动，能有效提高生产性能。

（六）疾病抵抗力强

放牧饲养可增进牛的体质，对生长幼牛还能起到适应气候条件和增强对疾病的抵抗力等作用，有利于生长发育。

二、放牧饲养方法

放牧饲养常见于广大牧区。利用天然草场、草山和草坡放牧饲养，不喂或少喂精饲料，降低饲养成本，节省人工。放牧一般主要是在春、夏、秋三季进行。牛群大小应根据地区特点和条件而定，宽敞草场以 100～120 头为宜，山区草场以 20～30 头为宜。

（一）连续放牧

连续放牧是指在一个特定草场上整年或整个放牧季节内不间断地放牧。这种制度适合于中等载畜量的情况，而且要定期调整牛群数量，避免放牧不足或者过度放牧。与轮牧相比，连续放牧降低了安装围栏和饮水设施的成本，减少了管理强度和劳力。但连续放牧制度也存在很大的局限性。首先，不能像其他管理制度下的牛群数量可灵活变动。其次，在最高生长季节，草场载畜量必须比最大载畜量低，以避免在牧草慢速生长季节过度放牧。通常来说，放牧的牛群偏爱某些牧草物种。不仅如此，还会返回来采食重新生长出来的同种牧草。这种选择性采食会降低这些牧草物种的长势。

1. 春季放牧饲养 春季正是牛膘情最差的季节，也正值母牛怀孕后期、产犊及产后开始发情的季节。此时能否把牛养好，是提高母牛繁殖成活率的关键时期。春天牧草刚刚返青时，若被牛啃吃或践踏掉茎叶，则再生困难，使草地退化，应待草长到 10cm 以上开始放牧为宜。开始时，每天放牧 2～3h，可以赶牛到山谷、避风向阳坡地，时间安排在中午，要晚出牧，早归牧。如天气不好，就留在牛场舍饲。7～8d 之后慢慢增加到全天放牧，要经半个月以上的适应期，以避免由于枯草饲养突然转为青草饲养，使牛腹泻或臌胀，因代谢紊乱造成损失。

开始放牧青草时，还应控制牛群行走速度，以免"跑青"。并且，头半个月到 1 个月应在回圈后补饲干草或秸秆，以避免消化失调和缺镁痉挛症。补饲不限量效果更好。

2. 夏季放牧饲养 5 月以后天气变暖，正是青草生长季节，这是真正放牧的大好时期，北方的有些地区此时方可赶牛上山放牧。放牧草地应由山谷、避风向阳的坡地、丘陵逐渐往通风凉爽的高地、高山且有水源的地带转移。丰盛幼嫩而营养价值高的青草可以提高各种牛的生长和生产能力。同时借着牧草的优势，尽量寻找一些较好的草场。对于那些水源充足，但因草较短、路远交通不便而不具备打草、捆草条件的，应设法多加利用。放牧时要早出、晚归，中午炎热时反刍休息。吃草时应将牛加以控制，以横队前进，防止乱跑耗能且践踏草场。每隔数天更换一次草场，一般以 5～6d 为宜，还可避免蠕虫病。天数要依牧草承受采食与踩踏的能力而增减。牛采食露水豆科牧草会发生臌胀，采食人工栽种的苜蓿草地更是危险，应多加预防。放牧行程以 4～5km 为宜，超过 10km 则易耗损体力，影响生产。

夏季牧草生长最茂盛，营养价值相对较高，是牛增膘的好时机。但盛夏气温高，牛怕热，气温超过 30℃牛的食欲、消化能力和对疾病的抵抗能力均会下降。所以在炎热时，白天可把牛放牧在阴坡，早晚放牧在阳坡，或者夜间放牧。若能全天放牧，则效果更好。晴天中午前后，应把牛赶在树荫处，以免中暑。夏初正是放牧牛的配种季节，应注意牛发情适时配种。

3. 秋季放牧饲养 待 8 月或 9 月时，青草生长旺盛，有的草则已开花结实。总体来讲，这时草的高度较高，有的达 10～25cm，干物质含量较春季增加，只要草不粗老，又不过牧，就是抓膘的大好时期。对于 7 月龄断奶不久的犊牛，则是快速生长的好机会。牧草的蛋白质等营养丰富，可以大大促进其增长。对于母牛及青年母牛，此时采食丰盛的青草可以促进其发情、受胎，为第二年春季产犊打下基础。对于育肥牛可以牧草育肥 3～4 个月，日增重可达 0.5～0.7kg，易地育肥还可获得更可观的增重。

秋季气温逐渐降低，而牛的食欲猛增，要充分利用这个时期的特点抓好秋膘以利于过冬。随天气转冷，放牧从阴坡转回阳坡，并逐渐向村庄转移。这时，对4～5月龄犊牛应该断奶，最好在9月中旬断奶，断奶月龄不低于4月龄。

4. 冬季放牧饲养　北方冬季气温低且风大，牛在野外体热散失量大，而枯草营养价值低，放牧难以满足牛营养需要，通常通过消耗体重来维持生命，此时最好不要选择放牧。可利用秸秆、干草、青贮饲料、氨化饲料喂牛，改放牧为舍饲，使牛冬天不掉膘，有利于春天犊牛生产、产犊后能及时发情，有利于提高繁殖成活率和增加经济效益。冬季必须放牧时，要在较暖的阳坡、平地和谷地放牧。冬季牛长期吃不到青草易造成胡萝卜素和维生素 A 缺乏，不利于孕牛的健康。所以，每头牛每天应饲喂 0.5～1kg 胡萝卜或 2kg 优质干草，也可按每头牛每天在日粮中加入 1 万～2 万 IU 的维生素 A，哺乳期的母牛还应增加0.5～1 倍。

（二）划区轮牧

轮牧制度指两个或更多的草场按设计好的顺序有计划地轮换进行放牧和休憩。这个制度使牧场上大部分牧草得到采食并在间牧时可以休憩，使牧草保持茂盛和茁壮。轮牧使用定时的原理，对每一个草场的放牧期或者再生长期进行规定。放牧和休憩期的长短由牧草生长速度决定，而其生长率依赖于季节、水分、施肥和牧草品种等因素。每次轮牧的牛群数量可以固定也可以变化。

轮牧与连续放牧相比，更要充分地利用不同牧草的生长习性、草场条件和动物的需要来分配放牧地，这样有助于提高草场的持久性和生产力。牧草在生长季节里得到恢复，使其分蘖和生叶正常进行，有利于补充根部养分储藏；这种放牧制度通过促进高植株的豆科和禾本科牧草的生长提高了草地生产量；更多的营养成分以牧草形式供牛采食，减少因遭踩踏、粪便污染造成牧草的死亡或腐烂带来的损失。

轮牧制度也强调均衡放牧，有助于防止过牧和放牧不足，保持禾本科和豆科牧草之间的良好平衡。此时，牛对牧草的适口性几乎没有选择。这种管理制度由于保证了草场始终处于理想状态，所以提供了更多营养素。通过高强度放牧或休憩期收割的办法有助于防止禾本科牧草的抽穗。牧草可以均匀地再生长，保持了适口性，也更容易对剩余牧草进行收割制作干草或青贮。轮牧还有助于控制寄生虫，尤其是胃肠道寄生虫，适当的轮牧计划可打破胃肠道寄生虫的生命周期。

与连续放牧相比，轮牧管理的局限性在于资金和管理投入高。在集约放牧的情况下，可采食牧草的质量逐日下降。在第一轮放牧时，牛群可以采食到多叶的优质牧草，而后的轮牧中牧草质量越来越差。

划区轮牧是保护草场的好办法之一。由于干旱、过度放牧、开荒等使草场面积越来越少，草场退化严重，产草量越来越低。采用划区轮牧，即按照不同的季节，把草山、草场划分成若干个小区，间隔一定时间，轮流放牧。这样做可以减轻草山、草场的压力，让草山、草场有休养生长的时间和空间，生态效应良好，是一种有计划、有控制性的先进放牧形式。

划区轮牧的优越性有：可减少牧草的浪费，节约牧场面积 30％～60％，提高载畜量 20％～30％；可以改善放牧地植被，提高草场的生产力和牧草的质量；划区对牧草的生长有促进作用，一般能提高牧草产量 20％～30％；可以减少家畜的游走时间，降低家畜的热能消耗，增加畜产数量；有利于家畜寄生虫病的防治；便于对草场进行管理，如及时清除有害植物、施肥、补播牧草等。

几种有独创性的集约放牧制度已经表明，能提供和收获最大量的优质牧草，利用最佳质量的牧草放牧最高产的动物并且增加效益。许多放牧制度都是进行短期集约放牧。一般牧场主喜爱传统的草场分割（直角形）方式，把大草场分为相等面积或生产能力相近的小草场并用围栏隔开。可在每个小草场安置水槽和盐槽，或者只设总的水槽和盐槽，牛群可经通道到达。

还有先把草场划分成季节牧场，然后把每个季节牧场再划分成若干个轮牧分区，按照合理的载畜量，使牛按照一定顺序逐区放牧采食，轮回利用草场。

分区数目的确定是以轮牧周期除以每分区一次放牧时间。轮牧周期是指依次放牧全部分区所需要的时间。一般是干旱草场 30～35d，荒漠草场 30～50d，草甸及森林草场 25～30d，高山、亚高山草场 30～45d。每分区一次放牧时间一般为 5d。分区的大小按产草量和牛群大小而定。一般优等草场每公顷放牛 18～20 头，中等草场 10～12 头，贫瘠草场 4～5 头。

同时，要对放牧地轮换利用，即在每个季节牧场内，各分区各年的利用时间和方式按照一定规律顺序变动。以避免年年在同一时间，以同样方式利用同一草场。可提高草场生产力，清除品质不良和有毒有害植物，是合理利用草场的一种有效措施。

三、放牧与肉牛福利

放牧是指牛以草场、草山、草坡等的天然牧草作为其营养物质来源。放牧是一种传统的饲养方式，投入少，成本低，建筑投资也很少。良好的天然草场和人工草地是理想的放牧场地，不加精饲料或少加精饲料就可以达到理想的生产效果。科学合理地放牧养牛既能满足牛的营养需要，又能合理利用草场，是一种投入最小、较经济的饲养方式。放牧虽是一种传统的饲养方式，但能较充分地保证牛的福利、牛的生物学特性，具备使牛充分展示自己本能的条件。在放牧条件下，比较符合牛的空间不受限制，可自主地、无限制地表现大多数正常行为，如随意走动，采食自己喜欢的饲草，与同伴交流、玩耍等。放牧增进牛的体质，提高抗病力。放牧使牛感到身心愉快，能增加牛的运动和享受日光浴，有利于牛体健康和提高机体的抵抗力。良好的牧场、科学合理的放牧管理能满足牛的营养需要，保证正常的生活和生产。但放牧也有不利于牛的福利的一面。放牧饲养时，由于牛基本上处于毫无保护并出现在复杂多变的自然环境里，使牛经常处于一种不稳定状态，容易受灾害性天气的影响，甚至会受到野兽威胁等。

放牧管理粗放，效益不高，冬季天气寒冷，夏季受高温影响大，不能满足为动物提供适当的庇护和舒适的栖息场所，使动物免受不适的福利要求。有季节限制，冬季无草地供牛放牧，牛易缺水，影响牛的生长发育；牧草质量难以控制，单纯放牧，常常不能满足牛的营养需要，影响牛的生产性能及福利要求（为牛提供保持健康所需要的清洁饮水和饲料，使动物免受饥渴）。放牧饲养，对饲草利用率不高，如管理不当，容易造成过牧和低牧现象。放牧饲养产品均匀性较差、质量不稳定，不利于标准化生产。

第二节　舍饲与肉牛福利

舍饲是传统养牛向现代养牛发展的产物，适用于人口多、土地少、经济较发达的地区及缺少放牧地的平原农业区。

一、舍饲的优点

舍饲的突出优点是使用土地少，饲养周期短，出栏率高，便于工厂化管理，各项生产活动都可按照比较严格的程序和标准进行；肉牛厩舍冬季能防寒，防止结冰，夏天防雨、防冰雹、防暴晒，不受气候和环境的影响，使牛拥有能抗御恶劣条件的环境；便于实现机械化饲养，能按技术要求调节牛的采食量，提高劳动效率；能让牛自由采食、自由饮水，气温较低时，能把水温调节到20℃以上，有产房，有利于犊牛和母牛的健康，减少疾病传播；舍饲可以减少放牧时的能量消耗；可以减轻亚热带地区草地蜱螨和北方草场牛虻、蚊虫等对牛的侵袭及伤害；可以解决大牛群集中饲养所需的大量饲料问题，特别是农作物秸秆作为饲料不但在数量上可以保证，而且成本也较低，可保证饲料全年平衡供应，提高饲草的利用率；有相对稳定的饲养管理规范，使生产、畜群健康和畜产品质量都达到较高水平。

二、舍饲生产中的设施设备

（一）牛舍

1. 不同饲养方式的牛舍

（1）拴系式牛舍。拴系式牛舍也称常规牛舍，每头牛都用链绳或牛颈枷固定拴系于食槽或栏杆上，限制活动；每头牛都有固定的槽位和牛床。牛采食、休息、挤奶都在同一牛床上。床前设食槽和饮水设备。典型的拴系式饲养不设运动场，但为了改善牛群健康，我国一般增设舍外运动场。优点是拴系式饲养占地面积少，节约土地；管理比较精细，饲料转化率高；能造成牛的错觉而竞争采食，同时减少运动，有利于牛增重。

（2）散栏式牛舍。将牛群用围栏围于带有卧床的牛舍内，牛在不拴系、无固定卧栏的牛舍（棚）中自由采食、自由饮水和自由运动。牛的采食区域和休息区域完全分离，每头牛都有足够的采食位和单独的卧栏。散栏式饲养方式更符合牛的行为习性和生理需要。

散栏式饲养集约化程度比较高，大中型牛场多采用这种饲养方式。如果牛群较小时，采用散栏式饲养方式，单位牛的设施设备投资很高，分群饲养和机械化操作的优点很难发挥。

（3）散放式牛舍。牛舍设备简单，只供牛休息、遮阳和避雨雪使用。牛舍与运动场相连，舍内不设固定的卧栏和颈枷，牛自由地进出牛舍和运动场。

牛舍内铺有垫草，平时不清粪，只添加新垫草，定时用铲车机械清粪。运动场上设有饲槽和饮水槽，多头牛共用一个食槽，昼夜有料，自由采食和饮水。其优点是省劳力、易管理、牛易争食、增重效果较好。

2. 不同用途的牛舍

（1）母牛舍。采食位和卧栏的比例以 1∶1 为宜，每头牛占牛舍面积 8～10m²，运动场面积 20～25m²。畜舍单列式跨度建议为 7m，双列式为 12m，长度以实际情况决定，但不应超过 100m。排污沟向沉淀池方向有 1%～1.5% 的坡度。

（2）产房。每头犊牛占牛舍面积 2m²；每头母牛占牛舍面积 8～10m²，运动场面积 20～25m²。可选用 3.6m×3.6m 产栏。地面铺设稻草类垫料，加强保温和提高牛只舒适度。

（3）犊牛舍。每头犊牛占牛舍面积 3～4m²，运动场面积 5～10m²。牛舍地面应干燥，易排水。

（4）育成牛舍。卧栏尺寸与母牛舍不同，其他设计基本与母牛舍一致，每头占牛舍面积 4～6m²，运动场面积 10～15m²。

（5）育肥牛舍。育肥牛舍分为普通育肥牛舍和高档育肥牛舍。普通育肥牛舍分为拴系式牛舍和散栏式牛舍。拴系式牛舍牛位宽 1.0～1.2m，散栏式牛舍每头牛占地面积 6～8m²，运动场面积 15～20m²。

（6）隔离牛舍。隔离牛舍是对新购入牛只或已经生病的牛只进行隔离观察、诊断、治疗的牛舍。母牛场建筑设计基本与母牛舍一致、育肥牛场基本与育肥牛舍一致，通常采用拴系饲养，舍内不设专门卧栏，以便清理消毒。

3. 牛舍内部设施

（1）牛床。牛床是牛休息和采食的地方，一般设计牛床前部在牛食槽后缘，牛床长度后缘在排粪沟前面。成年母牛牛床长 1.8～2.0m，宽 1.1～1.3m，种公牛牛床长 2.0～2.2m，宽 1.3～1.5m，肥牛牛床长 1.8～1.9m，宽 1.2～1.3m，6 月龄青年牛牛床长 1.7～1.8m，宽 1.0～1.2m，牛床地面应结实、防滑、易于冲刷，并向粪沟作 2°倾斜。可用粗糙水泥地面或竖砖铺设，也可使用三合土。

（2）颈枷。

①拴系式颈枷。拴系式颈枷包括硬式颈枷和软式颈枷（图 4-1）。硬式颈枷多为自锁式，采用钢管制成。使用硬式颈枷拴系，管理方便，但牛的活动范围很小。软式颈枷多用铁链。其中，铁链拴系又有固定式、直链式及横链式 3 种。使用铁链拴系，牛的活动范围扩大，但增加了饲养员的手工劳动量。铁链拴系的长度要能保证牛正常的行为，如休息、用头部蹭其身体侧面等。拴系链的长度（包括固定环）应该不小于从横杆到食槽表面的距离。拴系链过短，会使牛在卧床上躺卧时间缩短，并不断调换躺卧姿势，牛腿和蹄子受伤明显增加。

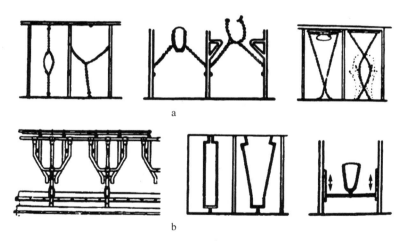

图 4-1 拴系式颈枷

a. 软式颈枷 b. 硬式颈枷

②散栏式颈枷。散栏式颈枷在不妨碍牛活动和休息的前提下，将牛固定在食槽前。颈枷能有效地防止牛采食时将前肢踏入食槽，避免饲料污染，也可防止牛抢食，降低采食竞争。用颈枷将牛固定，就可以给不同的牛饲喂特定的饲料，也方便观察牛或对牛进行治疗或输精等。应根据本场具体需要和工艺选择颈枷。繁殖母牛场可采用自锁式颈枷，肉牛养殖一般不采用自锁式颈枷；柱式

颈枷适用于体重为 300～500kg 的肉牛，柱距 18～25cm。

常见散栏式颈枷的形式见图 4-2。其中，颈枷 a、颈枷 b 是自锁式颈枷。自锁式颈枷能对牛群统一绑定和释放，也可在不影响其他牛的前提下，单独对某头牛进行绑定和释放。颈枷 c、颈枷 d 不能对牛进行绑定，只是阻止牛采食时将前肢伸到食槽中和左右抢食。不同月龄母牛的颈枷设计推荐参数见表 4-1。

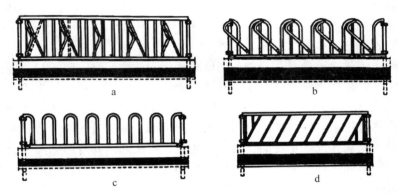

图 4-2　散栏式颈枷

表 4-1　不同月龄母牛的颈枷设计推荐参数

月龄	体重（kg）	饲料挡墙高度（cm）	颈枷高度（cm）
6～8	160～220	35	71
9～12	220～300	39	76
13～15	300～350	43	86
16～24	350～550	48	104
＞24	550～680	53	122

（3）食槽。食槽设在牛床的前面，槽底为圆形，槽内表面应光滑、耐用。食槽具有饮水设备的牛舍可采用地面食槽，无饮水设备的牛舍则采用通槽的有槽食槽，并兼作水槽。有槽食槽上口宽 55～60cm，底宽 35～40cm，前沿高 45～50cm，后沿高 60～65cm；为适应 TMR 饲喂技术应用，可以不设食槽（采用地面食槽），采取无食槽饲喂，可以节约场地，也便于 TMR 饲喂设备投料。地面食槽适于机械化操作，食槽设置于饲喂通道一侧，靠近牛床一端，呈弧形，一般槽口宽 50～55cm，槽底深 10～15cm，槽底比牛床高 20～30cm。

（4）饲喂通道。饲喂通道位于食槽前，TMR 饲喂时的宽度为 3.0～4.0m。人工饲喂时，单列式位于食槽与墙壁之间，宽度 1.3～1.5m；双列式位于两槽之间，宽度 1.5～1.8m。饲喂通道地面一般高于牛床 30～40cm。

（5）饮水设备。拴系式饲养饮水设备主要是饮水碗或以食槽兼饮水槽，一般每两头牛提供一个饮水碗，设在相邻卧栏隔栏的固定柱上，安装高度要高出卧床70～75cm。饮水槽是散栏式牛场常用的饮水器，一般宽40～60cm，深40cm，饮水槽高度不宜超过70cm，饮水槽内水深以15～20cm为宜，一个饮水槽满足10～30头牛的饮水需要，寒冷地区要采取相应的措施以防止饮水槽结冰，有条件的牛场可选用恒温水槽。无论哪种饮水槽，最好能留出水、进水两个口，以保持水的流动和洁净。

（6）粪尿沟和污水池。为了保持舍内的清洁和清扫方便，粪尿沟应不渗水，表面应光滑。粪尿沟宽25～40cm，深10～15cm，并向污水池一端倾斜2°～3°。粪尿沟应通到舍外污水池。污水池应距牛舍6～8m，其容积以牛舍大小和牛的数量多少而定，一般可按每头成年牛0.3m³、每头犊牛0.1m³计算，以能储满1个月的粪尿为准，每月清除一次。为了保持清洁，舍内的粪便必须每天清除，运到距牛舍50m远的储粪场。要保持尿沟的畅通，并定时用水冲洗。

（二）围栏

牛场内牛舍、运动场、赶牛通道等多处需要围栏，围栏选用钢管制作，包括横栏与栏柱，横栏3～4根，栏杆高1.2～1.5m，栏柱间隔1.5～2.0m，栏柱埋入地下0.6m。栏杆可以用钢筋混凝土预制柱或立柱式铁管。电围栏或电牧栏，现在牛场也广为应用，尤其是牧区应用较多。它由高电压脉冲发生器和铁丝围栏组成，高压脉冲发生器放出数千伏至1万伏的高电压脉冲通向围栏铁丝，当围栏内的牛触及围栏铁丝时就会受到高电压脉冲刺激而退却，不再越出围栏范围。由于放电流小，时间短（1⁄5s以内），因此人、畜不会受到伤害。使用电围栏可减少架设围栏的器材和费用，围栏转移也较方便。

三、舍饲生产与肉牛福利

舍饲这种饲养方式会对牛造成很大的生理障碍，因为进行舍饲的牛获得食物的方式与放牧时有很大不同。首先是生理活动和生活习性上的不适应（Cermak，1987），牛离开了其生存的自然环境和空间，在人的社会因素影响下，牛适应舍饲环境变得更困难。如果从动物福利方面考虑，对于群养、群饲的动物，应该给每个动物提供足够的采食空间和活动空间（Metz，1983；Wierenga，1983）。没有足够的采食空间，动物就不能摄取足够的食物，动物福利就不能保证。群饲本身会造成采食空间有限，动物在有限的空间内竞争食物必然造成动物福利下降。牛的集约化饲养必然会导致牛与牛之间的冲突，处于弱势的牛尽管会受到其他牛的攻击和威胁，但为了生存也必须试图去争夺食物。Bouissou（1970）发现，牛舍围栏越大，牛之间的冲突就越少。与强壮的牛相比，瘦弱的牛为了喝上水必须走更远的路或花更长的时间（Albright，1969）。

如果饮水、采食空间有限，那么弱小的牛则更难获得充足的食物和饮水。为了最大限度地改善动物福利，尤其从提高动物生产性能方面考虑，应该为牛提供足够的采食空间，最好分栏饲养。舍饲牛已经适应了单一的饲养模式，而目前遥控、自动化饲养模式也很成功。但那些放牧的牛很难适应这种集约化的饲养模式。

另一个严重的现状是：舍饲的牛还要每天站立在潮湿、凸凹不平、光滑的地面上，这些往往能导致动物肢蹄损伤、跛行、尾尖坏死以及其他各种疾病。地面太滑会造成动物起卧困难（Andreae et al.，1982）。厩舍地面（板）条件差、排污系统不足，使得牛经常站立在泥泞的地面上而导致牛出现跛行，而跛行也是舍饲牛表现出的最严重的福利问题（Wierenga et al.，1987）。

第三节　放牧＋舍饲与肉牛福利

放牧＋舍饲多用于繁殖母牛群，春、夏、秋季节放牧饲养，冬季改为圈养。育肥牛一般在前期放牧育肥，后期圈养强化育肥。在有条件的地区，主要指管理技术水平较高的牛场，采用这种放牧与舍饲结合的饲养方式能最大限度地降低饲养成本，提高生产效率和设备利用率。若技术管理水平不高，不能进行科学的放牧饲养，其实质是牧草的产量和质量不能满足青年牛生长发育的需要，不能按计划达到预期体重，则有可能延误配种日期，甚至影响牛的发育和健康，有可能影响该牛的终身产奶量。因此，青年牛的这种饲养方式只有在具备条件的前提下才能采用。

一、放牧＋舍饲的必要性

（一）草场不足

无论是建立人工草地或天然放牧场，由于面积有限，无法扩大，只能按计划每天将牛群放牧一定时间或区域，然后赶回牛舍进行挤奶和补饲。

（二）牧草产量低、质量差

草场较差或冬、春枯草季节，由于单纯依靠放牧不能满足牛的最低营养需要，当放牧吃不饱时，可采用舍饲或放牧加补饲的办法。

（三）气候条件恶劣

当夜晚寒冷或天气炎热时，需要将牛赶入牛舍饲养。夏季青草期牛群采取放牧饲养，寒冷干旱的枯草期则把牛群于舍内圈养。

（四）牛的生理阶段需要

育肥前期架子牛生长阶段可放牧于草地，待体重达到一定重量时，转入舍饲，用干草和混合精饲料集中、强制育肥直到出栏；哺乳牛在犊牛断奶后及后备母牛可采取放牧，而怀孕后期母牛要转入舍饲，进行精细饲养和管理。

二、放牧＋舍饲的措施

饲料是养牛生产的物质基础，均衡、合理的饲料供应是保证牛场生产正常进行的前提，全价饲养是保证牛正常生长、泌乳、增重的必要条件。饲料费用的支出是牛场生产经营支出中最重要的一个项目，管理的好坏不仅影响到饲养成本，而且对牛群的健康和生产性能均有影响。要根据生产上的要求，饲料供给要按合理配制日粮的要求，做到均衡供应，各类饲料合理配给，避免单一性。为了保证配合日粮的质量，对于各种精、粗饲料，要定期做营养成分的测定。

（一）生产或储备优质饲草

1. 生产优质饲草 建立永久性草地或者临时性草地时，通常可种一年生牧草（燕麦、黑麦草等）、多年生牧草（紫花苜蓿、草木樨、沙打旺等），建立人工牧草地。这种草地要求有一定的雨量，采取补施肥料和补播等措施以保证其高产，作为打草场。

无论采用什么方式放牧，在规划草地时，都要留出一定面积的天然草地作为打草场，开春后不放牧，在牧草抽穗或开花期收割、晾晒、打捆储存。南方选择天旱少雨的季节，北方雨量少，收草时间比较好安排，收草以后的草场仍可放牧。实行划区轮牧的草场，在牧草生长盛期，可以留出一定数量的小区专供打草、储草。另外，可以种植青贮玉米制作青贮饲料，在草地牧草供应不足的季节，分别用收储的干草或青贮饲料给家畜进行补饲，维持家畜全年营养平衡，这样才有可能获得最高的畜产品产量和最大的经济收益。

2. 储备优质饲草 根据畜群头数、舍饲期的长短等情况，储备充足优质草料，如青干草、青贮饲料、玉米秸秆、谷草、稻草、麦秸、豆秸、花生秧等。

（二）储备精饲料

在质量较好草场日放牧 12h，只需对未成年母牛、妊娠 6 个月以上的母牛补喂精饲料，每天补混合料 0.5～1kg，带犊母牛每天补混合料 1～1.5kg。哺乳期补料比妊娠期补料意义更大，故妊娠期只宜使母牛营养平衡，产犊后提高其营养供给水平，按日泌乳 8～12kg 标准奶安排日粮。据测定，补料多少对妊娠母牛本身影响很大，但一般对犊牛初生重影响不大（除非母牛营养状况太差），却对产后泌乳量影响较大，使犊牛日增重提高。妊娠期和哺乳期对母牛补料是否恰当，明显影响断奶重。

按照全年的需要量，对所需的精饲料提出计划储备量。在制订下一年的饲料计划时，需知道牛群的发展情况，主要是牛群中的产奶牛数和育肥牛数，测算出每头牛的日粮需要及组成（营养需要量），再累计到月、年需要量。编制计划时，在理论计算值的基础上提高15%～20%为预计储备量。

尽量发挥当地饲料资源的优势，扩大来源渠道，既要满足生产上的需要，又要力争降低饲料成本。了解市场的供求信息，熟悉产地和摸清当前的市场产销情况，联系采购点，把握好价格、质量、数量、验收和运输，对一些季节性强的饲料，要做好收购后的储藏工作，以保证不受损失。

（三）补饲精饲料和粗饲料要合理搭配

在放牧不能满足肉牛的所有营养需要地区，需要进行补饲，并且补饲可以使肉牛生产获得更高的经济效益。与圈养相比较，给放牧牛平衡日粮更不容易。在放牧季节里，草场质量的变化影响养分的浓度、可消化性以及饲草的采食量。需要经常对放牧采食量和草场质量进行调查并对补饲制度进行相应调整。

需要指出的是，繁殖母牛的妊娠、产犊、泌乳和发情配种是相互紧密联系的过程。饲养时，既要满足其营养需要，达到提高繁殖率和犊牛增重的目的，又要降低饲养成本，提高经济效益。这就需要对放牧和舍饲、粗饲料和精饲料的搭配等作出合理安排，有计划地安排好全年饲养工作。

当牧场牧草产量不足时，要进行补饲，特别是体弱、初胎和产犊较早的母牛。以补粗饲料为主，必要时补一定量的精饲料。一般是日放牧12h，补精饲料1～2kg，饮水5～6次。

补饲精饲料和粗饲料要合理搭配，营养水平的高低直接影响增重水平。不同营养水平小公牛增重情况见表4-2。

表4-2   不同营养水平小公牛增重情况

饲养方法	补饲标准（kg）	营养水平	头数（头）	100d平均增重（kg）	平均日增重（kg）
放牧补饲	精饲料1.0，干草5.0	低	10	20.3	0.208
放牧补饲	精饲料2.5，干草7.5	中	18	75.6	0.756
放牧补饲	精饲料7.5，干草自由采食	高	20	95	0.95
强度育肥	精饲料4.5～5.5，干草15	极高	20	117.8（80d）	1.478

三、放牧＋舍饲的方式

夏季青草期牛群采取放牧，寒冷干旱的枯草期则把牛群于舍内圈养。此法通常多见于热带地区，因为当地夏季牧草丰盛，可以满足肉牛生长发育的需要，而冬季低温少雨，牧草生长不良或不能生长。新疆北部地区及青海、内蒙古等地，也可采用这种方式。但由于牧草不如热带丰盛，故夏季一般采用白天放牧，晚间舍饲，并补充一定精饲料；冬季则全天舍饲。

采用放牧＋舍饲方式应将母牛控制在夏季牧草期开始时分娩，犊牛出生后，随母牛放牧自然哺乳。这样，因母牛在夏季有优良青嫩牧草可供采食，故泌乳量充足，能哺育出健康犊牛。当犊牛生长至5～6月龄时、断奶重达100～150kg，随后采用舍饲，补充一点精饲料过冬；在第二年青草期，采用放牧育肥，冬季再回到牛舍舍饲3～4个月，即可达到出栏标准。

此法的优点：可利用最廉价的草地放牧，犊牛断奶后可以低营养过冬，第二年在青草期放牧能获得较理想的补偿增长。在屠宰前有3～4个月的舍饲育肥，胴体优良。

第五章

营养、管理与肉牛福利

第一节 营养与肉牛福利

　　牛在贫瘠的土地上放牧，一方面，营养摄入不足或营养摄入不均衡现象时常发生；另一方面，营养过量容易导致牛肥胖，这种现象常发生于某些高度集约化的畜牧场；或采食不均、争斗性强的个体采食了过多的高能量、高蛋白饲料的饲养场。放牧牛则很少发生。

　　植物性原料生产时，生产地土壤、水源污染造成的重金属污染，微量元素超标或缺乏，农药残留，收割时果实与土壤接触造成的污染，杂质污染，虫害、转基因作物等都是污染因素。其中，农药残留是我国当前植物性原料中最严重的一项污染。在重金属污染方面，汞、铅、砷、镉等通过"三废"污染水源和土壤后，部分为植物所吸收，污染植物原料，并富集到农畜产品中，最后危害人类健康。

一、短期禁食、禁水对肉牛的影响

　　运输对牛是有应激的，因为牛日常正常的采食、饮水和休息被打乱了，它们处于新的环境，有时还与陌生的牛混杂在一起，受到严格的限制，还要忍受噪声、振动和可能极端的温度（Warriss，2004）。急性和慢性的刺激可能导致牛的痛苦。对这两种类型刺激的生理机制是相似的，只是在耐受时间和强度上不同（Mobery and Mench，2000），运输是急性和慢性刺激的源头。短途运输也能产生痛苦，因为受到来自装载、短途运输、卸载和没有时间恢复等连续应激的累积效果。长途运输中，急性和慢性应激可以共同作用使牛抵抗应激的能力降低。运输时间和增加生物学消耗的可能性间存在着直接的联系（Grandin，2000），这种生物学消耗将对日后屠宰牛的胴体造成损伤或降低肉品的质量（Gregor，1998）。

（一）短期禁食、禁水对犊牛健康的影响

　　Todd 等（2000）对犊牛进行 30h 的运输试验，期间不给任何食物。结果

表明，犊牛动用了其脂肪储备来满足其代谢需要。但是，血浆中的尿素却变化很小，表明犊牛没有破坏蛋白，可以维持正常的体温。再进行 12h 的运输并没有导致有害的影响。犊牛没有脱水。作者认为，30h 没有食物的运输不会在健康和临床症状方面导致动物福利问题。但是，他们提醒这只适用于运往屠宰厂后不久就屠宰的犊牛，并指出运输一周后，犊牛死亡率和发病率升高（Knowles，1995）。这表明这种运输仍然是有害的，只不过是后来才表现出来。

（二）短期禁食、禁水对牛肉品质的影响

屠宰前，由于长期处于应激原如长途运输中，肌肉中的糖原储备被消耗，导致动物产生生物学损失，就会出现 DFD（发暗、发干、质地坚硬）肉（Tarrant et al.，1992；Batista de Deus et al.，1999；Grandin，2000）。宰后，应激动物的肌肉糖原耗竭，不能为肌肉的合理酸化提供足够的糖分解底物。可以在宰后 24h 通过检测肉品的 pH 判断出酸化水平。如果最终 pH 高于 6，就是典型的 DFD 肉。Nestorov 等（1970）首次提出，肉牛肉的最终 pH 随着运输时间的增加而增加。后来，Shorthose 等（1972）、Wythes 等（1980）和 Tarrant（1989）的研究也证实了这一观点。

福利越好意味着肉品质越好，这种说法受到那些寻求提高动物福利的人的欢迎。运输过程中不良的福利降低了肉品质（Gregory，1994）。在鲜肉市场，由于低品质产品被拒买或等级降低可以导致产量降低和销售额下降。运输改变了肉的最终 pH，产生了 DFD 肉，进而影响了肉品质。出现 DFD 肉是由于运输以及擦伤所造成的最严重的肉品质问题之一（Knowles，1999）。DFD 肉常见于牛，很多研究已经证实屠宰前的运输应激影响了家畜肉品质的几个方面（Tarrant，1980；Mitchell et al.，1988；Tarrant et al.，1992；Smith et al.，2004）。pH 是研究宰前处理对肉品质影响时经常检测的指标，优等肉的最终 pH 大约是 5.5。当 pH 超过 5.8 时，肉的嫩度和货架期都缩短了（Gregory，1998；Grandin，2000）。Tarrant（1980）估计大约有 10% 的胴体由于最终 pH 过高而导致品质下降。Wythes 等（1981）、Tarrant 等（1992）、Honkavaara 和 Kortesniemi（1994）认为，长途运输增加了 DFD 肉的发生。

如果运输中提供 1h 的休息时间（提供饮水），并不会出现预想的大部分牛拒绝饮水的现象。运输途中停下休息的一个重要的优点就是有机会检查一下牛的状况。建议动物在经过 14～31h 的运输（没有混群）后，要有 24h 待宰圈休息的时间以利于牛恢复。Gallo 等（2003）发现，长途运输与体重的减少、pH 和 ULT 值的增加、肌肉色泽降低以及 DFD 肉增多有关。这是很好的证据，表明禁食减少了体内的糖原储存。Jones 等（1998）认为，禁食和运输对降低肌肉的嫩度并使颜色变深具有轻微的但却显著的影响。

Wythes 等（1980）和 Schaefer 等（1997）分析了长途运输后饮水对屠体

和肉品质的影响。结果表明，牛在长途运输后必须保证充足的饮水以确保身体组织在屠宰时不会缺水。为了防止脱水，4～5h 的休息期是必要的，为了防止异常的 pH、ULT 值，需要 24h 的休息。

长途运输应激改变了牛体内基本的酸碱及电解液生理平衡，导致肉品质下降和胴体重量的减少（Schaeffer et al.，1988）。运输是影响肉品质的一个极为重要的因素，因为它影响了肉的 pH（Wythes et al.，1981）。超过 8h 的运输严重影响了肉的品质和动物福利，也危害农场主的收入（Tarrant and Grandin，2000）。欧洲关于在运输过程中牛保护的规定于 2007 年 1 月 5 日开始实行，规定推荐最多 14h 的运输后，至少要有 1h 的休息及饮水，然后才能继续另外 14h 的运输。在第二个阶段的运输后，牛必须在合适的地方被卸载，进行饮水、饲喂和休息 24h（http：//ec.europa.eu/food/animal/welfare/transport）。最合理的决策是运输动物时间不超过 8h，推荐应尽量靠近农场屠宰牛。可以利用奖金推动养殖户实施这项建议，避免进行长途运输。

（三）运输应采取的营养与福利措施

在运输中，动物的代谢机制会相应地提高。伴随着行程的增加，牛出现能量不足。于是，动物就开始消耗其能量储备来克服能量不足。在运输前及途中适当地给牛补充饲料，可以预防出现能量不足。

如果在运输前进行适当的饲喂，牛是比较能够忍受艰苦运输的，尤其是当运输中断其正常的饮食时。成年牛每天大约需要 40L 水，母牛则每天需要 180L 左右。实际的摄入量要依靠饲养系统的类型来决定，如在放牧条件下还是集中饲喂、饲料的含水量等。

建议在牛的运输前要充分地休息并进食高质量的饲料。但是，要在运输前 12h 禁食。如果牛在运输前进行了适当的饮食，那么在运输最初的 24h 内暂时的停料（不停水）可能会是最大的应激，因为在此过程中非常有可能扰乱瘤胃的功能。对于怀孕的青年母牛以及其他的牛，在休息中对其饲喂是有好处的。可以饲喂一些好的干草或高能量的饲料（Hartung et al.，2000），还要适当地供给饮水。如每头牛每天喂干草 5kg 左右，饮水一两次，每次 10L 左右。为减少长途运输带来的应激反应，可在饮水中添加适量的电解多维或葡萄糖。从牧场或从集约化饲养场直接运输时，由于牛的排粪会污染皮毛，屠宰厂对脏的动物屠宰时有许多限制，因此会对福利造成一定的影响。例如，非常脏的牛要退回到农场，因此又增加了处理和运输程序。

当行程持续 8h（犊牛）或 12h（成牛），牛会疲劳而需要休息。在运行的车辆上，牛很少饮食。因此，需要停下来补充食物和水。一般来说，经过一定时间的运输后，经过 6～8h 的休息基本可以得以恢复（经过 24h 的运输后，司机最少休息 9h）。

为保证好的牛福利，休息期间适当的温度和通风、充足的食物和饮水以及足够的空间来保证牛能够同时饮食是非常必要的。在休息期间，要将生病和受伤的牛卸下来。

一般来说，为制订正确的牛运输计划，应当首先得到牛原饲养场条件的信息，如关于其健康状况（疫苗免疫程序和免疫的状况）和饲喂机制等。但是，在商业条件下这只能在种牛中才可实现。对于屠宰牛就不会有这样的照料，通常是在运输当天将牛从群中挑出。对于种牛，通常要进行细心的选择并在运输前几天进行临时围栏饲养。这样牛就可以处于与运输时同样的饲喂机制下，从而可以慢慢适应运输。

将牛安全地从车上卸下来，赶到指定的牛舍中进行健康检查，挑出病牛，隔离饲养，做好记录，加强治疗，尽快恢复患病牛的体能。新购回的肉牛相对集中后，在单独圈舍进行健康观察和过渡饲养 10～15d。

牛经过长时间的运输，路途中没有饲喂充足的草料和饮水，牛突然之间看到草料和水就易暴饮暴食，应适当加以控制。第一周以粗饲料为主，略加精饲料；第二周开始逐渐加料至正常水平，同时结合驱虫，确保肉牛健康无病及检疫正常后再转入大群。

二、营养物质供给不足对肉牛的影响

能量和蛋白质的摄入低到什么程度才能导致动物的严重不适很难测定。所有的牛都需要平衡的日粮来维持健康，满足生产需求。因此，要随时检查所剩的草料量，如果不能维持牛的需要，可用其他适宜的饲料补给。经常检查补给料的类型、重量，以保证营养平衡。更换饲料要有计划地逐步进行。

（一）能量供给不足

肉牛所需要的能量来源主要有糖、淀粉、纤维素等碳水化合物以及脂肪、类脂类。它们用于维持生命的基础代谢和生产，与外界温度、产奶量高低、增重、妊娠等的变化有关。

能量与温度变化间的关系：肉牛的最适宜温度在 13～18℃，低温时热的损失增加。在 18℃ 的基础上，平均每下降 1℃ 产热增加 2.512kJ，据此应增加 1.2% 的维持能量。从 21℃ 增加到 32℃，为了散掉多余的热，平均每上升 1℃ 要多消耗 3% 的维持能量。

能量与成年母牛增重的关系：第一胎母牛由于在持续生长发育中，所以它的能量需要比维持能量需要增加，一胎时增加 20%，若生第一胎时是在 30 月龄，增加维持需要也只能是 10%；二胎、三胎时已发育完全成熟不必再增加。

能量与饲养方式也有关系，在运动场自由运动就比拴饲时需要提高 15% 的维持能量。放牧时要按运动量也就是公里量来增加维持能量。

能量水平长期不足不但影响幼龄母牛的正常生长发育，而且可以推迟性成熟和适配年龄。成年母牛如果能量过低，会导致发情征状不明显或只排卵而不发情。母牛生产前后能量过低，会推迟产后发情日期。对于怀孕母牛，能量不足会造成流产、死胎、分娩无力或生出软弱的犊牛。

我国的山区母牛粗放饲养管理，冬春季节大多数不发情，繁殖率低，与能量低有关。

母牛在怀孕最后两个月中对能量的需要增加迅速，因为产前两个月胎儿生长加快。产犊后对能量的需要仍然较大，因为产奶需要能量，还要为进入规则的发情周期储存能量。在这个时期供能少会导致发情缓慢，推迟配种。因为母牛泌乳，需要更多的饲料，特别是在哺乳早期要给予适当的饲养。母牛产犊后45d配种，既可保证一年一犊又可保证母牛健康。

维持和增重（产奶）需要相加决定总能量需要，这对大多数不受环境应激的牛来说，应是有足够的能量避免体重减轻的。在很多生产情况下，肉用母牛的体重会呈季节性的减重（在产犊期和产奶早期）和增重（产奶后期及干奶期）。假如母牛在妊娠后期和繁殖季节减重，则维持一年一产的产犊间隔的可能性也会减少。

（二）蛋白质供给不足

肉牛对蛋白质的需要主要用于生长、维持、繁殖和泌乳，如果缺少蛋白质，肉牛生长（包括胎儿）发育会变慢甚至停止，对成年母牛的泌乳量（包括牛奶蛋白含量）会减少，泌乳盛期的体重下降，会带来各种形式的繁殖能力降低。成年母牛每增重1kg体重需要320g粗蛋白质，减重时同样可以提供320g粗蛋白质。妊娠的最后2个月在维持的基础上每天每头需分别增加420g和668g粗蛋白质。反刍动物除了可以利用真蛋白外，还可以利用非蛋白氮。非蛋白氮中包括尿素类化学物质。蛋白氮中分为可降解部分和不可降解部分，但非蛋白氮则可以全部降解。用非蛋白氮与质差的粗饲料相结合饲喂肉牛，可以提高作物秸秆的利用率及营养价值，降低喂牛成本。但它必须是在足够能量基础上的结合，才是有效的结合，并且要注意正确的使用方法。

饲粮中蛋白质不足容易造成肉牛畜体内蛋白质代谢变为负平衡，体重减轻，产乳量及生长率均降低；影响牛繁殖率，公牛精子数量减少，品质降低，母畜发情及性周期异常，不易受孕，使受孕胎儿发育不良，甚至产生怪胎、死胎及弱胎。

瘤胃中氨不足会降低消化率和消化程度，同时可减少饲料进食量，瘤胃之后氨基酸不足也可能降低能量的进食量及饲料与蛋白质的利用率。通过氮素再循环到瘤胃，这对蛋白质临界缺乏的情况来说利用效率最高。

蛋白质不足引起生殖器官的发育受阻和机能紊乱。对于公牛，尤其是处在生长期、初情期前后的公牛，长期蛋白质不足会影响睾丸和其他生殖器官的发育。对于青年公牛，精液量减少，精液品质下降，性欲减退；用蛋白质不足的饲料喂养青年母牛，常不表现发情征状，卵巢和子宫处于幼稚型；对成年母牛来说，日粮中蛋白质偏低，将逐渐消耗母体内积累的蛋白质，用以维持自身及胎儿的需要，时间长了，母牛消瘦，影响胎儿生长发育，严重者胎儿死亡。

（三）矿物质、微量元素不足

其些矿物质和微量元素的缺乏会降低繁殖力。如公牛缺碘会降低性欲，降低精液品质，饲料中加铜、钴、锌和锰等，有助于提高精子产量和繁殖力。

母牛缺碘时，因代谢降低从而发情减弱或完全停止。孕牛缺碘时，容易发生流产和早产。母牛缺钙，产后发情不正常或完全停止。缺磷引起卵巢机能不全，延迟初情期，对成年母牛可造成发情征状不全，发情周期不规律，最后可造成发情完全停止。铜不足可以抑制发情和使繁殖力减退，增加胚胎早期死亡率。缺钴时，母牛食欲减退、消瘦，发情停止。缺锌时，母牛繁殖机能下降，青年母牛停止发情。缺硒同样会引起母牛的胚胎早期死亡。

（四）维生素不足

饲料中缺乏维生素 A 或胡萝卜素，能使公牛睾丸变性，受到永久性的损害。母牛缺乏维生素 A 造成犊牛生命力降低，胎儿吸收或发育不正常，阴道上皮角质化。维生素 E 缺乏时，则可使怀孕中断。缺乏 B 族维生素时，造成性周期失调。

（五）营养素之间的关系

确定肉用母牛的平衡日粮时，通常首先考虑的是能量来源。除非能量得到满足，否则蛋白质、矿物质和维生素都不能很好被利用。不同生产水平，其能量需要也不同。由于纤维素是作为肉用母牛能量的主要来源，因此饲草或饲料的数量和质量都是重要的。

当能量受到限制时，补充的蛋白质将用于提供能量，直至能量得到满足为止；然后，剩余的蛋白质则将用于满足母牛蛋白质的需要（Clanton and Zimmerman，1970）。例如，这些研究者曾指出，给在天然草场放牧过冬的生长后备母牛饲喂高能量（7.2 Mcal*/d 和 8.0 Mcal/d）、低蛋白（6.7% 和 7.9%）的补充料，会给这些母牛的营养状态带来危害。由于蛋白质是限制性的营养因素，因此额外补充的能量不能使其增重，而实际上是体重减轻，当加入的能量中含 13% 或 16% 的蛋白质时，则青年母牛就能增重。这就证明，具有限制性能的是蛋白质而不是能量。这些类似的关系也可用其他养分来说明。由于放牧的牛所选择的日粮数量和质量难以估计，因此要确立这两者之间合理的关系是困难的。

＊　cal 为非法定计量单位。1cal＝4.184 0J。

（六）营养物质供给不足的肉牛的觅食

牛在采食时具有选择性，喜食青绿饲草和块根饲料，通常不会采食被排泄物污染的、绒毛多的或者外表粗糙的牧草。但是，如果草地被大面积污染（如撒有液体厩肥的草地），牛最终还是会采食这些被污染的牧草。

Broom 和 Penning 用同样的方法测量两个设置群体的牧场奶牛的情况，每个牧场有两种平均高度不同的牧草。结果显示，牛咀嚼的速率与牧草的平均高度不呈比例关系。奶牛采食过程中会回避过长和粗糙的牧草，它们以恒定的速率采食较短的、牧草叶比例较高的牧草。Chacon 和 Stobbs（1976）对澳大利亚的犬尾草牧场进行调查发现，牛采食过程中撕咬草的尺寸明显减少，咬食速率则达到最大。Stobbs 做的这一系列工作证明了奶牛在采食过程中对牧草叶子有明确的选择性。在研究第 1d，32% 可利用的牧草干物质是叶子，剩下的是根和枯死的牧草材料，但牛最终采食量的 98% 是叶子。采食量是通过瘘管取样来测定。在第13d，叶子仅占可利用牧草干物质的 5%，但采食量的 50% 是叶子。反刍动物能够将富含纤维素的劣质蛋白质饲料转化为能量和优质动物蛋白质，转化过程并不复杂。牛在长期采食营养物质含量较低的饲料时也能够维持生存，之所以能够如此，完全依赖于选择性地摄取食物，而这就需要大面积区域的觅食。

当自由放牧场中的牛吃光一个区域的草之后，它们将移向另一个区域。牛群作出是否转移的决定依赖于那个区域的平均回报，这是跟牛所知道的来自居留地整体的平均回报相比较而得出的。牛吃完一片牧场后也是利用它们先前的经验去决定可以为觅食投入多少能量。如果它们知道每天都要移向一个新的牧场或者牧草带，在每天刚开始的时间里它们吃草会很快，因此会与其他动物为了可利用的牧草发生竞争，但在当天的晚些时段它们会吃得很少。当许多天后，牧场的草差不多吃完时，牛就会移动。

由于牛是反刍动物，因此其从食物中摄取能量的多少通常受到反刍时间的限制。反刍的最大速率受肠道横切面积（cross-sectional area）限制。这样的结果表明，对牛重要的是，在有高质量饲料可利用的情况下，不要浪费时间去消化质量差的饲料（Westoby，1974）。这就是选择叶子而不选择枝干的原因。这也是它们选择吃一些牧草而不吃另一些牧草的原因。这种选择的结果是，牧场中有些植物被吃光而其他的却完好地保留下来。此外，一些营养质量差的植物，可能由于它们多毛、多刺或者有毒而被回避。对于野外放牧的牛，当饲草质量或可采食的饲草数量降低时，其食草时间可能还要延长。同样，如果仅能采食到不易消化的饲草，反刍时间也有可能延长。如果放牧草场能够提供大量的营养物质含量较低的作物或饲料，牛往往挑选最易消化的部分采食。如果别无选择，只能采食植物秸秆或发黄的饲草，它们仍将挑选最容易消化的部分。牛不喜欢采食较粗糙的难消化的植物部分，这时牧场往往会存有大量的拒绝采食的食物。而这就会发生一方面牛因为每天的采食和营养供给不足而苦苦支撑，另一方面饲养者却错误地认为食物还非常充裕的现象。

（七）营养物质供给不足状态下的新陈代谢

健康的反刍动物从合成代谢转变为分解代谢时，脂肪组织中能量的转化将引起非酯化脂肪酸（NEFA）和 β-羟基丁酸（BHB）浓度的增加（Reist et al.，2002）。而且，血浆白蛋白、总蛋白和尿素氮浓度的降低也表明了短期内蛋白质代谢的负平衡（Payne et al.，1970）。通常情况下，一个简单的血样就可以很容易检测到这些代谢物的浓度变化，并且该方法经常用于估测高产奶牛的代谢状态。但是，当其用于长期营养供给不足的牛时就可能出现错误。只有动用体组织时，血浆 NEFA 和其他组织异化作用产生的代谢物浓度才会升高。牛营养物质的摄入受到较长时间的限制时，体内储备的营养物质就会被动用，这时体组织的营养物质储备将会受到抑制。

肌氨酸酐大多来源于肌肉组织的代谢，血浆肌氨酸酐浓度的降低表明牛体肌肉组织体积的减少（Istasse et al.，1990）。当体组织储备的糖原、脂肪和肌肉蛋白消耗殆尽时，牛为维持生命将动用骨髓。但是，这个代谢过程是不可逆的，是动物即将饿死的先兆。

三、饲料毒素污染

饲料污染即食品污染，饲料的安全与卫生直接影响到饲喂牛的安全与健康，间接影响到人类的安全与健康，同时也影响到动物福利的生理福利。被污染的饲料有的直接造成牛中毒发病，违背了牛的卫生福利原则。近年来，消费者对生活的期待和要求不断提高，其中之一是对健康和饮食的重视。对牛肉产品来说，消费者有权要求牛肉不但营养丰富、质量稳定，而且没有药物残留、添加剂和细菌的污染。所以，人们对通过食物链影响人类健康的饲料污染越来越重视。1998 年英国疯牛病的传播和 1999 年比利时二噁英事件的发生都是由饲料污染引起。随着人们生活水平的提高，人们对食品的要求不再仅仅是数量的满足，更看重质量的提高。而饲料作为人类食物链中重要的一环，它的安全与否直接影响到牛安全和人类安全。"安全饲料等于安全食品"的口号被提出来，并且越来越深入饲料生产的有关行业。

（一）植物性饲料毒素污染

植物性饲料中的毒素不仅危害牛自身的健康，而且某些毒素大量沉积在牛体内，转移到肉牛产品中危害人类的健康，包括致癌、致畸、致突变以及抑制免疫力等危害。这些毒素包括饲料自身的毒素和霉变毒素。

植物性饲料中的多种次生代谢产物如生物碱、棉酚、蛋白酶抑制剂以及动物性饲料中含有的组胺、抗硫胺素也导致畜产品安全性降低，危害人们的身体健康和生命安全。棉籽中的棉酚，会破坏动物的肝细胞、心肌和性腺；棉籽饼中含量超过 0.02% 就会发生中毒，反刍动物瘤胃微生物有一定的脱毒作用；菜籽饼中的硫葡萄糖苷本身无毒，但在芥子酶的作用下，水解产生有毒的噁唑烷硫酮和异硫氰酸酯等，损害牛的肝脏、消化道，导致甲状腺肿。

饲料及其原料在运输、储存、加工及销售过程中，由于保管不善，易感染各种霉菌，并超过安全标准，所产生的霉菌毒素不但危害牛健康，而且毒素残留也影响肉牛产品的食用安全。饲料霉变过程中，霉菌生长消耗了饲料中的营养物质，并分解饲料中的蛋白质和糖化淀粉，产生异味。霉菌毒素会影响牛和人的细胞、体液免疫，并会影响 DNA、RNA 以及蛋白质和类脂的代谢过程，引起细胞死亡或内分泌紊乱。在这些霉菌毒素中，以黄曲霉毒素在饲料中存在最多，致突变性最强，危害最大，是一种毒性极强的肝毒素，并且动物食用了被黄曲霉毒素污染的饲料以后，黄曲霉毒素还可以转移到肉牛产品中，在牛内脏、肉、乳中都有微量残留，对人体健康造成危害。玉米作为牛日粮中不可缺少的能量饲料来源，如果加工和储存不当，非常容易感染黄曲霉，霉变的玉米等饲料原料含有很高浓度的霉菌毒素，牛采食这类饲料，对牛自身和人的健康有恶劣的影响；一些霉菌毒素损害动物的肝脏、肾脏和繁殖性能。目前发现，黄曲霉毒素是最强的致癌物。肉牛饲料与牛肉中黄曲霉毒素 B_1 的含量和牛乳黄曲霉毒素 B_1 的残留量之比为 800：1（奶牛饲料中黄曲霉毒素 B_1 的含量与牛乳黄曲霉毒素 B_1 的残留量之比约为 200：1，猪饲料与猪肝、肉鸡饲料与肉鸡肝中、蛋鸡饲料与蛋鸡肝中、肉牛饲料与牛肉中的残留量之比分别为 800：1、1 200：1、2 200：1、14 000：1）。表 5-1 列举了常见能量和蛋白饲料原料中主要霉菌的种类与数量（周永红，2005）。

表 5-1　常见能量和蛋白饲料原料中主要霉菌的种类与数量

饲料原料名称	霉菌菌量（个/g）	霉菌种类
能量饲料		
玉米	$1.0 \times 10^3 \sim 1.8 \times 10^6$	单端孢霉、圆弧青霉、黄曲霉、镰刀菌、黑曲霉等
小麦	$1.0 \times 10^4 \sim 4.6 \times 10^5$	镰刀菌、黄曲霉、白曲霉、交链孢霉、圆弧青霉等
稻谷	$2.5 \times 10^5 \sim 3.5 \times 10^5$	白曲霉、烟曲霉、橘青霉、杂色曲霉、黄曲霉
蛋白饲料		
膨化大豆	$2.0 \times 10^2 \sim 4.1 \times 10^2$	黄曲霉、烟曲霉、圆弧青霉、橘青霉、白曲霉等
豆粕	$4.6 \times 10^2 \sim 2.4 \times 10^5$	镰刀菌、圆弧青霉、土曲霉、橘青霉、烟曲霉等
菜粕	$1.7 \times 10^2 \sim 4.5 \times 10^5$	镰刀菌、圆弧青霉、黄曲霉、交链孢霉、白曲霉等
棉粕	$4.0 \times 10^2 \sim 1.5 \times 10^4$	镰刀菌、毛霉、黄曲霉、橘青霉、圆弧青霉等
鱼粉	$1.9 \times 10^2 \sim 2.0 \times 10^4$	镰刀菌、毛霉、橘青霉、圆弧青霉、烟曲霉等
肉骨粉	$3.2 \times 10^3 \sim 3.3 \times 10^5$	镰刀菌、圆弧青霉、白曲霉、黄曲霉、烟曲霉等
羽毛粉	$2.0 \times 10^3 \sim 7.4 \times 10^4$	烟曲霉、圆弧青霉、橘青霉、赭曲霉、白曲霉等

（二）重金属和非金属元素污染

科学研究发现，饲料中高剂量添加某种或某几种元素，具有促进牛的生长、预防某些疾病发生的作用，最常见的是在饲料中添加高量的铜（常常达到250mg/kg）、锌（达3 000mg/kg）或砷制剂（如阿散酸）。然而，饲料中过量铜、锌的使用，可以引起牛中毒。铜容易在肝中聚集，人食入铜、锌残留量高的牛肝可造成身体健康危害。而且，大量铜、锌随粪便排出后，严重污染了环境。砷化物在肠道中具有与抗生素同样的作用，能提高增重速度和改进饲料利用率，同时砷也是一种必需元素。因此，饲料生产厂家使用砷制剂。砷的危害也是非金属元素中最突出的，虽然在饲料中添加砷制剂可以促进动物的生长，但砷制剂会引起牛的慢性中毒，出现失明、偏瘫，急性中毒时表现为运动失调、失明、皮肤发红等症状。为了改善畜产品的色泽，有的企业大量使用阿散酸、洛克沙生等有机砷制剂，而砷特别容易在牛体内蓄积，摄入砷残留的畜产品会影响人体健康。美国食品药品监督管理局（FDA）规定的动物产品限量：蛋中砷的允许残留限量为0.5mg/kg，肝、肾允许残留限量为2mg/kg；中国无公害食品国家标准中动物性食品中（含水产类）的允许残留限量为0.5mg/kg。同时，由于砷的吸收率低，通过粪尿排放到农田、河流，严重污染环境，最后转移到人类食物中，危害人类健康。砷制剂引起的深层次污染已发展到分子生态污染，如引起蛋白质、DNA、酶等生物大分子的生态紊乱，具有"三致"（致癌、致畸、致突变）作用。

（三）微生物污染

病原微生物污染饲料及畜产品是疾病传播的重要途径。沙门氏菌、大肠杆菌、葡萄球菌、肉毒梭菌等在饲料中不得检出的病原菌偶有存在。微生物污染主要包括细菌性污染、真菌及其毒素污染、病毒性污染和寄生虫性污染。牛产品中许多传染病和寄生虫病可以感染人和脊椎动物。目前，人畜共患病有250多种，包括口蹄疫、鼠疫、狂犬病、禽流感等，尤其是近年来疯牛病、口蹄疫等疾病的发生和蔓延，不仅给发病国家造成严重的灾难，而且波及世界各地，已引起联合国粮农组织、世界动物卫生组织等国际组织的普遍关注和重视。表5-2列出几种常见人畜共患疾病。其中，病原微生物的污染问题较严重，如疯牛病破坏人的神经系统，布鲁氏菌病导致感染者终身不孕等。

表5-2　常见人畜共患疾病

人畜共患病	发病动物	主要感染途径	人的主要病症
炭疽	牛、羊、马、猪	接触、食入	炭疽痈、肠炭疽
布鲁氏菌病	牛、羊、猪	接触	波状热、关节炎、睾丸炎
结核	牛、猪	食入	低热、乏力、咳嗽、咯血

（续）

人畜共患病	发病动物	主要感染途径	人的主要病症
沙门氏菌病	猪、鸡、牛	食入	肠炎、食物中毒
猪丹毒	猪、鸡、牛	创伤、食入	局部红肿疼痛、类丹毒
李斯特菌病	牛、羊、猪	食入	脑膜脑炎
口蹄疫	猪、牛、羊	接触	手、足、口腔发生水疱、烂斑
囊尾蚴	猪、牛	食入	绦虫病、肌囊虫（极少）

（四）工业污染

环境中的化学污染物包括重金属（汞、铅、砷、镉等）和氟，主要是由采矿、交通、工业排污（"三废"，即废水、废气、废渣）等人类活动带来的。有机污染物如亚硝基化合物、二噁英、多氯联苯等在环境、饲料中存在，并通过食物链逐级富集。这些污染具有毒性强、难分解等特点，对畜产品安全构成极大的威胁。1999 年 5 月，比利时就曾发生因饲料污染而引发的二噁英严重中毒事件。为了促进牛生长、改善牛产品的外观而在饲料中过量添加的微量元素在牛产品中大量蓄积，会导致牛产品安全性降低，进而危害人类身体健康和生命安全。

（五）饲料添加剂及兽药残留

抗生素被牛吸收后，随血液循环分布全身，其中肝、肾、脾等组织分布较多，并通过泌乳过程而残留在乳中，从而广泛地在牛产品中残留。抗生素的残留不仅影响牛产品的质量和风味，也被认为是牛细菌耐药性向人类传递的重要途径。不少抗菌药物性质稳定，一般的蒸、煮、炒等烹调处理不能将其完全破坏，因而可导致消费者发生过敏反应、免疫低下等不良反应，不同的抗菌药物还会对人体造成特有的毒性作用。

使用抗生素的直接效果是使牛不容易得病，促进牛的生长。但抗生素、兽药在牛产品中的残留问题很严重，消费者食用这些牛产品可能引起中毒，甚至引起肿瘤等严重威胁人类健康的疾病。在牛饲养过程中使用违禁药物和长期超标使用兽药，尤其是抗生素、激素、药物性饲料添加剂等，使这些药物在牛产品中残留，导致牛产品安全性降低，不仅影响牛产品的出口贸易，造成直接经济损失，而且危害人们的身体健康和生存质量。牛耐药菌的耐药基因可以在人群、牛群和生态系统中的细菌间相互传递，导致病菌产生耐药性而引起人类和牛感染性疾病治疗的失败。这也是为什么过去较少发生大肠杆菌、沙门氏菌和葡萄球菌病，而现在却成为牛和人类主要的传染性疾病的原因之一。

许多抗生素如青霉素、四环素类、磺胺类等均具有抗原性，可引起人的抗原反应。这些药物使用后，均可从乳汁排出，敏感的人喝了含有青霉素的牛奶会出现过敏反应，轻者出现皮肤瘙痒、过敏，重者出现急性血管性水肿和休克。四环素类药物能够与骨骼中的钙结合，抑制骨骼和牙齿的发育，出现黄斑牙；磺胺类药物会破坏人的造血系统，导致溶血性贫血和血小板缺乏症等；大剂量的磺胺二甲嘧啶可引起大鼠的甲状腺癌和肝癌的发生率大大增加；氯霉素会造成人体骨骼造血机能的损伤；链霉素、庆大霉素和卡那霉素主要损害前庭和耳蜗神经，导致听力下降。20 世纪 50 年代，欧美一些国家用激素来促进牛生长，通过食物摄入过多残留于畜产品中的生长激素会导致儿童的早熟和肥胖，对其生长和日后的生活带来严重的影响。20 世纪 80 年代，在不明确盐酸克伦特罗（瘦肉精）对人体危害作用的情况下，向养殖户推广了这一兴奋剂。瘦肉精是一种白色或类白色的结晶粉末，味苦、无臭。将一定量的瘦肉精加在饲料中，可明显地促进牛生长，并增加瘦肉率。其作用机制在于刺激动物蛋白质的合成而引起肌纤维细胞内物质增多，体积增大，且减慢蛋白质的降解过程和脂肪沉积。瘦肉精尽管能够显著提高牛的瘦肉率，改善饲料利用率，但这类化学物质性质稳定，难分解，在体内蓄积性强，人食用后极易出现中毒症状，表现为头晕、恶心、呕吐、血压升高、心跳加快、体温升高和寒颤等。1997年，我国明文规定禁止使用瘦肉精。

（六）农药残留

出现农药残留问题的原因是在种植过程中滥用农药，使用后在一定时间内农药不能完全降解而残留在环境、生物体和食品中，包括农药本身及其衍生物、代谢产物及其与饲料中的其他反应产物的毒性。例如，砷、汞很难被完全降解，我国已禁止使用含砷、汞的农药。另外，有机氯农药不易分解，人类吃了这种含有农药残留的牛产品，严重危害健康；牛采食残留有机氯农药的饲料，在体内大量蓄积，人类食入这样的农产品后会造成严重危害，甚至引发癌症、畸形、抗药性及中毒，还可引发孩子性成熟过早、男性生育能力降低、妇女更年期紊乱等。

第二节 管理与肉牛福利

牛是一种具有多种经济用途的家畜。随着经济的发展和人们生活质量的不断改善，提高牛的生产水平，生产更多优质的产品，已成为发展趋势和社会需要。人类的畜牧业经历了游牧、粗放式放牧，最后发展到今天的现代集约化生产方式。

肉牛生产管理贯穿育种、养殖到屠宰的所有环节，其目的就是满足牛肉生产及人类消费安全。肉牛福利状况是能够量化的，量化指标包括死亡率、母牛营养的给予、环境与载畜量、暴露与遮挡、季节性采食不足与过度放牧、自然行为表达等，以此评定生产中肉牛福利程度。

一、粗放式管理系统

此系统中的牛有足够的自由在舍外活动，并且在某种程度上可以自由选择食物，如通过放牧、饮水以及进入遮蔽物内。

（一）死亡率

在糟糕的牧场系统，牛的生产性能非常低下。在撒哈拉沙漠地区，正常年份每年的出栏率在3%～9%，通常为8%。则公牛在2岁多一点时就被卖掉。在肯尼亚，母牛产第一胎的年龄通常约为4岁，种用牛的平均寿命大约为12岁（Rcoderick et al.，1998）。产犊率通常在50%～80%，产犊间隔通常略多于600d，犊牛的死亡率在6%～40%（Homewood et al.，1987）。母牛的年死亡率通常在5%～15%，而在严重干旱年份，犊牛和母牛的死亡率分别能上升到90%和50%～80%。

富有的牛场主有很大的牧群，但是护理牛的标准并没有相应提高。在埃塞俄比亚，富有牛场、中等牛场、贫困牛场博拉纳牛群中犊牛死亡率分别为24%、16%和30%。富有牛场犊牛的死亡率高可能是由于降低了犊牛个体的管理水平；而在贫困的牛场，犊牛的死亡主要是因为牛场主控制牛奶饲喂量导致的营养不良造成的。

在贫困和中等牛场，生产目标是限制犊牛的牛奶采食量，为家庭提供更多的牛奶。他们强调的重点是犊牛的存活而非生长。在牛场中，犊牛的饲喂监控越严格，犊牛的早期死亡率越低。但是，犊牛断奶后主要依靠放牧，且正好赶在干旱季节时，犊牛的死亡率会显著增加。在贝宁湾地区，季节性迁徙过程中的犊牛死亡率明显高于定居式系统（Aboagye et al.，1994）。多数犊牛的死亡是由于第一周的采食量不足造成的。

（二）母牛营养的给予

肉用母牛一年中4个阶段的不同营养需要如下：

第一阶段：产后82d内，母牛大量泌乳，子宫逐渐恢复到产前的正常状态，并准备再次受孕。同时，由于该阶段犊牛从牛奶中获得大量营养，母牛必须补充足够的能量和蛋白质饲料，以保证足够的产奶量以满足犊牛的生长需要，因此此阶段对营养的需求是全年最高的。尽管泌乳期母牛可从嫩草中获得充足的蛋白质，但是仍然需要饲喂谷物饲料来获取额外的能量。

第二阶段：母牛处于妊娠早期并且还在泌乳期。如果母牛是在春季产犊，必须增加体重以准备过冬。在这个阶段，犊牛开始减少奶的摄入量，增加草料的采食量。所以，除非是干旱或其他特殊原因，一般情况下，放牧母牛不需要补饲。

第三阶段：犊牛通常已经断奶，母牛处在妊娠中期。母牛自身仅为维持需要，同时为胎儿的发育提供营养。所以，此时的营养需求最少，可以饲喂品质低一些的粗饲料。

第四阶段：妊娠后期即产前50d，是另一个关键时期。此时，母牛开始为泌乳做准备，同时胎儿在这个阶段的生长将占全期的70%～80%。任何体况不佳的母牛此时都应摄入足够的营养以恢复体重。

除以上提到的各个因素外，母牛的营养需要还随体型大小、产奶水平、体况及环境因素的不同而有所波动。

很多地区牧草的营养价值和补饲水平都较低，一方面由于企业的低盈利，另一方面则是由于到偏远牧场放牧的问题。这种情况下，怀孕母牛的营养状况往往不佳，但通过改进管理策略可以减少这些福利问题的发生。如果在交配之前一段时间内（产后82d内）饲喂牧草或补饲谷物饲料，这样可以为母牛配种时提供更好的营养；另外，在母牛妊娠后期即产前50d进行补饲作为重要的饲养目标。母牛补充营养可以有效地提高犊牛的出生体重和存活率；同时，让这些母牛在产犊后犊牛也能随着母牛在改良牧场上进行放牧，结果是增加了犊牛的断奶重，也能使母牛更有效地保持和恢复身体状态。

母牛的营养目标是维持母牛的最佳生产性能。尽可能在60d的配种期内使母牛全部受孕，产犊时间提早（假设早春产犊）。这样，母牛在泌乳期可以吃到更多的青绿多汁饲草，从而增加犊牛的断奶重。美国不同地区有其各自适宜的产犊时间。在冬天暴风雪严重的地区，尽管晚春产犊会降低断奶体重，但可以降低因暴风雪引起的犊牛死亡率。秋季产犊需要较低的劳动强度和畜舍要求，而且到来年春天时犊牛已足够大，已完全可以利用牧场和天然草原的快速生长的青草，降低了饲养成本。在春季断奶时，母牛可放牧在低质量的草原上，而犊牛则可在改良的或灌溉的牧场上获得较大增重。如母牛和犊牛都在草原上饲养，要更加细心地管理牛群。开始断奶的45d管理和饲养需要补饲，并对其正常生长要给予极大的关注。

秋季产犊的饲养程序一定要与春季产犊有所不同。秋季产犊，母牛在产犊前6周和产犊后产奶期需要更多的饲料。为保证产奶，饲喂产后母牛高质量的饲草要比干奶牛和怀孕母牛多。又由于母牛不能放牧在嫩草地上，因此需要给它们补饲高能量的饲料。秋生犊牛可以根据需要直接饲养在育肥场，在售价上具有一定优势。

（三）环境与载畜量

在发展中国家，过度放牧是养殖业最主要的环境危害。因其会导致地表植被的破坏，导致动物长时间吃不到足够的食物，从而影响动物的福利。

1. 过度放牧在以下几种情况下会导致植被的破坏

（1）两个放牧期之间没有足够的时间供植被恢复。

（2）蹄刨和踩踏等物理损害。

（3）破坏植物的生长点。

2. 通过控制饲养量避免过度放牧的方法

（1）根据草地的承载能力固定所能饲养的动物。

（2）根据当前的或即将来临的饲草供应量出售或屠宰一定量的动物（如季节性的屠宰）。

（3）根据饲草和水源量来转移动物（如季节性牲畜移动、游牧的和半游牧的饲养方式）。

（4）在必要的基础上，通过增加现金储备或偿还债务来减少动物的饲养量。

具体选择哪种方法取决于放牧者的经济状况、对待风险的态度、短时间过度放牧后植被的恢复情况和当地的天气变化情况。

3. 在放牧的过程中，劳动力的分配是必要的　放牧者可以很好地分配放牧压力，这样有利于控制局部的过度放牧。游牧是畜群管理的极端情况，但是随着最近几十年各国对边界的严格控制和动物疾病卫生的防控，这种方式越来越少。更多情况下，小孩负责到离家较近的牧区放牧，而成人则要到远处荒野的地方去。

4. 过度放牧导致的牧场大面积沙漠化已受到越来越多的关注　据报道，西亚和非洲南部海岸的一些沙漠正是由于过度开发造成的，但是过度放牧是否为主要原因还不确定。对过度放牧进行谴责的最有力证据出现在南非和澳大利亚，但这些只是偶然事件。现在南非和澳大利亚的载畜量比 19 世纪末、20 世纪初降低了（Dean and Macdonald，1994）。牧场已经失去了部分物种的多样性且植被的丰度下降。缺少植物的覆盖就会增加沙漠化的风险。随之而来饲料的相对缺乏导致动物福利问题风险增加，当然也取决于饲养密度的大小。这就暗示了种种问题的出现是由过度放牧引起的。

当发现池塘和井旁边或居住地附近的植物消失时，就要意识到放牧强度与沙漠化之间的联系。由于风化导致的土壤流失，留下了裸露多石的地表。此时，如果不给家畜提供补充料，由于放牧的影响，则可能导致当地的土地受损（Mack，1996）。

5. 评价一个地区是否过度放牧的一种方法　评估该地区可以生产多少可供家畜食用的饲料，由此推算可以承受的载畜量，然后与实际的载畜量进行比较。但要估计出精确的载畜量是比较困难的，并且年降水量的变异系数超过30％时，这种估计就脱离了实际。但当实际载畜量超出理论载畜量很多时，这种评估方式可以起到预警的作用（De Leeuw and Rey，1995）。

表 5-3 显示的是对非洲不同的农业生态区域载畜量的估算结果。半干旱的

尼日利亚北部、埃塞俄比亚和肯尼亚高原区是过度放牧风险最大的区域，占很大的比例，这些区域的实际饲养量为每平方千米约有 100 个热带家畜单位（tropical livestock units，TLU），远远超过了最适宜的饲养密度。有过度利用征兆的地区可能不止这 3 个地区，据说世界上 49% 的干旱和半干旱地区都有过载现象。

表 5-3　非洲不同的农业生态区域可消耗饲料的产量及适宜的载畜率

地区	可消耗饲料产量（t 干物质/hm²）	适宜载畜量（TLU/km²）
干旱区	0.19	8
半干旱区	0.51	22
半湿润区	0.72	31
高原区	0.76	33

还有一些方法可以确定实际载畜量和可持续的载畜量是否平衡，且结论大多一致（Kreuter and Workman，1994）。放牧强度即载畜强度（stocking pressure）是一个较载畜量更好的度量指标，是指一定时期内一个地区家畜的最大密度。它更能反映出对植物损害和土壤侵蚀的风险大小。

一些牧草品种对高强度的放牧非常敏感，也有一些品种能耐受高强度的放牧，但需要依赖连续放牧之间的休牧期进行休整。虉草（*Phalaris arundinacea* L.）耐干旱能力很强，同时也可耐受住周期性的高强度放牧，但需要足够长的休牧期才能得以再生。以草丛为主的牧场对高强度的放牧很敏感。草丛牧场通常土地较肥沃且靠近水源，一旦这些动物开始侵蚀这个地方，那么载畜量、动物的生产性能以及动物的体况会急剧下降（Ash et al.，2004）。在潮湿的热带地区，有些公共牧场由于耕作的需要，可能会发生过度放牧的现象，牧场上草的组成就会有所变化，产量低、适口性不好的草品种将会增加。改正这种状况，需要整个团体达成共识和承诺。但这并不容易做到，因为饲养家畜和种植农作物之间存在冲突。

在非洲，一些解决过度放牧的传统方法已经得到了全社会的认可。一种方法是鼓励畜主限制家畜数量，这些畜主可以到集体牧场放牧；另一种方法为干旱季节储备牧草。

6. 过度放牧可能带来的动物福利问题在严冬季节增多　有时畜群越大问题越严重。在塞内加尔，由于管理方式的原因，畜群越大（>100 头），过度放牧的影响也更加明显。畜群越大，动物必须走得更远以获得饲草和水，这样在低品质的牧场放牧的时间就越长，随后被驱赶到耕地采食农作物残茬。因此，它们总体体况都较差（Ezanno et al.，2003）。

（四）暴露与遮挡

牛有时候会受到暴风雪的袭击。在 1967 年新西兰的暴风雪中，发现牛是最先倒下的家畜，其损失比绵羊更大。这些牛在 2d 内都会死去，但是如果在这期间给它们喂料，它们就会有幸存的机会。在特别寒冷的天气，牛会停止吃草。此时保存热量是关键，手工喂料在这个时候特别有用，尤其是对怀孕晚期的母牛，怀孕 8 个月的母牛非常容易受到伤害。当牛陷入雪中时，其身体的传导面积增大，并且牛体表的隔热性能不好。当出现酮病时，牛的食欲会受到抑制，而且由于此时牛行为古怪、恐慌，会导致治疗困难。

在加拿大西部，肉用犊牛通常出生在冬季，且在室内饲养。如果垫草潮湿，就有冻伤的风险，特别是犊牛的后肢。这种情况一般不易被发现，只有在对别的疾病进行检查时才会发现（Cruz and Naylor, 1993）。

通常认为，与类似苏格兰牛这种小型强壮品种牛相比，晚熟肉牛品种的耐寒性较差。但是，在寒冷条件下（低于 −25℃ 的冬季）进行体况损失比较时，利木赞×黑白花奶牛与苏格兰牛并没有差异（Wassmuth et al., 1999）。

在恶劣的气候下，育肥场对牛的保护有限。在屠宰来自田纳西州育肥场的一批牛时发现，冰雹造成肉牛后背大面积擦伤。治愈擦伤需要 49d，在这期间有更多的牛会被屠宰（Schmidt et al., 2000）。

（五）季节性采食不足与过度放牧

在如何管理过度放牧的问题上，最近几年有所转变，从关注维持牧场的植物组成转向关注如何利用牧场来供养一个群体。据报道，为避免周期性的过度放牧而设定载畜率，会损害畜牧业生产的经济效益（Behnke and Kerven, 1995）。在降水量不稳定的地区，牲畜存栏数暴跌几乎是不可避免的。相反，在强调动物福利问题的同时，环境波动所带来的饲草短缺必须得到缓解。以下为传统的解决方案：

1. 季节性迁徙放牧。

2. 在饲料短缺开始时，卖掉非种用家畜。

3. 在饲料不足时，提供替代的补充饲料。

牧场改良在一些情况下有助于缓解饲料短缺，但如果是公共牧场，人们的积极性就不高。焚烧牧场是一种传统的使草场牧草再生的方法。焚烧的目的是除去大量的枯死植物和促进鲜绿牧草在雨季前得以重生以供放牧。很多地方草地通过引进牧草品种而得到改良，但是遇到一个共同的问题是如何维持优良品种的可持续性。

（六）自然行为表达

把牛母仔强行分离，会给动物造成很大痛苦。犊牛出生后的一段时间里，牛母仔之间会形成牢固的情感纽带，此时断奶会给牛母仔带来深切而漫长的痛苦。世界农场动物福利协会认为，幼年动物断奶过早，且迫使动物过早断奶的方式在养殖业中被普遍采用，这是一种违背动物家庭关系和生理健康的不可接受的做法。

粗放式管理系统中，放牧牛群的犊牛通常在出生后 6～8 个月才断奶。生产上通用的断奶时间为 205d。既包括牛乳摄入量的逐步减少，也包括离开母亲群体独立性的增加。在集约化奶牛生产体系中，犊牛在出生后的 12h 里，在它们吃够了富含保护性抗体的初乳后，就被人从它们母亲身边分开，由饲养者给它们喂乳，犊牛会被养作奶牛或肉牛。由于出生后几天或当天就将犊牛与母牛分开，不仅影响了母牛的情绪，还导致犊牛产生不适的反应。因为过早断奶，犊牛得不到足够的初乳而表现抗病力下降。改食人工乳，犊牛又难以消化而出现吸收不良反应，犊牛的健康受到严重影响。因此，在管理上补饲抗生素类的药物已成为必需规程。

生产者会经常比较不同牛群间的 205d 体重。与 6～8 个月龄断奶相比，提早断奶（如 4 月龄）的犊牛会出现更多的哀叫和踱步。早期断奶广泛应用于奶牛、肉牛等集约化生产过程中。早期断奶违背幼畜的发育规律，犊牛在断奶后就开始发出哀叫，但如果能经常见到母牛，通常在断奶 3d 后就能趋于安静。然而，当犊牛完全与母牛分离并断奶时，在断奶分离 6d 后犊牛仍然有悲伤的迹象。断奶过早会阻碍犊牛日后的生长，导致 7 月龄时卖入育肥场时的体型偏小。

二、集约化管理系统

牛只被限制在一定的活动范围中，完全依赖饲养员来满足其基本的需要，如每天的食物、饮水和挡风避雨的栏圈。

集约化养殖方式是在高水平投入的同时取得高水平的产出。这种方式往往是在资源缺乏（如土地或劳动力），而同时又有足够的能力通过其他途径（如投资圈舍、围墙或机械）来解决这种局限性时采用。我们平时吃的肉类主要是通过这种养殖方式提供的。

与传统生产相比，现代畜牧生产主要体现在技术的现代化和生产的高效率，表现为生产环节的程序化、专门化和机械化，故称为集约化生产或工厂化生产。集约化生产的目的是追求单位畜舍的最大产出量、最大生产效益以及最低的产品价格。国外集约化程度较高的牧场，一个人可以在约 4 000m² 的土地上饲养 100 万只鸡，或在约 2 000m² 的土地上饲养 300 头育肥牛。20 世纪 80 年代初，北欧和北美地区几乎全部的肉鸡、蛋鸡及 60％的生猪都是在集约条件下饲养的。这种集约养殖方式又称为工厂化养殖（factory farming），其特点是舍饲、高密度（载畜率）和机械化程度高，表现为劳动生产率高、生产成本低、产品价格低等特点。因此，这一生产模式广泛在世界范围流行。

但是，集约化生产也暴露出许多问题，一旦食物或饮水受到污染、日粮营养不均衡，以及通风系统、供热系统、给料系统、供水系统发生故障等，都会影响到动物的健康。因为动物的福利状况完全依赖于人的正常管理及机械系统的正常工作。

（一）繁殖和犊牛管理

1. 繁殖管理　随着现代化畜牧业的发展，对母畜的配种控制（人工授精）、发情控制（同期发情）、妊娠控制（胚胎移植）、分娩控制（诱发分娩）、胚胎分割、免疫学在繁殖中的应用、计算机在繁殖管理中的应用等，都有利于提高母牛的繁殖率。

应用现代繁殖技术，通过繁殖管理提高母牛的繁殖率，达到以下目标：①80％的母牛产犊后 60d 内发情并配种；②60％的育成母牛第一次配种受胎；③55％的经产母牛第一次配种受胎；④受胎所需配种次数少于 1.7 次；⑤牛群中难孕牛应少于 10％；⑥隐性发情牛少于 15％；⑦后备牛 16 月龄时能达到可配种体重（即 375kg）；⑧空怀天数不超过 100d；⑨产犊间隔 13 个月左右；⑩繁殖率，育成母牛为 95％以上，经产母牛为 80％以上。

许多国家的肉牛年生产能力和已公布的 15 多万头泌乳牛的田间试验结果表明：只要小母牛或母牛正常发情并且公牛健康，那么每个发情周期的平均受孕率可达 60％（Hanly et al.，1977）。产犊后有一个至少 40d 的产后乏情期，且与产犊时的身体状况和营养水平有关，在同样的身体状态下青年母牛要比成年母牛乏情期长 20d。因此，只要所有的小母牛或母牛在交配期开始时是正常发情的，那么经过 5 个发情周期（105d）的交配期就可以使母牛的受孕率达到 99％。尽管如此，如果在随后的几年内，公牛的引进数量一定时，并且在引进公牛时不是所有的母牛都能正常发情时，那么每个 105d 内母牛受孕率就不会达到 99％了。因此，可以通过延长产犊间隔一年的方法来维持 99％的受孕率；或者是保持一年的产犊间隔，经过 3 个发情周期后撤离公牛来维持 90％的受孕率，但是每年都会有 6％的母牛不孕（Mossman et al.，1977）。

新西兰 30％的肉用小母牛在 2 岁时就可第一次产犊，但需要细心的管理，以免发生难产和继发性繁殖疾病。如小母牛在 14～15 月龄达到成年体重的 65％，且在交配时达到指定的受孕率，就可以循环使用。15 月龄的安格斯小母牛、海福特小母牛和西门塔尔小母牛的最低标准体重分别是 270kg、290kg 和 310kg。在 2 岁时就能受孕的小母牛应特别管理，如提供优质的营养，预防影响发育的寄生虫感染和营养缺乏性疾病，且定期称重（检查是否达到指定的体重）。如果小母牛 15 月龄时不能达到最低体重，那么就要从繁殖牛群中淘汰，或是等到下一年再配种，以避免不能繁殖第二胎引起低繁殖率。

产犊时体况不佳导致产犊后到下次受孕的时间间隔延长，如交配期缩短后会导致很高的空怀率。此外，瘦弱的经产母牛通常在交配季节晚期受孕，产犊较晚，犊牛断奶较早且第二次产犊时不能受孕。放牧高峰时，后备小母牛缺乏与成年母牛竞争食物的能力。因此，在它们第二次产犊期间应单独饲养管理。要想实现优良的小母牛管理，每天的管理要以母牛的身体状况与它们的繁殖能力一致为基础。如果饲喂量不能满足机体需要量，母牛就会消瘦且不能达到交配的理想身体状态，最终丧失繁殖能力。

奶牛群在整个春季产犊期同样需要加强饲养管理，60%～70%的奶牛可通过种公牛的人工授精而怀孕。30%的人工授精由牧场主进行，而70%的人工授精由技术人员进行。发情鉴定时采用尾部涂漆法。奶牛繁殖率低通常是由于冬季或春季牧场不能满足怀孕后期和泌乳早期的营养需求而导致产后乏情期延长引起的。阴道内药物缓释器可克服这个问题，并在产犊后期诱导发情。

母牛产后一般40d左右可再次发情配种，应在产后85d内再次妊娠，保证一年一犊。这段时间，应注意观察母牛发情情况并及时配种。

2. 犊牛管理 生物学上的福利需要是指动物对生存所需的物质资源和空间的需要以及满足正常生理活动的需要。Broom（1991、1996）曾对犊牛的福利需要作过详尽的阐述。下面为犊牛福利需要的相关例子。

犊牛出生后需要摄取初乳，要有吮吸行为。如果犊牛不能从母牛的乳头或假乳头（如奶瓶上的假乳头）上吮吸到乳汁，出于生理需要，犊牛会吮吸其他物体（Broom，1982、1991；Metz，1984；Hammell et al.，1988）。犊牛需要休息和睡眠以恢复体力和避免患病，研究发现，犊牛需变换12种不同姿势以达到舒适的目的，如将头抵在腿上休息或将腿伸展开（De Wilt，1985；Ketelaarde Lauwere et al.，1989、1991）。试探（探查）是所有犊牛避免伤害和危险的重要方式和本能行为（Kileyworthington et al.，1983；Fraser et al.，1990），在昏暗的房间里，犊牛不能试探危险的有无和程度，所以常常有恐惧表现。犊牛骨骼、肌肉的发育以及其他生理活动都需要运动，如果将犊牛关在小围栏里，犊牛一放出来，就会表现得很兴奋、很有活力，如果长时间地将犊牛关在围栏里就有可能导致其运动功能障碍（Warnick，et al.，1997；Dellmeier et al.，1985；Trunkfiedl，et al.，1991）。解剖学、生理学、行为学的研究都表明，犊牛需要摄入富含纤维的食物。因此，要在犊牛出生后的最初几周里供给富含纤维的日粮或草料。犊牛都有舔自身体毛的行为，这是一种生理需要。另外，通过舔体毛还可有效地防止或减少体表寄生虫（Fraser et al.，1990）。犊牛还需要多种营养物质，如充足的铁在维持犊牛正常的生理活动和减少疾病的发生时是必不可少的。母牛一方面可以给小犊牛哺乳，满足其营养需要；另一方面还对小犊牛进行生活上的呵护，满足其生理和情感的需要，没有母牛呵护的犊牛要比其他有呵护的犊牛更易与其他犊牛建立良好的群体关系，表现出更广泛的社会行为，这种群体行为可以从对受孤立的犊牛的负面影响上得以证明（Broom et al.，1978；Dantzer et al.，1983；Friend et al.，1985；Lidfors，1994）。

各种营养因素与动物福利关系密切。例如，如果日粮中蛋白质和碳水化合物配合或使用不当，则犊牛对其利用率会下降或引起犊牛的营养代谢性疾病。另外，牛奶如果酸化太严重，则由于适口性差而不适宜犊牛摄取。与犊牛福利关系最大的两个营养因素是纤维素和铁元素的摄入量。

犊牛的发病率很高。如 Van Der Mei（1987）的研究结果表明，犊牛呼吸系统疾病发病率达 25%。目前主要应用抗生素防治疾病，在降低了疾病发生率和死亡率的同时，也给农场主带来了经济效益。

在管理方面，不同来源的犊牛混养问题值得关注。Webster（1984）研究发现，从异地购买的犊牛在新的环境中圈养和舍饲，其患病率大约是原来的 5 倍。另外，犊牛圈舍的卫生状况以及是否能够对犊牛的疾病做到早期发现和治疗也都直接关系到犊牛福利。

由于犊牛不良福利产生的各种恶果，欧盟于 1997 年通过了一项法律，要求人们遵循以下标准：①犊牛 8 周龄以后才可以群体饲养；②限位栏的宽度要不小于犊牛的高度；③除小于 1h 的饲喂时间外，其他时间禁止对牛进行拴系；④补充充足的铁，保证血红蛋白的平均水平达 4.5mmol/L；⑤日粮中的纤维从第 8 周的 50g/d，增加到第 20 周的 250g/d。许多欧盟的犊牛饲养企业在将犊牛的群体饲养体系与传统的限位饲养体系对比后发现，群体饲养体系能够使企业获得更多的经济效益，而且遵照新的规定实行新的饲养体系时仍能产生白肌肉。目前，很多养牛场都已经按有关保障动物福利的新法规的要求进行生产。

（二）生产和遗传选择

1. 肉牛生产

（1）集中育肥。在欧美国家，肉牛生产又称为肉牛业，专门化程度比较高。肉用犊牛通常与母牛一起放牧到 8 月龄，以母乳及牧草为主要食物。8 月龄后，犊牛转入育肥场，进入育肥期，一般要育肥到 18 月龄，体重达到 450～500kg 时，育肥结束。该阶段称为集中育肥。

集中育肥是肉牛业的一种主要生产经营模式，一般由专门饲养场或饲养户来经营，饲养规模通常在几百头到几千头之间，有在户外进行的，也有在户内进行的。一个饲养栏中要容纳很多的个体，饲养密度较高，而且育肥牛要在栏内生活 10 个月左右。

饲养密度过高会影响肉牛的生产性能。据报道，占有 3.7m² 面积的个体增

重性能比占有 $1.9m^2$ 的个体要好。有些户外集中育肥场一般不提供给动物庇护场所，动物一年四季受气候的影响很大，如冬季的寒风、大雪，夏日的强日照，雨季的泥泞等。这些不仅影响日增重，且易导致慢性肺炎、严重瘸腿以及肝坏死等病的发生。在集中育肥条件下，肝水肿的发病率可高达 28%，而在传统饲养条件下仅有 3%～5%。由此可见，户外育肥有无庇护场所关系到牛福利状况的好坏。

中国肉牛生产方式多以农户或家庭农场经营为主，不但规模较小，且多在舍内完成。饲养方式多采用拴系法，这样既能减少动物的运动量，又能增加单位畜舍面积的利用率。虽然舍饲育肥弥补了缺少庇护场所的不足，但也恶化了动物的福利状况。因为拴系饲养限制了动物的活动，大多数必需行为被剥夺，动物的健康受到威胁。从生物学角度看，牛在趴卧时，有同其他个体保持一定距离的要求，拴系不仅无法满足这一点，而且每头牛所能获得的空间也十分有限。另外，长时间舍饲还会引发像肢蹄病这样的健康问题。特别是在寒冷的北方地区，冬季的畜舍是密闭的，且没有良好的通风条件，受湿度、温度及有害气体等因素的影响，牛呼吸系统的疾病异常严重，犊牛的死亡率极高。所以，在北方地区肉牛的冬季舍饲育肥要认真考虑通风问题。半开放舍的育肥效果要好于全封闭舍。

（2）犊牛生产。犊牛生产指犊牛出生后立即转入育肥，靠牛奶或代乳品及补加精饲料为饲料来源。育肥到 15 周龄时屠宰获得的牛肉称为小犊牛肉。由于肉的颜色苍白，又叫小白牛肉。目前，这种生产方式只有在国外能够见到。用于生产的小犊牛，一般是来自奶牛群中的公犊牛和淘汰的母犊牛，出生后 4～5d 强制断奶，然后送至育肥场。育肥期大约 15 周龄，体重达 150kg。

育肥的方式主要有两种，即圈养和限位饲养。圈养是指一个栏位的个体数取决于畜栏面积，通常不少于 6 头。畜舍地面是漏缝地面或铺垫草的水泥地面，以铺有垫草的水泥地面为多见。铺有垫草的水泥地面能提高福利条件，因为垫草对动物趴卧和站立时的舒适感有益，而漏缝地面会危害牛的健康，使犊牛的行为表现不规范。另外，由于犊牛过早断奶，会导致犊牛形成与吸吮有关的异常行为，如个体间的相互吸吮。

限位饲养是指犊牛通常被关养在一个（56～61）cm×150cm 大小的限位笼里，或拴系在固定的一个位置，动物不许转身及自由活动，只允许站立及趴卧。前一种饲养方式在欧洲比较常见，而在我国主要以拴系为主。不管哪种方式，动物的许多行为都受到限制，健康和福利受到影响。

犊牛生产的突出问题表现为 3 个方面，即应激、疾病及营养问题。应激是犊牛最早面临的问题，始于母仔的过早分离，而后的运输（到育肥场）又加剧了应激反应，这是犊牛到达育肥场后死亡率高的主要原因。在犊牛到达育肥场的 2 周内，死亡率高达 25％，直到 5～6 周以后才趋于平稳。

疾病是伴随应激反应的又一症状，以肺炎最为常见、多发，特别是当舍内湿度过高时，更易发生。因此，使用抗生素是犊牛饲养场的操作规程，以控制肺炎的发病率，并对犊牛一直观察到出栏。

营养问题主要是缺乏症，特别是缺铁。生产者认为，如果饲料中铁含量过高，会使肉的颜色加深，而影响产品的等级。出于这一目的，犊牛的饲料中铁含量极低，根本满足不了动物的生理需要，致使犊牛贫血、虚弱及抗病力低。另外，为了追求生长速度，通常不喂给犊牛粗饲料。

防止上述问题发生的措施如下：①在栏内添加些干草，供犊牛食用和消遣，以防止或缓解吸吮现象，避免在腹内形成毛球，并刺激动物的反刍活动；②饲料含铁在 30mg/kg 左右，以满足犊牛发育的需要，且不影响肉的质量；③提供充足的活动空间，避免使用限位方法，有利于犊牛的健康及行为的正常发育；④最好在舍内铺设垫草，为犊牛提供舒适及保暖条件。

2. 遗传选择 遗传选择可以解决集约化农场中出现的一些问题，肉牛的育种目标是生长速度快、饲料转化效率高的大型牛，这对分娩母牛来讲负担很大，改良的牛在子宫内发育较大，虽然可以进行人工助产（拉拽、剖腹产等），还是有可能会造成难产，甚至会危及母牛的生命安全。例如，基因选择双臀肌的肉牛品种比利时蓝牛就会因为胎儿体型过大造成母牛难产风险提高（Murray et al.，2002），这对母牛的福利有严重的影响。因此，小型牛品种育种工作逐渐在许多国家受到重视。1992 年，澳大利亚宣布育成小型 Low line 肉牛新品种。目前，国际养牛界引用 Low line 牛作种用的国家包括美洲、欧洲、亚洲几十个国家。10 多年来，在美国和澳大利亚，一些饲养大型牛只的牧场开始引进小型牛作种公牛或冻精，以减小牛的体型。

奶牛农场主更倾向用肉用公牛而不是奶公牛来与小母牛进行自然交配，以避免交配时的伤害和难产。然而，由于肉牛育种越来越重视生长快和大的成熟体尺，避免难产的优点已不复存在。因此，为产奶的小母牛考虑，市场出现了小体型、易产犊的肉用公牛。该品系出现在各种传统的肉牛品系中以及更专门化的德克斯特品系中。

导入无角品系，如红色无角牛或丹麦红牛，培育一些无角的肉牛（奶牛）品系，再与首选的肉牛（奶牛）品种回交。

由于现有的饲养管理条件限制而出现的改良牛断奶后生产性能下降、高代杂种个体生产性能不如低代杂交个体等现象，阻碍了中国现代肉牛业的高效、健康发展，需要正确理解杂交改良和级进杂交的优势及局限性，要坚定生产目标，种公牛和繁殖母牛要根据性能进行选择和淘汰。表 5-4 列举了我国常见肉牛品种性能，依据抗逆性及适应不同气候条件的能力，为它们创造福利。

表 5-4 我国常见肉牛品种性能

牛种	母牛哺乳能力	生长速度	产肉性能	肉质	抗逆性			易产性	适应地区
					耐热、抗焦虫	耐寒	耐粗饲		
安格斯牛	★★★	★★★	★★★	★★★★	★	★★★★	★★★	★★★★	东北、中原、西北
利木赞牛	★	★★★	★★★	★★	★★	★★★★	★★★	★★	东北、中原、西北
夏洛来牛	★★	★★★★	★★★	★★	★★	★★★★	★★★	★	东北、中原、西北
西门塔尔牛	★★★★★	★★★	★★★	★★	★★★	★★★★	★★★★	★★	东北、中原、西北
皮埃蒙特牛	★★	★★★	★★★★	★★★★	★★★	★	★★★	★★	中原、西北
婆罗门牛	★	★★	★★	★	★★★★★	★	★★★★	★★★★	南方
秦川牛	★	★★	★★	★★★★★	★★	★★★	★★★★★	★★★★	西北、中原
晋南牛	★	★★	★★	★★★★★	★★	★★★	★★★★★	★★★★	中原
鲁西牛	★	★	★★	★★★★★	★★	★★★	★★★★	★★★★	中原
南阳牛	★	★	★★	★★★★	★★★	★★	★★★★★	★★★★	中原
延边牛	★	★	★	★★★	★	★★★★★	★★★★★	★★★★	东北
复州牛	★	★	★	★★★	★	★★★★	★★★★	★★★★	东北

（三）相关的特殊福利问题

随着集约化养殖方式在世界范围的广泛普及，随之带来的生产性福利问题也越来越突出。而这些问题并没有因为动物科学的进步而有所改善，如应激增多、营养不良、犊牛早期断奶、导致牛低福利的人类行为、疾病等。随着集约化程度的不断提高，问题越来越明显，表现形式也越来越复杂，引起了生产者和科学工作者的高度重视。大量调查研究结果表明，上述问题不是哪个单一生产因素所引发的，问题的实质表现为家畜无法适应集约化生产方式。解决上述问题要从改善或提高家畜的适应性出发，从改善家畜的生存环境入手，满足家畜的适应能力才是解决问题的根本出路。

1. 集约化和圈养 肉牛放牧饲养，肉牛的大部分时间是在草场上度过的，只是在严寒冬季的几个月里转入舍饲越冬，加之放牧形式比较符合牛的生物学习性，牛的很多自然行为能得到很好表达，福利问题不突出。然而，未来肉牛生产发展趋势必然是集约化，那么肉牛健康、福利及行为异常等问题依旧不可避免。目前，人们广泛关注集约化条件下的动物福利问题，因为集约化生产模式不仅影响肉牛的健康，还会影响食品安全，直接关系到人体健康。主要福利问题出现在集约化管理和圈养（表 5-5）。

表 5-5　集约化管理、圈养产生的一些肉牛福利问题

品种和发育阶段	常见肉牛福利问题
犊牛	限位笼饲养，空间太小，不能转身或舒适地躺下
	日粮中缺乏足够的粗饲料或铁元素，导致贫血
	缺少群体接触的机会
	早期与母牛分开
育肥牛	催肥期的高谷物日粮引发的代谢问题（酸中毒、蹄叶炎、肝脓肿）
	去角、去势、烙印引起的疼痛
	活体长距离运输
	高密度饲养、热应激
	非人道屠宰和致昏技术（有意识状态下屠宰）
母牛	缺少放牧机会
	分娩后的代谢问题及疾病感染
	跛行
	去角的疼痛
	运用牛生长激素（bovine somatotropin，BST）增加产乳量

2. 牛的应激　由于提高生产效率的利益需要，肉牛多采用集约化生产，应激产生的福利问题（表 5-6）随之而来，肉牛福利也成为近二三十年来欧美等发达国家关注的问题。满足牛的生理需要并提供与其生物学特性相适宜的饲养管理条件，不但有利于发挥牛的生产潜力，而且对牛群的健康也非常有益。

表 5-6　应激产生的肉牛一些福利问题

（N G Gregory，2003）

应激与福利问题	乳用母牛	肉牛繁殖群	半集约化放牧	肉牛育肥	小牛肉生产	小犊牛生产
难产	√	√				
母仔分离	√				√	√
乳腺炎	√					
跛行	√					
代谢与消化紊乱	√			√①	√①	
体况差/饲喂不足	√①	√①				√
社会应激	√		√①			

（续）

应激与福利问题	乳用母牛	肉牛繁殖群	半集约放牧	肉牛育肥	小牛肉生产	小犊牛生产
去角/去幼角/断尾	√	√				
去势		√①	√①	√		
烙铁烙印		√①		√①		
捆绑		√	√	√	√	√
运输	√		√	√	√	√

注：①表示只发生在某些特定国家或地区生产中。

3. 营养不良 每天采食量不能提供充足的能量或蛋白质时，动物主要产生两种反应：一种反应是在食物营养短缺的最初几天继续动用体组织的营养物质。主要利用分解代谢的内分泌激素来促进糖原库中葡萄糖、脂肪组织中脂肪酸和肌肉组织中氨基酸的动用，造成动物体重的下降和身体健康状况的恶化。另一种重要反应是通过调节可利用营养物质的代谢水平来降低能量和蛋白质的生成，导致生长速度下降和泌乳量降低，甚至停止泌乳。性成熟动物的反应是性功能下降，主要表现为母畜乏情和胎儿流产或吸收（Abecia et al.，2006）。事实上，对可利用营养物质供给的季节性变化，反刍动物一般都具有较强的适应性。只要正常的分解代谢能够适应较低的营养物质摄入，其健康和福利就可能不会受到严重的伤害。

营养供给不足有时会造成代谢作用的不可逆，即当可利用的营养物质再次增加时，动物也不可能恢复到正常的合成代谢状态，这时所产生的后果将是非常严重的，其严重程度受动物不同生长阶段的影响。例如，犊牛食入谷物和干草时，由于谷物和干草中的钙较与磷平衡所需的水平低，则可能变成跛腿。即使以后饲料钙磷供给充足，也不可能再恢复正常，由于咀嚼能力和运动能力的降低使其采食量下降，因此将导致终生生产性能的降低。

饲料营养要全面，防止营养不良导致如软骨症等营养代谢性疾病的发生；要因时因地因动物生产阶段不同来调整日粮，满足动物的维持需要与生产需要，并合理搭配日粮及确定日粮饲喂量，以免出现营养不足或营养过剩，这些都是不良动物福利的表现。如母牛妊娠及产乳时，要添加所需的营养，妊娠母牛营养不良时，易发生产后发情延迟或不发情、受胎率降低及犊牛死亡率增加；营养过剩也会影响健康，如妊娠期营养水平过高导致母牛过肥、易难产、患酮血症、产弱犊，且泌乳机能下降。

在一些矿物质缺乏或不平衡的地区，可能会发生矿物质或维生素缺乏症。因此，必须在饲粮中添加或补充一定量的矿物质元素或维生素。镁应该在可能缺乏时添加，如早春季节、犊牛断奶后。同样，某种特定的矿物质或维生素过量也会产生问题。例如，过高的铜可能导致中毒。因此，在口服或注射铜制剂之前，必须仔细检查饲粮中铜的含量。

农场主常常期望缺乏营养的大多数动物进行补偿生长。补偿生长在生产上很有益处。在饲喂较差饲粮之后改善饲粮水平通常能提高全期的饲料转化率。这种情况只有采食不足在一定的限度内才能实现。在条件恶劣的情况下，采食不足期间饲喂水平低于动物的维持需要，此时饲料的消化率降低，采食量受到抑制（Grimaud et al.，1998）。这与瘤胃中原虫数量减少和瘤胃 pH 上升有关。如果这种情况持续时间过长，就不会出现补偿生长，动物生长会受阻。

在采食不足的早期，动物可动员体脂肪提供日常活动所需的能量。同时，一些肌肉也会发生分解，当脂肪储备耗尽时，肌肉的分解会加速。因为肌肉分解会削弱动物的体力，因此采食不足期间的肌肉分解代谢具有破坏性。

采食不足对繁殖性能有负面影响。当种母牛采食饲料不足，以非洲国际家畜中心（International Livestock Centre for Africa）和美国体况评分标准的1～9分制评分后的体况下降到 4 分或者更少时，出现发情和妊娠的母牛比例下降（Mukasa Mugerwa et al.，1997；Wikse et al.，1994）。

4. 早期断奶　早期断奶广泛应用于奶牛、肉牛等集约化生产过程中。早期断奶违背幼畜的发育规律：一方面，消化机能尚未发育完全，过早采食会导致生理应激；另一方面，早期断奶后，幼畜的吮吸动机还在，往往会吮吸环境中的突出物或同伴身体的某个部位，最终导致不良行为的产生，有些行为可能危害动物的健康。如犊牛会产生幼犊吮吸，成牛产生成牛吮乳等异常行为。同时，犊牛可能过度吮吸同伴的包皮，会食入体毛，在瘤胃内形成毛球。轻者影响消化功能，重者导致死亡。

断奶是一种不可避免的应激，因为它中断了一种群聚关系及其中的愉悦行为。在此关注的问题是犊牛应当在何时进行断奶以及是否有减少断奶应激的方法。为恢复牛体况而进行的早期断奶及成功配种与犊牛由于断奶而导致的生长受阻之间需要有良好的平衡。如果对犊牛进行补饲，早期断奶则可以很好地进行，同时也能为体况瘦弱的母牛提供补偿（Pordomingo，2002）。

《英格兰放牧家畜福利条例》规定，对 2 周龄以上的犊牛，每天至少提供纤维性饲料100g，20 周龄时增加到250g。该条例还指出，犊牛须饮用充足的清洁水。在断奶前，犊牛应能随意采食到清洁、色泽正常、适口性好的秸秆、稻草或优质的干草。

5. 人与动物的互作　根据动物的特定反应，饲养员（人）与动物的互作行为可以分为消极行为（负向行为或负面行为）和积极行为（正向行为或正面行为）。饲养人员的消极行为，如抽打、击打、快速移动、吆喝和噪声等，这些都会增加动物的恐惧，造成躲避、应激和管理困难。另外，消极行为还可以引起应激，显著加剧肉牛的皮质醇反应。饲养人员的积极行为，如轻轻地拍打、抚摸、说话、把手放在动物的背上、缓慢而谨慎地移动，这些都有助于减少肉牛对人的恐惧，降低肉牛的应激水平，使肉牛更容易管理，免受恐惧应激。牧场中饲养员对肉牛的消极行为是普遍存在的。

在奶牛生产中也发现，饲养员的操作行为与恐惧反应和生产性能之间的关系。研究表明，进行令奶牛厌恶的操作可以增加奶牛对人的恐惧和减少奶牛的产奶量（Rushen et al.，1999；Breuer，2000；Breuer et al.，2003）。而且，奶牛对人的恐惧与其产奶量之间存在显著的相关性（Breuer et al.，2000；Paul Hemsworth et al.，2000；Waiblinger et al.，2002）。还有研究表明，负向操作造成的对人的恐惧感还与犊牛的损伤和肉品质有关（Lensink et al.，2001）。表 5-7 的数据表明，负向行为显著增加了逃避距离，同时降低产奶量，增加跛足的发病率。在肉牛研究中，也得到类似的结果（表 5-8、表 5-9）。

表 5-7　互作类型对奶牛产奶量和应激反应的影响

（Breuer，2000）

测定指标	处理方式	
	负向处理	正向处理
产奶量（kg/d）	16.7[a]	18.0[b]
逃避距离（m）	4.74[b]	1.96[a]
跛足率（%）	48[b]	6[a]

注：a、b 表示同行内有不同肩标的数值显著差异（$P < 0.05$）。

表 5-8　互作类型对肉牛生长性能和肉品质的影响

（Lensink et al.，2000）

测定指标	处理方式		P 值
	对照组	正向处理	
日增重（kg/d）	1.21	1.19	0.50
犊牛溃疡发病率（%）	36.4[b]	0.0[a]	0.05
糖原潜能（μmol/g）	154.1[a]	172.6[c]	0.03

注：a、b、c 表示同行内有不同肩标的数值显著差异（$P < 0.05$）。

表 5-9　饲养员行为对肉牛运输应激及肉品质的影响

（Lensink et al.，2001）

测定指标	饲养员行为		SEM	P 值
	积极处理	消极处理		
装载过程的行为[a]	0.45	0.59	0.01	0.02
装载过程中的心率（次/min）	199.9	206.0	18.4	0.03
正常心率（次/min）	185.6	193.0	22.7	0.03

（续）

测定指标	饲养员行为		SEM	P 值
	积极处理	消极处理		
胴体重（kg）	114.2	114.8	4.9	0.85
胴体颜色[b]	14.5	23.0	—	0.02
存放 24h，SM 肉[c]的 pH	5.42	5.45	0.001	0.07

[a] 装载过程的行为指运输人员推打、吼骂动物的频率与牛栏到卡车距离的比值。

[b] 根据 4 分制评选出来的粉红色或深粉色肉（不希望的颜色）占所有肉的比例：1 分为白色；2 分为浅粉色；3 分为粉红色；4 分为深粉色。

[c] SM 肉指半膜肌。

Breuer 等（2000）发现，在产奶期前 8 周，接受消极行为处理的后备母牛有 44% 是瘸的，而经过积极行为处理过的只有 11%。对奶牛进行短期人为或机械拍打，奶牛很快就会表现出逃避反应，而奶牛的逃避距离与跛行发生率密切相关。在一项对 36 头乳用小母牛进行的研究中发现，逃避距离 4.74m（与人的距离）的小母牛 48% 存在跛行问题，逃避距离 1.96m 的母牛只有 6% 表现跛行症状（表 5-7）。当犊牛遭到拍打而又无法逃避时，就可能减少与饲养员接近的次数（Munks et al.，1995）。表 5-10 为小牛卸载和入圈时，正向行为和负向行为对事故发生率和小牛心率的影响。

表 5-10　不同行为方式对运输过程中犊牛的影响

（Lensink et al.，2001）

测定指标	行为方式		P 值
	正向行为	负向行为	
事故发生率			
卸载时	0.60	0.67	0.60
入圈时	0.79	1.15	0.007
心率（次/min）			
卸载时	185.6	193.0	0.03
入圈时（+5min）	147.8	149.2	0.63

降低肉牛福利程度的人类行为包括不良对待、忽视和不完善的生产体系。不良对待经常发生在农场进行转移肉牛的过程中、在交通工具上装卸肉牛的过程中或者肉牛在市场或围栏里。粗暴对待肉牛的行为可能会导致经济效益下降，粗暴的行为包括不能提供充足的日粮，不能对肉牛疾病给予合适的治疗和缺乏正常的饲养管理程序。日粮提供不足可能是营养成分的不足，也可能是食物数量的不足。人们在食物短缺或者日粮涨价时对牛进行限制饲养，这种情况

会导致牛营养不良；当提供更多食物时，牛可能会出现补偿性生长。如果牛因为营养不良而饿死，而且这显而易见是由肉牛的健康状况造成的，那么这就是一种严重的忽视行为。一些农场主由于缺乏养殖的相关知识，而使所提供的日粮营养较低和疾病治疗失败。这些不良的饲养管理是导致肉牛产生福利问题的重要原因，而且在养殖过程中，兽医的医疗服务非常重要。在肉牛患病后，农场主有道德上的义务来征求兽医意见对染病肉牛进行治疗。

6. 疾病问题 犊牛引进育肥场时的主要疾病威胁是牛呼吸道疾病（bovine respiratory disease，BRD）。牛呼吸道疾病的痛苦和症状与其他动物的急性呼吸道疾病比较相似，包括抑郁、食欲不振、发烧、流鼻涕、咳嗽、呼吸困难。这种疾病通常是由病毒引起，随之危及动物的免疫防御机制，进而导致动物发生继发性细菌感染（Roth，1984）。这种疾病的发病率也可能与遗传有关，至少在双肌品种中是这样。由选择而形成的个体初生重较大或者肌肉较多的个体会增加对该疾病的易感性，因为初生重和牛呼吸道疾病的遗传相关为 $0.25 \sim 0.50$（Muggli Cockett et al.，1992）。呼吸能力低的比利时蓝双肌牛和比利时白双肌牛对牛呼吸道疾病的耐受性较小，而且这些品种牛的呼吸能力的遗传力约为 0.48。犊牛的呼吸能力是在给犊牛静脉注射刺激呼吸的洛贝林时测定呼吸气体的流动得到的（Burcau et al.，1999）。其他品种牛的呼吸道疾病的遗传力较低（$0.06 \sim 0.10$）。

当某头牛患呼吸道疾病且病情加重时，需要决定是将该牛给予药物治疗还是将其屠宰。药物治疗并非总是有效，所以通常只能短期使用以便确定是否有效。如果发现药物无效后决定屠宰，而肉牛在屠宰前需要有一个强制的停药期，这种做法就减少了动物在死亡前获得救助的机会。测定肉牛血浆乳酸盐浓度有时可以使这种决定变得简单（Coghe et al.，2000）。在肉牛病情加重的情况下，氧化和有氧代谢会减退，但血浆乳酸盐浓度会升高。如果血浆乳酸盐含量大于 4mmol/L，预后的可能性很小，建议不要耽搁，立即进行屠宰。

在加拿大，对进入拍卖市场的断奶犊牛有售前接种疫苗程序。目的是促进犊牛在进入交易环境中接触与牛呼吸道疾病有关的病原体之前建立保护性免疫系统。加拿大的特定拍卖场只提供已经完成了售前接种疫苗程序的犊牛。

除牛呼吸道疾病外，犊牛进入育肥场时也容易感染和排出胃肠道病原体。对一批最初饲养在美国田纳西州农场，随后经过拍卖市场然后转到得克萨斯州育肥场的犊牛进行监控后发现，它们在整个过程中排出沙门氏菌的发生比例分别为 0、1.5％和 8％（Corrier et al.，1990）。

犊牛的疾病发病率很高。例如，在 Van Der Mei（1987）的研究中指出，有 25％的犊牛都接受过呼吸道疾病的治疗。用抗生素来预防疾病也是一个问题。降低疾病发病率，对于犊牛的福利和增加农场的收入非常重要。然而，不管是单独饲养还是群体饲养，使牛的呼吸道和肠道疾病在畜舍中传播都会发生。影响疾病传播的关键因素不是单独饲养还是群体饲养的饲养方式，而是通风换气的程度（Heinrichs et al.，1994）。

将来自于不同群体的个体进行混群是饲养管理导致问题出现的一个方面。Webster（1994）发现，将那些从外边购买来的犊牛放置到饲养场中进行饲养时，这些犊牛得病的概率要比其他牛高5倍。饲养管理导致问题出现的第二个方面是农场雇用工人的卫生习惯，而第三个方面是疾病的早期检测。比起饲养体系，上述这些因素在促使病情恶化方面起着更加重要的作用。

防疫安全意味着降低疾病发生及相互传染的危险。要保证防疫安全，必须有良好的卫生条件和有效的疾病控制体系。

将新购进的牛引进牛场时，必须做到仔细认真，这样就会降低牛场疾病大规模暴发的概率。例如，每头牛必须用经过严格清洗消毒的交通工具来运输。另外，必须让卖主提供牛群健康状况的信息，如日常免疫、驱虫程序，进而对牛群状况进行评估。有必要的话，还要采取适当的治疗和免疫措施。牛运抵牛场后，混入牛群之前应采取隔离措施观察一段时间。

（四）集约化管理与肉牛福利

在一些国家，单独饲养在围栏里或拴起来饲养的老龄肉用牛，表现出很严重的刻板行为。Riese等（1997）报道，刻板行为包括卷动舌头、摇摆、自舔癖（自嗜癖）。Wierenga（1987）报道，有1/3的单独舍饲青年牛在1h内会出现持续几分钟的卷舌异常行为，同时也表现出密集舍饲的一系列不适应反应。Ladewig（1984）报道，单独拴系的牛比能自由活动进行群体和社会交流的牛更易患血液高皮质醇症。剥夺肉牛的群体和社会行为以及限制其活动空间而使其运动功能降低等做法都会加重牛的行为异常促使疾病的发生。栏养肉牛缺乏运动，其肌纤维与自由活动的动物在结构上不一样，更易发生骨软症（De Vries et al.，1986）。在德国，几乎所有的肉用牛或其他肉用动物都是公的；而在英国，绝大多数肉用牛都是去势的公牛。而恰恰单独舍饲的公牛和去势牛更易发生骨软症。

群体饲养的肉牛，尤其是公牛，由于争斗、交配等行为也常常带来福利问题。为解决这一问题，使牛之间的冲突降低到最小的最重要方法就是保持稳定的群体。群体不稳定，经常混群的直接后果就是牛之间的角斗、频繁的损伤以及强烈的生理不适反应（Kenny et al.，1982）。在一个稳定的牛群里，攀爬行为造成的损伤多于相互之间的争斗造成的损伤（Appleby et al.，1986）。经常（频繁）被爬跨的牛易出现挫伤，还有可能发生腿的损伤。一种降低牛爬跨次数的措施是设置高过牛头顶的围栏，用机械的方法进行阻止；另一种措施是安装电网，能够阻止牛的攀爬。与频繁的攀爬行为相比，低压下的电击对牛的负面影响要小。

　　饲养密度和饲养空间的大小都对肉牛福利有很大的影响，饲养密度高，则肉牛之间的角斗、互相伤害就更容易、更频繁地发生。肉牛增重迅速，但如果饲养在小的圈舍里运动不足，腿部生长发育滞后，而肉用动物体重比通常大许多，造成肉牛腿部负重困难。这样，牛容易发生软骨损伤、四肢疼痛、起卧困难。Graf（1984）研究发现，如果给育肥牛圈舍的地面铺上厚厚的垫草，上述病理表现往往可以避免或减轻。但这里也存在一个问题，肉牛经常喜欢吃垫草和其他垫料。

　　当然，集约化生产在动物福利方面也并非一无是处，如动物不再受恶劣气候条件的影响，不存在食物短缺问题，能够相对地饮用清洁水等。但这些条件的改善无法抵消这种生产系统给动物造成的痛苦。

第六章

饲养、运输与肉牛福利

第一节　成年种公牛福利饲养

一、种公牛的质量要求

肉用种公牛，其体质、外貌和生产性能均应符合本品种的种用畜特级和一级标准，经后裔测定后方能作为主力种公牛。首先，肉用性能和繁殖性状是肉用型种公牛极其重要的两项经济指标。其次，种公牛必须经检疫确认无传染病，体质健壮，对环境的适应性及抗病力强。

二、种公牛的饲养

种公牛饲养管理良好的衡量标准是旺盛的性欲、优良的精液质量、正常的膘情和种用体况。种公牛不可过肥，但也不可过瘦。过肥的种公牛常常没有性欲，但过瘦时精液品质不佳。成年公牛的日粮应由精饲料、优质青干草和少量的块根类饲料组成。饲喂标准，可按每 100kg 体重每天 1～1.5kg 青干草或 3～4kg 青干草、1～1.5kg 块根饲料、0.8～1kg 青贮料、0.5～0.7kg 精饲料。日粮分 3 次喂给。

日粮应营养全面，适口性好，容易消化，精、粗饲料搭配适当，蛋白质的品质好，保证日粮中维生素 A、维生素 E 的含量。成年公牛若喂豆科牧草，就不需要在精饲料中加钙。对于种公牛来说，多汁饲料和粗饲料不可过量，以免形成草腹。能量饲料的供给不能过多，以免过肥，影响成年公牛的配种能力。腐败变质的饲料、酒糟、果渣、粉渣不应当喂成年公牛。菜籽饼、棉籽饼不喂公牛，因其中的有害物质会影响精液品质。种公牛营养需要见表 6-1。

表 6-1　种公牛营养需要

体重 （kg）	日粮干物质 （kg）	可消化粗蛋白质 （g）	钙 （g）	磷 （g）	胡萝卜素 （mg）	维生素 A （IU）
500	7.99	423	32	24	53	42 000

（续）

体重 （kg）	日粮干物质 （kg）	可消化粗蛋白质 （g）	钙 （g）	磷 （g）	胡萝卜素 （mg）	维生素 A （IU）
600	9.17	485	36	27	64	50 400
700	10.29	544	41	31	74	58 800
800	11.37	602	45	34	85	67 200
900	12.42	657	49	37	95	75 600
1 000	13.44	700	53	40	106	84 000
1 100	14.44	764	57	43	117	92 400
1 200	15.42	816	61	46	127	100 800
1 300	16.37	866	65	49	138	109 200
1 400	17.31	916	69	52	148	117 600

三、种公牛的管理

种公牛的记忆能力强，防御反射性强，性反射强。因此，对种公牛的饲养管理一般要指定专人，不要随意更换，避免给公牛造成刺激。

1. 成年公牛承担了配种任务，每天按摩和刷拭睾丸，每次 5～10min。

2. 每隔 2 个月称重一次，根据体重调节饲料喂量，以免过瘦或过肥。

3. 保持蹄壁和蹄叉洁净，检查蹄趾有无异常，定期修蹄，发现蹄病及时治疗，蹄形不正及时矫正。

4. 保证公牛充足而清洁的饮水，适宜水温 10～14℃，水质符合国家相关标准。

5. 成年公牛舍适宜温度 10～25℃，适宜湿度 50％～75％。

6. 成年公牛宜采取单圈饲养，每头种公牛舍内占地面积应该在 12～15m²，运动场占地面积 45～60m²。每头牛一个饲槽、饮水器，单独饲喂。

7. 配种、采精前后、运动前后半小时不宜饮水，以免影响公牛的健康。

8. 严禁大声吆喝或出现突发声响，防止惊吓种公牛，防陌生人靠近，尤其在采精、饲喂时。因为种公牛防御反射强，以免造成伤人和采精困难。

9. 坚持每天 1～2km 的强制运动，以促进新陈代谢，防止肢蹄变形和牛体过肥。

10. 定期驱虫，按防疫程序注射疫苗。

11. 定期消毒，保持舍内和运动场清洁。

四、种公牛的利用

正确使用公牛，以便延长种公牛的使用年限。一般在 18 月龄开始，每月采精 2~3 次，以后逐渐增加到每周 2 次。2 岁以上每周采精 2~3 次，成年公牛每周 4~5 次。采精宜早晚进行，一般多在饲喂后或运动后 0.5h 进行。

第二节　繁殖母牛福利饲养

繁殖母牛按照生理状况分为妊娠母牛、泌乳母牛和空怀母牛。肉用繁殖母牛饲养管理好坏，不仅影响繁殖率，而且直接影响犊牛的质量。所以，要根据各阶段母牛的生理特点和营养需要进行饲养管理。

一、妊娠母牛福利饲养技术

妊娠母牛管理的重点是做好保胎工作，预防流产或早产，保证安全分娩；在饲料条件较好时，应避免过肥和运动不足；在粗饲料较差时，做好补饲，保证营养供给。

妊娠母牛的营养需要与胎儿生长有直接关系。妊娠前 6 个月胚胎生长发育较慢，母牛不必增加营养，胎儿增重主要在妊娠的最后 3 个月，此期的增重占犊牛初生重的 70%~80%，需要从母牛吸收大量营养。一般在母牛分娩前，至少要增重 45~70kg，才能保证产犊后的正常泌乳与发情。对于妊娠母牛保持中上等膘情即可。

（一）放牧管理

以放牧为主的母牛，放牧地离牛舍不应超过 3 000m。青草季节应尽量延长放牧时间，一般可不补饲。牧草中钾含量多而钠含量少，氯含量也不足，必须补充食盐，以免缺钠妨碍牛的正常生理功能。

枯草季节，根据牧草种类和牛的营养需要确定补饲草料的种类及数量。枯草季节容易造成牛维生素 A 缺乏，可用胡萝卜或维生素 A 添加剂来补充，冬天每头每天喂 0.5~1kg 胡萝卜，还应补充蛋白质、能量饲料及矿物质。精饲料补量每头每天 1~2kg。精饲料配方：玉米 50%、麦麸 10%、豆饼 30%、高粱 7%、石粉 2%、食盐 1%，另外添加维生素和微量元素预混料。

在母牛妊娠期间，应注意防止流产、早产，这对放牧饲养的牛群更为重要。为防止母牛之间互相挤撞，放牧时不要鞭打、驱赶，以防惊群。雨天不要放牧和进行驱赶运动，防止滑倒。不要在有露水的草场上放牧，也不要让牛采食大量易产气的幼嫩豆科牧草。妊娠后期的母牛与其他牛群分别组群，单独在附近的草场进行放牧，以防止顶角打架、拥挤和乱爬跨而造成流产。临近产期的母牛，放牧时易发生意外，最好改为圈养，并给予适当照顾。

（二）舍饲管理

舍饲情况下，妊娠母牛应以青粗饲料为主，参照饲养标准合理搭配精饲料。

以蛋白质量低的玉米秸、麦秸为主时，要搭配 1/3～1/2 优质豆科牧草，另补加饼粕类；没有优质牧草时，每千克补充精饲料加 15 000～20 000IU 维生素A。妊娠后期禁止喂棉饼粕、菜籽饼粕、酒糟等饲料，变质、腐败、冰冻的饲料不能饲喂，以免引起妊娠母牛的腹痛和消化不良，引起子宫收缩，造成流产。

（三）日常管理

1. 应采用先粗后精的顺序饲喂。即先喂粗饲料，待牛吃半饱后，在粗饲料中拌入部分精饲料或多汁料饲料，引诱牛多采食，最后把余下的精饲料全部投饲，吃净后下槽。

2. 要注意饲料的多样化，重视青干草、青绿多汁饲料的供应。

3. 分娩前 2 周左右饲料要减少 1/3，以减轻肠胃负担，防止消化不良。特别注意的是，要停喂青贮及多汁饲料，以免乳房过度膨胀。

4. 妊娠前期，每昼夜饲喂 3 次，妊娠后期饲喂次数可增加至 4 次。每次饲喂量不能过多，以免压迫胸腔和腹腔。

5. 妊娠母牛在管理上要加强刷拭和运动，特别是头胎母牛，还要进行乳房按摩，以利于产后犊牛哺乳。舍饲妊娠母牛每天运动 2h 左右，以免过肥或运动不足，防止发生妊娠浮肿，有利于胎儿分娩。每天至少刷拭牛体一次，保持牛体清洁。

6. 妊娠母牛应做好保胎工作，自由饮水，不饮脏水、冰水，水温不低于 10℃。

7. 每天坚持打扫圈舍，保持妊娠母牛圈舍清洁卫生，对圈舍及饲喂用具要定期消毒。

8. 对有病的妊娠母牛要慎重用药，防止因用药不当引起流产。

9. 产前 15d，将母牛转入产房，自由活动。

10. 临产前注意观察，发现临产征兆，估计分娩时间，准备接产工作，保证安全分娩。

二、泌乳母牛福利饲养技术

（一）围产期母牛饲养管理

围产期是母牛分娩前 15d 到分娩后 15d，这一阶段对母牛和犊牛健康极为重要，饲养的好坏直接影响到生产的稳定性和持续性。在母牛转入产房前，将产房用 2% 火碱水喷洒消毒，然后铺上清洁的垫草，用 2%～3% 来苏尔溶液清洗干净，用毛巾擦干，将母牛转入产房。如果没有设计产房，也可按照上述方法为母牛准备生产的床位，让母牛及早适应环境。

产房内每天打扫 2 次，及时更换污浊垫草，经常保持牛床、牛舍清洁干燥。产房门口设消毒池，池内放入 2%～3% 火碱水溶液，供进出产房人员靴子消毒。准备好接产用具，包括剪刀、止血钳、产科绳、注射器、针头、温度计、肥皂、毛巾、纱布、脱脂棉等。常用药物有止血药（如维生素 K）、子宫收缩和催产药（如催产素）、消毒药（70％酒精、2％～5％碘酒、高锰酸钾、来苏尔等）、钙剂（葡萄糖酸钙等）、抗菌药物（如青霉素、链霉素等）、润滑药物（如石蜡等）。

注意观察母牛的表现，如果发现有腹痛、不安、频频起卧，说明母牛即将临产，用 0.1％高锰酸钾溶液擦洗生殖道外阴部，等待母牛生产。保持产房环境安静、清洁、干燥、温暖、舒适。在母牛分娩时应注意使其呈左侧躺卧，这样可以避免胎儿受瘤胃压迫，引起难产。当母牛产出胎儿后应尽快让母牛站立起来，防止母牛产后瘫痪。

母牛的生产过程，从阵痛开始到顺利产出犊牛需 1～4h。正常分娩母牛可将胎儿顺利产出，不需人工辅助，对初产母牛、胎位异常及分娩过程较长的母牛要及时进行助产，以保证母牛及胎儿安全。母牛产后，一般 24h 内胎衣可自行排出。胎衣排出后，要及时清除并用来苏尔清洗外阴部以防感染。母牛产犊后应喂给麸皮汤（温水 15～20kg，食盐 100～150g，麦麸 1～2 把），以提高水的滋味，诱牛多饮，防止母牛分娩时体内损失大量水分、腹内压突然下降和血液集中到内脏产生临时性贫血。母牛产后 2～3d 内的饲喂应以优质干草为主，同时补喂一些易消化的精饲料，如每天饲喂 1～2kg 麸皮和玉米。2～3d 后开始逐渐增加日粮中钙和盐的含量。4d 后可喂给适量精饲料和多汁饲料，根据乳房变化及消化系统的恢复状况逐渐增加给料量，每天增加料量不超过 1kg。母牛分娩 7d 后如果食欲良好、粪便正常、乳房水肿消失，则开始大量饲喂青贮饲料和补加精饲料。母牛产后 7d 内要饮用 37℃的温水，不宜饮用冷水，以免引起胃炎，7d 后饮水温度可降低到 10～20℃。

头胎母牛产后饲养不当易出现酮病——血糖降低、血和尿中酮体增加。表现为食欲不佳、产奶量下降和出现神经症状。其原因是饲料中富含碳水化合物的精饲料喂量不足，而蛋白质给量过高所致，实践中应给予高度的重视。

（二）泌乳母牛福利饲养技术

泌乳母牛是指母牛生产犊牛，产奶带犊时期的母牛。泌乳母牛的饲养，主要是达到有足够的泌乳量，以供犊牛生长发育的需要。

放牧饲养情况下，多采用季节性产犊，以早春产犊较好。既可以保证母牛的产奶量，又可以使犊牛提前采食青草，青绿饲料中含有丰富的粗蛋白质，含有各种维生素、酶和微量元素有利于犊牛生长发育。应该禁牧，参考放牧远近及牧草情况，在夜间牛圈中时应适当补料。放牧饲养应注意放牧地最远不宜超过 3 000m；建立临时牛圈应避开水道、悬崖边、低洼地和坡下等处；放牧地距水源要近，清除牧场中的有毒植物，放牧牛一定要补充食盐，但不能集中补，一般 2～3d 补 1 次，每头牛 20～40g。

　　舍饲情况下，可参考饲养标准配合日粮，但应以青饲和青贮为主，适当搭配精饲料，既有利于产奶和产后发情，也可节约精饲料。冬季青绿饲料缺乏可加喂青贮、胡萝卜和大麦芽等。舍饲泌乳母牛可日喂 3 次，日粮营养物质消化率比饲喂 2 次高 3.4%。注意变换饲草料时不要太突然，一般要有 7～10d 的过渡期。不喂发霉、腐败的饲草料，并注意清除饲草料中的铁钉、金属丝、玻璃、塑料袋等异物。每天刷拭牛体，清扫圈舍，保持圈舍、牛体卫生。夏季防暑、冬季防寒。

三、空怀母牛福利饲养技术

　　空怀母牛的饲养管理主要是围绕提高受配率、受胎率，充分利用粗饲料，降低饲养成本而进行的。空怀母牛在配种前应具有中上等膘情，过瘦、过肥都会影响繁殖。实践证明，如果母牛前一个泌乳期内给以足够的平衡日粮、管理周到，能提高母牛的受胎率。瘦弱的母牛配种前 1～2 个月加强饲养，适当补饲精饲料，也能提高受胎率。

　　以放牧为主的空怀母牛，放牧地离牛舍不应超过 3 000m。青草季节应尽量延长放牧时间，一般可不补饲，但必须补充食盐；枯草季节，每天要补饲干草（或秸秆）3～4kg 和 1～2kg 精饲料。实行先饮水后喂草，待牛吃到五六成饱后，喂给混合精饲料，再饮淡盐水，待牛休息 15～20min 后放牧，放牧回舍后给牛备足饮水和夜草，让牛自由饮水和采食。

　　舍饲空怀母牛以青粗饲料为主，适当搭配少量精饲料，当以低质秸秆为粗饲料时，应补饲 1～2kg 精饲料，改善母牛的膘情，力争在配种前达到中等膘情，同时注意食盐等矿物质、维生素的补充。母牛过肥则增加运动量，多喂粗饲料和多汁饲料；过瘦则多补精饲料和青绿饲料。

　　母牛发情应及时配种，防止漏配和失配。对初配母牛，应加强管理，防止早配。经产母牛产犊后 3 周要注意发情情况，对发情不正常或不发情者，要及时采取措施。一般母牛产后 1～3 个情期，发情排卵比较正常，随着时间的推移，犊牛体重增大，消耗增多，如果不能及时补饲，往往母牛膘情下降，发情排卵受到影响，造成暗发情（即卵巢排卵，但发情征兆不明显）。因此，产后多次错过发情期，使情期受胎率越来越低。如果出现这些情况，要及时进行直肠检查，慎重处理。

　　母牛空怀的原因有先天因素和后天因素。先天因素一般是由于母牛生殖器官发育异常，如子宫颈位置不正、阴道狭窄、两性畸形等，先天不孕的情况较少，在育种工作中淘汰那些隐性基因的携带者，就能解决此问题。对于后天不孕，主要是由于营养缺乏、饲养管理不当以及生殖器官疾病所致。对于由于饲养管理不当造成的不孕母牛，在恢复正常营养水平后，大多能够自愈。犊牛期由于营养不良以致生长发育受阻，影响生殖器官正常发育造成的不孕，很难用饲养方法来补救。若育成母牛长期营养不良，则往往导致初情期推迟，初产时出现难产或死胎，并影响以后的繁殖力。

运动和日光浴对增强牛群体质、提高牛的生殖机能有密切关系，牛舍内通风不良，空气污浊、寒冷、潮湿等恶劣环境极易危害牛体健康，敏感的母牛很快停止发情。因此，改善饲养管理条件十分重要。

做好每年的检疫防疫、发情及配种工作。

第三节　犊牛福利饲养

犊牛在哺乳期内其胃的生长发育经历了一个成熟过程，出生最初 20d 的犊牛，瘤胃、网胃和瓣胃的发育不完全，几乎没有消化功能；7d 以后开始尝试咀嚼干草、谷物，出现反刍行为，瘤胃内的微生物区系开始形成，瘤胃内壁的乳头状突起逐渐发育，瘤胃和网胃开始增大；到 3 月龄时，小牛 4 个胃的比例已接近成年牛的规模；5 月龄时，前胃发育基本成熟。犊牛的饲养管理分为初生犊牛的饲养管理和犊牛的饲养管理。

一、初生犊牛福利饲养技术

犊牛出生后的 7～8d 称为新生期，也称为初生期。在初生期，犊牛生理上发生了很大变化，而此时犊牛的体质差、抵抗力弱。所以，此时的工作重点是提高免疫力，减少发病。一般做好以下工作：清除犊牛口腔和鼻孔内的黏液、擦干被毛、剪断脐带、早喂初乳。

（一）清除黏液

犊牛出生以后，就开始用肺进行呼吸。但是，由于顺产的需要，此时犊牛身上和口鼻附近有很多黏液。出生后，应立即清除其口腔及鼻孔内的黏液，以免妨碍犊牛的正常呼吸和将黏液吸入气管及肺内，引起呼吸道疾病，甚至造成犊牛窒息死亡。清除方法是用手从犊牛口鼻中抠出黏液，并用干净的布擦干净。

如犊牛产出时已将黏液吸入而造成呼吸困难时，可以用手拍打犊牛的胸部，使犊牛吐出黏液；或者两人合作，一人握住两后肢，倒提犊牛，另一人拍打其背部，使黏液排出。如犊牛产出时已无呼吸，但尚有心跳，可在清除其口腔及鼻孔黏液后将犊牛在地面摆成仰卧姿势，头侧转，按每 6～8s 一次按压与放松犊牛胸部并进行人工呼吸，直至犊牛能自主呼吸为止。

（二）擦干被毛

及时清除初生犊牛口鼻的黏液后，还要擦干犊牛体躯上的黏液。因在初生期，犊牛神经机能不健全，对冷热调节机能较差，如果不及时清除犊牛身上的黏液，容易使犊牛受凉生病。在母牛正常产犊时，母牛会立即将犊牛身上的黏液舐舐干净，不需要进行擦拭；而且母牛舐舐时，有助于刺激犊牛的呼吸和血液循环，促进母牛子宫收缩，及早排出胎衣，缺点是会造成母牛恋仔，导致挤奶困难。如果采用保姆牛的方式饲养犊牛，让母牛舐舐犊牛是较好地清除犊牛黏液的方法。

（三）剪断脐带

在清除犊牛口腔及鼻孔黏液以后，如其脐带尚未自然扯断，应进行人工断脐。方法是在距离犊牛腹部 8～10cm 处，两手卡紧脐带，往复揉搓 2～3min，然后在揉搓处的远端用消毒过的剪刀将脐带剪断，挤出脐带中黏液，并将脐带的残部放入 5％的碘酊中浸泡 1～2min。脐带在腹部根处断掉要做缝合处理。脐带在生后一周左右干燥脱落，当发现不干燥并有炎症时可用碘酊消毒，不干且肿胀时可定为脐炎，应请兽医治疗。断脐后，应称重并登记初生重、犊牛父母号、毛色和性别。

（四）早喂初乳

犊牛出生后要尽快让其吃上初乳。初乳是母牛产犊后 5～7d 内所分泌的乳汁，色深黄而黏稠，干物质含量除乳糖外，其他营养含量均较常乳高。初乳中具有特殊的化学和生物学特性，对犊牛具有重要作用，是新生犊牛唯一的、不可替代的营养来源。目前，研究认为，初乳对犊牛具有以下作用：初乳中含有大量免疫球蛋白，具有抑制和杀死多种病原微生物的功能，使犊牛获得免疫；而初生犊牛的小肠黏膜又能直接吸收这些免疫球蛋白，这种特性随着时间的推移而迅速减弱，大约在犊牛出生 24h 即消失；初乳中含有丰富的盐类，使初乳具有轻泻性，有利于胎便排出；初乳酸度比常乳高，具有抑菌的作用；初乳能促进胃肠早期活动。一般认为初乳的喂量大，生后饲喂及时，犊牛抗病力就强，生长速度就快。初乳与常乳营养成分比较见表6-2。

表 6-2　初乳与常乳营养成分比较

项目	初乳	常乳	初乳/常乳
干物质（％）	22.6	12.4	1.82
脂肪（％）	3.6	3.6	1.00
蛋白质（％）	14.0	3.5	4.00
球蛋白（％）	6.8	0.5	13.60
乳糖（％）	3.0	4.5	0.67
胡萝卜素（μg/g 脂肪）	24～25	7	3.4～3.6
维生素 A（μg/g 脂肪）	42～48	8	5.3～6.0

（续）

项目	初乳	常乳	初乳/常乳
维生素 E（μg/g 脂肪）	100～150	20	5.0～7.5
钙（g/kg）	2～8	1～8	—
磷（g/kg）	4.0	2.0	2.0
镁（g/kg）	40.0	10.0	4.0
酸度（°T）	48.4	20.0	2.42

初乳的哺喂方法可遵照以下原则：

1. 第一次哺喂初乳　第一次哺喂初乳的时间应该越早越好，一般在犊牛生后 30～50min 第一次哺喂初乳为宜，最多不超过 2h。哺喂量可根据犊牛体型的大小、健康状况进行合理掌握。一般在不影响犊牛消化的情况下，第一次应该让犊牛尽量饮足初乳。饮足初乳的量在 1.5～2.0kg。以后 24h 内哺喂 5kg，保证足够量的抗体蛋白，至少吃足 3d 初乳。1～3d 饲喂初乳，第 4d 起可以饲喂常乳。

2. 初乳的日喂次数　每天应哺喂 4～6 次，每次间隔的时间应为 4～6h，最少每天不应低于 3 次。试验证明，同样数量的初乳，每天饲喂次数多比饲喂次数少消化得更好。

3. 初乳的温度　初乳挤出以后应及时哺喂犊牛，不宜搁置时间太长，初乳的温度应保持在 35～38℃。犊牛哺喂初乳以前，应该测试初乳温度，如果温度低于 35℃，应用水浴加热到 35～38℃，再哺喂犊牛。加热温度不可过高，温度过高，则易发生口炎、胃肠炎等；温度过低，常常引起犊牛下痢。在夏季要防止初乳变质，冬季要防止初乳温度过低。

二、犊牛福利饲养技术

犊牛出生后 8d 到断奶为哺乳期。此期的培育原则是提高犊牛成活率、预防腹泻、促进瘤胃发育。

（一）犊牛的饲养

1. 饲喂常乳　可采用随母哺乳法、保姆牛法和人工哺乳法。

（1）随母哺乳法。让犊牛与其生母在一起，从哺喂初乳到断奶一直自然哺乳。为促进犊牛发育和减轻母牛泌乳负担，有利于产后母牛正常发情，可在母牛栏边设一犊牛补饲栏，单给犊牛补饲草料。自然哺乳时，应注意观察犊牛吸乳时的表现，当犊牛频繁地顶撞母牛乳房，而吞咽次数不多，说明母牛奶量少，犊牛不够吃，应加大补饲量；反之，当犊牛吸吮一段时间后，口角已出现白色泡沫时，说明犊牛已经吃饱，应将犊牛拉开，否则容易造成犊牛哺乳过量而引起消化不良。1～7d 全程用奶瓶饲喂，充分让食道沟闭合，防止奶流入瘤胃。

传统的肉用犊牛的哺乳期一般为 6 个月，纯种肉牛及我国黄牛的养殖一般不实行早期断奶。该方法易于管理，节省劳动力，有利于犊牛的生长发育。但不利于母牛的管理，会加大母牛的饲养管理成本。小型的肉牛繁育场或农户可选用此培育方法。

（2）保姆牛法。选择健康无病、安静、乳房及乳头健康、产奶量中下等的乳用牛做保姆牛，让犊牛跟随保姆牛，直接吸吮保姆牛乳头进行哺育。每头保姆牛哺育犊牛的头数，可以根据保姆牛的产奶量来决定，一般情况下每头保姆牛可以哺育 2～4 头犊牛。犊牛栏内要设置饲槽及饮水器，以利于补饲。调教保姆牛接受犊牛，可采用把保姆牛的尿或生殖道分泌物或其亲犊的尿涂于寄养犊的臀部和尾巴上。对脾气暴躁的保姆牛第一次让寄养犊吮乳时把保姆牛后肢捆绑，多次吮乳之后，证明保姆牛已承认寄养犊时，可停止捆绑。

这种方法可节约母牛的饲养管理成本，也节约劳动力。但缺点是会传染疾病，建议卫生条件好的大中型肉牛繁育场采用。

（3）人工哺乳法。在母牛产犊后初生期某一阶段把犊牛移入犊牛舍，与母牛分开，人工挤奶，定时定量哺喂犊牛。对找不到合适的保姆牛或乳牛场淘汰犊牛的哺乳多用此法。新生犊牛结束初乳期后，哺喂常乳。

采用人工哺乳时，母仔分离的时间一般分为 3 种：一是产后立即分离，这种方法可以避免母恋仔、仔恋母，便于管理；二是产后 1d 分离，这种方法是母牛产后开始挤奶不能完全挤出来，可让犊牛先吃 1d，便于挤奶；三是产后一周分离，这种方法是产后犊牛体质过弱，让犊牛跟随母牛，便于母牛看护犊牛，但这种方法缺点多，常因过食造成犊牛拉稀，且因母仔相处时间长，分离困难。

犊牛日哺乳量可参考表 6-3。哺乳时，可先将装有牛乳的奶壶放在热水锅中进行加热消毒，不能直接在锅内煮沸，以防乳清蛋白在锅底沉淀煳锅，降低奶的营养价值，增加有害因子。待冷却至 38～40℃时哺喂，1 周龄内每天喂奶 3～4 次，1～3 周龄每天喂奶 3 次，4 周龄以上每天喂 3 次。

表 6-3　犊牛日哺乳量

时期	1～2 周龄 (kg/d)	3～4 周龄 (kg/d)	5～6 周龄 (kg/d)	7～9 周龄 (kg/d)	10～13 周龄 (kg/d)	14 周龄以后 (kg/d)	总用奶量 (kg)
小型牛	3.7～5.1	4.2～6.0	4.4	3.6	2.6	1.5	400
大型牛	4.5～6.5	5.7～8.1	6.0	4.8	3.5	2.1	500

喂奶前应该把犊牛拴系，使其不能互相舐吮。每次喂奶之后，要用干净毛巾将牛口、鼻周围残留的乳汁擦干，一直拴系到其吸吮反射停止后再放开（约10min）。犊牛吃奶后若互相吸吮，常使被吮部位发炎或变形，会将牛毛咽到胃肠中缠成毛团，堵塞肠管，危及生命。若形成恶癖，则可用细竹条（切忌用粗棒）抽打嘴头，多次即可纠正。

要经常观察犊牛的精神状态及粪便。健康的犊牛，体型舒展，行为活泼，被毛顺而有光亮。若被毛乱而蓬松，垂头弓腰，行走蹒跚，咳嗽，流涎，叫声凄厉，则是有病的表现。若粪便发白、变稀，这是最常见的消化不良，此时只需减少20%～40%的喂奶量，并在奶中加入30%的温开水饲喂，配合减慢吮乳速度，即可很快痊愈，不必用药。

2. 合理断奶 犊牛断奶会给犊牛带来较大的应激。断奶应采取循序渐进的办法。一般在3～4月龄间断奶。断奶初期，可逐渐减少母仔在一起的时间和次数，将犊牛留在原处，定时将母牛牵走。自然哺乳的母牛在断奶前7d停喂精饲料，只给优质粗饲料，使其泌乳量减少。刚断奶的犊牛应细心喂养，断奶后14d内的日粮应与断奶前相似。日粮中精饲料占60%，粗蛋白质不低于12%。

3. 及时补饲 为满足犊牛营养需要和早期断奶，在犊牛生后10～15d，开始补饲。

（1）精饲料。犊牛开食料应适口性好，粗纤维含量低而粗蛋白质含量较高。可购买代乳料、犊牛颗粒料或自己加工犊牛颗粒料，每天早、晚各1次。

开始训练犊牛采食精饲料，精饲料的喂量原则是从少到多，随日龄增加而增加。开始时，每天可给犊牛10～20g，让犊牛舐食；数日后，可根据犊牛的食欲，增加到30～100g；1月龄时，每天可喂250～300g；2月龄时，可喂到500g以上。一般情况犊牛增重正常，每天喂量达1～1.5kg时，即不再增加，营养不良的部分可由粗饲料补充。

因犊牛与母牛一起生活，所以采取隔栏补饲措施，即在牛舍或牛圈内设一个犊牛能够自由进出而母牛不能进入的坚固围栏，内设饲槽并每天放置补饲的饲料。围栏的大小视犊牛的头数而定，进口宽40～50cm、高90～100cm。

对于早期断奶的肉用犊牛，在出生后10d左右应用代乳品（又称为人工乳）代替常乳哺喂。它是一种粉末状或颗粒状的商品饲料，饲喂时必须稀释成为液体，且具有良好的悬浮性和适口性，浓度12%～16%，即按1∶（6～8）加水，饲喂温度为38℃。代乳品原料以乳业副产品如脱脂乳、乳清蛋白浓缩物、干乳清等为主要成分。使用代乳品除节约常乳、降低培育成本外，还有补充常乳某些营养成分不足的作用。参考代乳品配方见表6-4，参考断奶前犊牛饲喂方案见表6-5。

表 6-4　参考代乳品配方

单位：%

日龄	玉米	麸皮	豆粕	杂粕	乳清粉	奶粉	过瘤胃脂肪	磷酸氢钙	石粉	食盐	预混料
15～30d	35	10	25	0	10	8	5	3	2	1	1
31d 至断奶	40	15	26	0	5	5	2	3	2	1	1
断奶后	45	20	15	13	0	0	0	3	2	1	1

表 6-5　参考断奶前犊牛饲喂方案

单位：kg/d

日龄	0～7	8～14	15～21	22～35	36～63	64～91	92～180
牛奶	3.5～4.0	4.0～5.0	3.5～4.0	2.0～2.5	0	0	0
代乳料	0	0	随意采食		1.4～2.5	2.0～3.0	
犊牛料	0	0	0	0	0	0	2.5～3.5
青干草				自由采食			

（2）干草。干草是犊牛良好的粗饲料，一般在其生后 5～7d 就可以让其自由采食。让犊牛尽早采食干草有以下好处：一是可以防止犊牛舔食异物和垫草；二是促进犊牛提早反刍；三是促进唾液的分泌，促进唾液腺和咀嚼肌的发育；四是犊牛可以从干草中得到部分营养。

（3）多汁饲料。多汁饲料一般可于犊牛生后 20d 切碎混合在精饲料中喂给，如胡萝卜或甜菜、幼嫩青草等。最初每天喂 20～25g，到 2 月龄时可增加到 1～1.5kg，3 月龄为 2～3kg。

（4）青贮饲料。从犊牛生后 2～2.5 月龄开始让犊牛采食，最初每天喂量 100～150g，3 月龄时每天喂量 1.5～2.0kg，4～6 月龄增至 4.0～5.0kg。

4. 饮水　牛奶中的水不能满足犊牛正常代谢的需要，必须让犊牛尽早饮水。犊牛在初乳期，可在 2 次喂奶的间隔时间内供给 36～37℃的温水，出生后 10～15d 改为饮常温水，1 月龄后自由饮水，但水温不能低于 15℃。饮水要方便，水质要清洁，水槽要定期刷洗。

（二）犊牛的管理

1. 去角　去角的适宜时间在出生后 7～10d，常用的去角法有化学去角法和热处理去角法。化学去角法是用化学药物碱破坏角胚的生长。操作方法：在去角部位剪去被毛，在剪毛的周围涂上凡士林，以防药物流出，伤及头部及眼，然后用棒状苛性钾（钠），稍沾水涂擦角基部，到表皮有微量渗血时即可。或者用解剖刀刮去角胚的软角层，涂上碱性制剂，腐蚀 30～40s。去角后的犊牛要单独管理，防止相互舔舐，或犊牛摩擦伤处增加渗出液，延缓痊愈。

热处理去角法是将电烙器加热到一定温度后，牢牢地压在角基部直到其下部组织烧灼成白色为止，烙时不宜太久，以防烧伤下层组织，再涂以青霉素软膏或硼酸粉。

2. 称重和编号　称重是育种和饲养的依据，初生重的称重时间在犊牛出生后第一次哺乳前进行。称重的同时，还要根据国家和本场编号规定对犊牛进行编号，以便记载。给犊牛编号后要戴上标记，称为标号。常用的标号方法有耳标法、角部烙号法、刺墨法。其中，耳标法是目前使用最多的一种方法，是在耳标上写上所编牛的号码，用耳标钳将耳标夹在耳壳上缘适当位置。

3. 防暑、防寒　做好保温工作，温度维持在14℃左右。在我国北方，冬季严寒风大，要注意犊牛舍的保暖，防止贼风侵入。在犊牛栏内要铺柔软、干净的垫草，保持舍温在0℃以上。同时，要加强通风，避免舍内空气污浊。夏季炎热时，在运动场应有凉棚，以免中暑。

4. 母仔分栏　在小规模拴系式饲养的牛场，可在母牛舍内设产房和犊牛栏。在规模大的牛场，单独设置产房、犊牛栏和犊牛舍。犊牛栏分单栏和群栏两类。犊牛出生后在单栏中饲养，1月龄后过渡到群栏。同一群栏牛的月龄应一致或相近，以便于饲养管理。

5. 刷拭　犊牛基本上在舍内饲养，其皮肤易被粪及尘土所黏附而形成皮垢。这样不仅降低皮毛的保温与散热力，也会使皮肤血液循环受阻，易患病。所以，每天至少刷拭1次，保持犊牛身体干净清洁。如果皮肤上有粪便结块，要先用水浸湿，经软化后再进行刮除，不要刮伤皮肤。

6. 运动　运动可以锻炼犊牛的体质，犊牛从出生后8~10日龄起，即可开始在犊牛舍外的运动场做短时间的运动，每天0.5~1h，以后可逐渐延长运动时间，一个月后可增加至2~3h，分上、下午2次进行。如果犊牛出生在温暖的季节，开始运动的日龄还可适当提前，但需根据气温的变化，掌握每天运动时间。在有条件的地方，可以从出生后第二个月开始放牧，但在40日龄以前，犊牛对青草的采食量极少，在此时期与其说是放牧不如说是运动。

7. 卫生消毒　哺乳用具每次用后，都要及时洗刷干净，每周要用热碱水消毒一次，其方法是先用冷水将用具冲洗1遍，再用热碱水仔细地将用具刷洗干净，最后再用清水冲洗1次。洗干净后将用具放到太阳下晒1~2h，对于长时间不用的用具，使用时要用蒸汽消毒。经常打扫犊牛舍或犊牛栏，勤换垫草。要定期进行消毒，可用2%火碱溶液进行喷洒。

8. 疫苗注射　根据免疫程序做好犊牛的疫苗注射工作。

9. 建立档案　后备母犊应建立档案，记录其系谱、生长发育情况（体尺、体重）、防疫及疫病治疗情况等。

第四节　育成牛福利饲养

育成牛是指断奶后到性成熟配种前的牛，在年龄上一般为 6～18 月龄阶段。育成牛正处于生长发育较快的阶段，一般到 18 月龄时，其体重应该达到成年牛的 70％以上。育成阶段生长发育是否正常，直接关系到牛群的质量，必须给予合理的饲养管理。

一、育成牛的特点

（一）生长发育快

牛的一般生长规律是先长骨，再长肉，最后长膘。育成牛正是骨骼和肌肉发育最快的时期。因此，需要一定的蛋白质饲料才能满足其生长发育的需要。牛体躯在这一阶段上的生长发育是高-长-粗，即最先发育的是体高，其次是体长，最后是胸围。如果在育成牛阶段饲养管理不当，造成生长发育受阻，势必会影响到高度的生长，就会在成年时形成前低后高、体格小的"幼稚型"。

（二）瘤胃发育快

犊牛断奶后，由于各种器官相应增大，尤其瘤胃发育日趋完善，容积扩大 1 倍左右，瘤胃微生物大量增加，利用非蛋白氮的能力增强，育成牛对粗饲料的利用率逐渐提高。因此，在饲养上要求供给足够的营养物质，所喂饲料必须具有一定的容积，才能促进瘤胃的生长。

（三）逐渐性成熟

牛在育成阶段，性机能开始活动，逐渐达到性成熟。母牛会出现周期性发情，有生育能力；公牛则有成熟精子产生，有配种受胎能力。如果在管理过程中不注意，会造成野交滥配，影响本身和后代的生长发育。

二、育成母牛福利饲养技术

（一）育成母牛的饲养

1. 断奶至周岁的饲养　育成母牛在不同年龄阶段其生理变化与营养需要不同。断奶至周岁的育成母牛，此时期逐渐达到生理上的最高生长速度，而且在断奶后幼牛的前胃相当发达，只要给予良好的饲养，可达到最高的日增重。配制日粮时，宜采用较好的粗饲料与精饲料搭配饲喂。粗饲料可占日粮总量的 50％～60％，混合精饲料占 40％～50％。周岁时粗饲料逐渐增加到 70％～

80%，精饲料降至20%～30%。用青草作粗饲料时，采食量折合成干物质增加20%，在放牧季节可少喂精饲料，多食青草。舍饲期应多用干草、青贮和根茎类饲料，干草喂量为体重的1.2%～2.5%，青贮和根茎类可代替干草量的50%。不同种类的青粗饲料需要不同的精饲料补充料，即使是同种类的粗饲料质量也不一样。因此，要求精饲料补充料应根据粗饲料的品质配合，此阶段的精饲料补充料用量控制在每天每头1.5～3.0kg，日粮蛋白水平可控制在13%～14%，注意添加钙、磷和食盐。

2. 周岁至初次配种的饲养　周岁以后，育成母牛消化器官的发育已接近成熟，其消化能力与成年牛相似，同时又无妊娠或产乳的负担。因此，如能吃到足够的优质粗饲料就基本上能满足营养的需要。如果粗饲料品质差时，要补喂些精饲料，以满足营养的需要。一般根据青粗饲料质量补1～4kg精饲料，并注意补充钙、磷、食盐和必要的微量元素。

3. 受胎至第一次产犊时的饲养　当育成母牛受胎后，一般情况下，仍按受胎前的方法饲养。但在分娩前2～3个月需要加强营养，这是由于此时胎儿迅速增大，需要营养。同时准备泌乳，也需要增加营养，尤其是维生素A、维生素D、钙、磷的储备，以免造成胎儿不健康和胎衣不下。此时期应给予品质优质的粗饲料，精饲料的饲喂量根据育成母牛的膘情逐渐增加至4～7kg。一般日粮干物质进食量控制在每头每天11～12kg。

4. 放牧饲养　采取放牧饲养，不仅可以减少育成母牛精饲料的喂量，而且可以锻炼体质，增加消化能力。放牧牛群以40～50头为宜。

如果在优质草地上放牧，6月龄以上的育成牛，可进食体重7%～9%的青草，此时仍需补饲谷实类和麸皮类的能量饲料。同时在周岁以上时，瘤胃发育基本完善，粗饲料采食量更大，可进食的青草为体重的10%左右。如果青草的品质好，可不补饲精饲料。只需补充钙、磷及食盐等矿物质饲料，一般可在放牧场设矿物质补饲槽，任其自由舔食。如果牧草生长较差，必须给牛补饲青饲料。青饲料日喂总量（包括放牧采食量）13～15月龄育成母牛为26～30kg，16～18月龄育成母牛为30～35kg。冬末春初每头育成牛每天应补1kg左右精饲料，每天喂给1kg胡萝卜或青干草，或者0.5kg苜蓿干草，或每千克料加入10 000IU维生素A。

放牧牛还要解决饮水的问题，每天应让牛饮水2～3次，水饮足，才能吃够草。因此，饮水地点距放牧地点要近些，最好不要超过5 000m。水质要符合卫生标准。按成年牛计算（6个月以下犊牛算0.2头成年牛，6个月至2岁半算0.5头牛），每头每天需喝水10～50kg，吃青草饮水少，吃干草、枯草、秸秆则饮水多，夏天饮水多，冬天饮水少。表6-6、表6-7分别给出育成牛精饲料补充料配方及补充量。

表 6-6 育成牛精饲料补充料配方

单位：%

原料	玉米	高粱	棉仁饼	菜籽饼	胡麻饼	糠麸	食盐	石粉	搭配粗饲料
配方一	67	10	2	8	0	10	2	1	青草、氨化秸秆等日粮
配方二	62	5	12	8	0	10	1.5	1.5	青贮等日粮
配方三	52	5	12	8	10	10	1.5	1.5	干草、玉米秸等日粮

注：秸秆、氨化秸秆为主的日粮，每千克精饲料加入 8 000～10 000IU 维生素 A。

表 6-7 育成牛精饲料补充料补充量

单位：kg/d

	饲喂方式	肉用大型牛	肉用小型牛
	春天开牧头 15d	0.5	0.3
放牧	16d 到当年青草季	0	0
	枯草季	1.2	1.0
	粗饲料为青草	0	0
舍饲	粗饲料为青贮	0.5	0.4
	氨化秸秆、野青草、黄贮、玉米秸	1.2	0.8
	粗饲料为麦秸、稻草	1.7	1.5

冬天最好采取舍饲，以秸秆为主，稍加精饲料，可维持牛群的健康和近于日常日增重。若放牧，则需多用精饲料。春天牧草返青时不可放牧，以免牛"跑青"而累垮。并且，刚返青的草不耐践踏和啃咬，过早放牧会加快草的退化，不但当年产草量下降，而且影响将来的产草量。待草平均超过 10cm，即可放牧。最初放牧 15d，通过逐渐增加放牧时间来达到可放牧让牛科学地"换肠胃"，避免其突然大量吃青草，发生瘤胃臌胀、水泻等严重影响牛健康的疾病。

（二）育成母牛的管理

1. 分群 育成母牛最好在 6 月龄时分群饲养，公母分群，即与育成公牛分开，杜绝公母爬跨和乱配现象。同时，应按育成母牛年龄进行分阶段饲养管理，月龄差异一般不应超过 2 个月，体重差异低于 30kg。

2. 定槽 圈养拴系式管理的牛群必须定槽，这样可使每头牛有自己的牛床和食槽。

3. 刷拭 每天刷拭 1～2 次，每次 5～10min。

4. 运动 在舍饲条件下，育成牛每天应至少有 2h 的运动。一般采取自由运动。在放牧的条件下，运动时间一般足够。

5. 转群 育成母牛在不同生长发育阶段，其生长强度不同，根据年龄、发育情况分群，并按时转群。一般在 12 月龄、18 月龄、定胎后或至少分娩前两个月进行 3 次转群。

6. 留种 育成牛在 6 月龄、12 月龄、18 月龄和 24 月龄根据外貌鉴定和种用性能测定结果确定是否留种。

7. 乳房按摩 为了刺激乳腺的发育和促进产后泌乳量提高，对 12～18 月龄育成母牛每天按摩 1 次，每次按摩时用热毛巾敷擦乳房。产前 1～2 个月停止按摩。

8. 做好发情鉴定，适时配种 发育较好的母牛可于 18 月龄配种，对发情异常的个体及时进行检查和处理。肉用母牛的配种要加强选种选配。杂交改良牛生长快，效益好，但要特别注意初产母牛的难产问题。初配牛最好选择中小型肉牛品种如安格斯牛或地方良种黄牛进行杂交，大型牛和经产牛可引入利木赞牛、夏洛莱牛、西门塔尔牛等大型牛进行改良。

9. 卫生消毒 保持圈舍干燥、清洁，定期消毒。

10. 防疫、驱虫 春秋驱虫，根据免疫程序注射疫苗。

三、育成公牛福利饲养技术

(一) 育成公牛的饲养

育成公牛的生长比育成母牛快，因而需要的营养物质较多。尤其需要以补饲精饲料的形式提供营养，以促进其生长发育和性欲的发展。对种用育成公牛的饲养，应在满足一定量精饲料供应的基础上，喂以优质青粗饲料，并控制喂量，避免形成草腹。非种用育成公牛不必控制青粗饲料，以便在低精饲料下仍能获得较大日增重。

育成种公牛的日粮中，精、粗饲料的比例依粗饲料的质量而定。以青草为主时，精、粗饲料的干物质比例约为 45：55；以青干草为主时，其比例为 40：60。在饲喂豆科或禾本科优质牧草的情况下，对于周岁以上育成公牛，混合精饲料中粗蛋白质的含量以 12% 左右为宜。育成种公牛的粗饲料不宜采用秸秆、多汁与渣糟类等体积大的粗饲料，最好用优质苜蓿干草，青贮可少喂些，避免出现草腹。6 月龄后日喂量应以月龄乘以 0.5kg 为准，周岁以上日喂量限量为 8kg，成年为 10kg。另外，酒糟、粉渣、麦秸之类以及菜籽饼粕、棉籽饼粕等不宜饲喂育成公牛，应注意维生素 A 的补充。冬春季没有青草时，每头育成种公牛可日喂胡萝卜 0.5～1.0kg，日粮中矿物质要充足。充足饮水，并保证水质良好和卫生。

(二) 育成公牛的管理

1. 分群 6 月龄时与母牛分群饲养管理，由于公牛与母牛发育不同，因此对管理条件要求不同，同时避免爬跨、乱配。

2. 穿鼻戴环 为便于管理，对牛进行穿鼻和戴上鼻环。达 8～10 月龄时就应进行穿鼻戴环，鼻环以不锈钢的为最好。部位在鼻中隔软骨最薄的地方。穿鼻时，先将公牛用皮带拴系好，沿公牛额部固定在角基部。牵引时，应坚持左右侧双绳牵导。对烈性公牛，需用勾棒牵引，由一人牵住缰绳的同时，另一人两手握住勾棒，勾搭在鼻环上以控制其行动。

3. 刷拭　育成公牛上槽后，每天至少刷拭一次，每次 5～10min，保持牛体清洁，加强人畜亲和。

4. 运动　加强运动，提高体质，增进健康，上、下午各进行 1 次，每次 1.5～2.0h，行走距离 4 000m，运动方式有旋转架、套爬犁或拉车等。实践证明，运动不足或长期拴系，会使公牛性情变坏，精液质量下降，易患肢蹄病和消化道疾病等。但运动过度，牛的健康和精液质量同样有不良影响。

5. 称重　定期称重，以检查饲养情况，及时调整日粮。

6. 调教　对育成公牛还要进行必要的调教，包括与人的接近、牵引训练，配种前还要进行采精前的爬跨训练。饲养公牛必须注意安全，因其性情一般较母牛暴躁。

7. 试采精　从 12～14 月龄后即应试采精，开始从每月 1～2 次采精，逐渐增加到 18 月龄的每周 1～2 次，检查采精量、精子密度、活力及畸形率，并试配一些母牛，看后代有无遗传缺陷并决定是否种用。

8. 防疫　根据免疫程序，育成公牛进行防疫注射。

第五节　肉牛福利育肥

一、小白牛肉育肥福利技术

小白牛肉也叫白牛肉，是指将不作繁殖用的公犊牛经过全乳、脱脂乳或代乳品育肥所生产的牛肉。犊牛从出生到出栏，经过 90～100d，完全用牛乳或代用乳饲养，不喂任何其他饲料，让牛始终保持单胃（真胃）消化和贫血状态（食物中铁含量少），体重达 100kg 左右屠宰。白牛肉不仅饲喂成本高，牛肉售价也高，其价格是一般牛肉的 8～10 倍。

小白牛肉，呈白色，肉质细嫩，味道鲜美，风味独特，营养价值高，蛋白质含量比一般牛肉高 63%，脂肪低 95%，是一种理想的高档牛肉。

（一）犊牛选择

犊牛要选择优良的肉用品种、乳用品种、兼用品种或高代杂交牛所生的公犊牛。选健康无病、无缺损、生长发育快、消化吸收机能强、3 月龄前的平均日增重必须达到 0.7kg 以上、初生体重在 38～45kg 的公犊牛。

（二）饲养方案

犊牛出生后 1 周内，一定要吃足初乳。出生 3d 后应与母牛分开，实行人工哺乳，每天哺喂 3 次。1～30 日龄，平均每天喂乳 6.4kg；31～45 日龄，平均每天喂乳 8.3kg；46～100 日龄，平均每天喂服 9.5kg。从出生到 100 日龄，完全靠牛乳来供给营养，不喂其他任何饲料，甚至连垫草也不能让其采食，其体重可达到 100kg 左右。

生产小白牛肉每增重 1kg 牛肉约需消耗 10kg 奶，用代乳品或人工乳平均每产 1kg 小白牛肉约消耗 1.3kg。近年来，采用代乳品加入人工乳喂养越来越普遍，但要求尽量模拟全牛乳的营养成分，特别是氨基酸的组成、热量的供给等都要求适应犊牛的消化生理特点。代乳品必须以乳制品副产品作为原料进行生产。

（三）管理技术

牛栏多采用漏粪地板，不要接触泥土。圈养，每栏 10 头，每头占地2.5～3.0m²。舍内要求光照充足、干燥、通风良好，温度在 15～20℃。充足清洁饮水，冬季饮 20℃左右的温水。

二、小牛肉福利育肥技术

小牛肉是指犊牛出生后饲养至 7～8 月龄或 12 月龄以前，以乳为主，辅以少量精饲料培育，体重达到 250～400kg 屠宰后获得的牛肉。小牛肉富含水分，鲜嫩多汁，蛋白质含量高而脂肪含量低，风味独特，营养丰富，胴体表面均匀覆盖一层白色脂肪，是一种理想的高档牛肉。育肥出栏后的犊牛屠宰率可达62%，肉质呈淡粉红色，所以也称为小红牛肉。

（一）犊牛选择

优良的肉用品种、兼用品种、乳用品种或杂交种均可。选头方大、前管围粗壮、蹄大、宽嘴宽腰、健康无病、没去势、初生体重不少于 35kg 的公牛。

（二）饲养方案

初生犊牛要尽早喂给初乳，犊牛出生后 3d 内可以采用随母哺乳，也可以采用人工哺乳，但出生 3d 后必须改由人工哺乳，1 月龄内按体重的 8%～9%喂给牛奶或相当量的代乳品。精饲料从 7～10 日龄开始练习采食，以后逐渐增加到 0.5～0.6kg，1 月龄后日喂奶量基本保持不变，喂料量则要逐渐增加，青干草或青草任其自由采食。饲养方案见表 6-8。

表 6-8　饲养方案

单位：kg

周龄	体重	日增重	日喂乳量	配合饲料日喂量	青干草日喂量
0～3	40～59	0.6～0.8	5.0～7.0	自由采食	训练采食
4～7	60～79	0.9～1.0	7.0～8.0	0.1	自由采食

（续）

周龄	体重	日增重	日喂乳量	配合饲料日喂量	青干草日喂量
8～10	80～99	0.9～1.1	8.0	0.4	自由采食
11～13	100～124	1.0～1.2	9.0	0.6	自由采食
14～16	125～149	1.1～1.3	9.0	0.9	自由采食
17～21	150～199	1.2～1.4	9.0	1.3	自由采食
22～27	200～250	1.1～1.3	8.0	2.0	自由采食
28～35		1.1～1.3		3.0	自由采食
合计			1 500	350	

（三）管理技术

犊牛在 4 周龄前要严格控制喂奶速度、奶温（37～38℃）以及奶的卫生等，以防消化不良或腹泻。让犊牛充分晒太阳，若无条件则需补充维生素 D 500～1 000IU/d，5 周龄以后可拴系饲养，减少运动。夏季要防暑降温，冬季室内饲养（最佳温度 18～20℃）。每天应刷拭 1 次，保持牛体卫生。犊牛在育肥期内每天喂 2～3 次，自由饮水，夏季饮凉水，冬季饮 20℃ 左右温水。犊牛舍内每天要清扫粪尿 1 次，并用清水冲洗地面，每周舍内消毒 1 次。

三、青年牛持续福利育肥技术

青年牛持续育肥是将断奶的健康犊牛饲养到 1.5 周岁，使其体重达到400～500kg 出栏。持续育肥由于在饲料利用较高的生长阶段保持较高的增重，饲养周期短，总效率高，是一种较好的育肥方法。持续育肥主要有放牧-舍饲-放牧持续育肥法、放牧加补饲持续育肥法、舍饲持续育肥法。

（一）放牧-舍饲-放牧持续育肥法

此种育肥方法适用于 9～11 月出生的犊牛。犊牛出生后随母牛哺乳或人工哺乳，哺乳期日增重 0.6kg，断奶时体重达到 100kg。断奶后以粗饲料为主，进行冬季舍饲，自由采食青贮料或干草，日喂精饲料不超过 2kg，平均日增重0.9kg。6 月龄体重达到 180kg。然后在优良牧草地放牧（此时正值 4～10 月），要求平均日增重保持 0.8kg。12 月龄体重达 300～350kg。转入舍饲，自由采食青贮料或青干草，日喂精饲料 2～5kg，平均日增重 0.9kg，18 月龄时体重达 450kg 以上。

（二）放牧加补饲持续育肥法

在牧草条件较好的地区，犊牛断奶后，以放牧为主，根据草场情况，适当补充精饲料或干草，使其在 18 月龄体重达 400～500kg。母牛哺乳阶段，犊牛平均日增重达 0.9～1.0kg，冬季日增重 0.4～0.6kg，第二季日增重 0.9kg。

在枯草季节，对杂交牛每天每头补喂精饲料 1～2kg。放牧时应做到分群，每群 50 头左右，分群轮牧。我国 1 头体重 120～150kg 的牛需 1.5～2hm² 草场。放牧时要注意牛的休息和补盐，夏季防暑，抓好秋膘。

（三）舍饲持续育肥法

舍饲持续育肥法适用于专业化的育肥场。犊牛断奶后即进行持续育肥，犊牛的饲养取决于育肥强度和屠宰时月龄。在制订育肥生产计划时，要综合考虑市场需求、饲养成本、牛场的条件、品种、育肥强度以及屠宰上市的月龄等，以获得最大的经济效益。

育肥牛日粮主要由粗饲料和精饲料组成，平均每头牛每天采食日粮干物质约为牛活重的 2％左右。一般分为 3 个阶段。

1. 适应期 断奶犊牛一般有 1 个月左右的适应期。刚进舍的断奶犊牛，对新环境不适应，要让其自由活动，充分饮水，饲喂少量优质青草或干草，精饲料由少到多逐渐增加喂量。当进食 1～2kg 时，就应逐步更换正常的育肥饲料。在适应期，每头牛的饲料平均日喂量应达到干草 15～20kg、酒糟 5～10kg、麸皮 1～1.5kg、食盐 30～35g。发现牛消化不良，可每头每天饲喂干酵母 20～30 片，如粪便干燥，可每头每天喂多种维生素 2～2.5g。

2. 增肉期 一般 7～8 个月，此期可大致分成前后两期。前期以粗饲料为主，精饲料每头每天 2kg 左右，后期粗饲料减半，精饲料增至每头每天 4kg 左右，自由采食青干草。前期每头每天可喂酒糟 10～20kg，干草 5～10kg，麸皮、玉米粗粉、饼类各 0.5～1.0kg，尿素 50～70g，食盐 40～50g。后期每天可喂酒糟 20～25kg、干草 2.5～5kg、麸皮 0.5～1.0kg、玉米粗粉 2～3kg、饼渣类 1～1.25kg、尿素 80～100g、食盐 50～60g。

3. 催肥期 一般 2 个月，主要是促进牛体膘肉丰满、沉积脂肪。日喂精饲料 4～8kg，粗饲料自由采食。每天可饲喂酒糟 25～30kg、干草 1.5～2kg、麸皮 1～1.5kg、玉米粗粉 3～3.5kg、饼渣类 1.25～1.5kg、尿素 80～100g、食盐 70～80g。

四、架子牛福利育肥技术

架子牛是指体格发育基本成熟、肌肉脂肪组织尚未充分发育的青年牛。其特点是骨骼和内脏基本发育成熟，肌肉组织和脂肪组织还有较大的发展潜力。架子牛育肥是我国目前肉牛生产的主要形式，具有良好的经济效益。

（一）架子牛育肥原理

架子牛育肥原理是利用动物补偿生长原理，即在其生长发育的某一阶段，由于饲养管理水平降低或疾病等原因引起生长速度下降，但不影响其组织正常发育，当饲养管理或牛的健康恢复正常后，其生长速度加快，体重仍能恢复到没有受影响时的标准进行肉牛生产。

（二）架子牛选择

育肥架子牛要求品种优良，健康无病，生长发育良好，免疫档案齐全，外地购进牛要查看免疫、检疫手续是否齐全。

1. 品种　以当地母牛与西门塔尔牛、夏洛莱牛、利木赞牛、安格斯牛等优良国外肉牛品种的杂交改良牛为主。也可选择我国的地方良种黄牛，如秦川牛、晋南牛、南阳牛、鲁西牛等。这类牛增重快、瘦肉多、脂肪少、饲料转化率高。

2. 年龄和体重　选择时，首先应看体重，一般情况下 1～1.5 岁牛，体重应在 300kg 以上，体高和胸围最好大于其所处月龄发育的平均值，健康状况良好。在月龄相同的情况下，应选择体重大的，其增重效果好。

3. 性别　架子牛育肥选择顺序依次是公牛、母牛。

4. 体型外貌　体格高大、前躯宽深、后躯宽长、嘴大口裂深、四肢粗壮。

5. 精神状态　精神饱满，体质健壮，鼻镜湿润，反刍正常，双目圆大且明亮有神，双耳竖立且活动灵敏，被毛光亮，皮肤弹性好。

（三）架子牛运输

分散饲养于农牧户的架子牛，按照育肥牛选择要求选购后，集中运输，要有牛只健康证件（非疫区证明、防疫证、车辆消毒证明等）。为了预防或减少应激反应，运前 2～3d 每头每天肌肉注射维生素 A 25 万～100 万 IU，运前 2h 喂饮口服补盐液 2 000～3 000mL，配方为：氯化钠 3.5g、氯化钾 1.5g、碳酸氢钠 2.5g、葡萄糖 20g，加凉开水至 1 000mL。装车前还可肌肉注射 2.5% 的氯丙嗪药物，每 100kg 活重的剂量为 1.7mL，此种方法在短途运输中效果好。运输途中不喂精饲料，只喂优质禾本科干草、食盐和适量饮水。冬天要注意保温，夏天要注意遮阳。装运前 2～3h 不能过量饮水。

（四）育肥前的准备工作

1. 育肥牛的圈舍在进牛前，彻底清扫干净，用水冲洗后，用 2% 火碱溶液对牛舍地面、墙壁进行喷洒消毒，用 0.1% 高锰酸钾对器具进行消毒，然后再用清水清洗一次。门口设消毒池，消毒池内放 2% 火碱溶液，或用 2% 火碱溶液浸湿布袋、草帘等，以防病菌带入。

2. 要根据育肥牛群规模的大小，备足草料。饲草可用青贮玉米秸秆作主要饲草，按每头每年 7 000kg 准备，并准备一定数量的氨化秸秆、青干草等，有条件的最好种一些优质牧草，如紫花苜蓿、黑麦草、籽粒苋等。精饲料应准备玉米、饼粕类、麸皮、矿物质饲料、微量元素、维生素等。

3. 准备资金，每头按 2 500～3 500 元准备。

4. 准备好水、电、用具。进牛前应做到水通、电通，并根据牛的数量准备铡草机、饲料加工粉碎机以及饲喂用具。

（五）新到架子牛育肥前的适应性饲养

肉牛引进后，需要在隔离舍内单独饲养，不能与场内其他肉牛放在一起混养，一般需隔离 30d。

1. 饮水 待牛休息 2h 后，充分饮淡盐水。第一次饮水量以 10～15kg 为宜，可加人工盐（每头 100g）；第二次饮水在第一次饮水后的 3～4h，饮水时，水中可加些麸皮，再喂给优质干草；3d 后待牛精神状态恢复后，青干草可自由采食，精饲料要逐渐增加。

2. 粗饲料饲喂方法 让新购的架子牛自由采食粗饲料，最好的粗饲料为苜蓿干草、禾本科干草，其次是玉米青贮或高粱青贮。上槽后仍以粗饲料为主，可铡成 1cm，精饲料的喂量应严格控制，必须有约 15d 的适应期饲养，适应期内以粗饲料为主。首先饲喂优质青干草、秸秆、青贮饲料，第一次喂量应限制，每头 4～5kg；第 2～3d 后可以逐渐增加喂量，每头每天 8～10kg；第 5～6d 后可以自由采食。注意观察牛采食、饮水、反刍等情况。

3. 饲喂精饲料方法 架子牛进场以后 4～5d 可以饲喂混合精饲料，混合精饲料的量由少到多，逐渐添加，10d 后可喂给正常供给量。

4. 驱虫健胃 购回的架子牛 3～5d 后要进行驱虫。驱虫最好安排在下午或晚上进行。投喂前空腹，只给饮水，以利于药物吸收。对个别瘦弱牛可同时灌服酵母片 50～100 片进行健胃。可在精饲料饲喂过程中，同时添加驱虫、健胃类药，待牛完全恢复正常后可进行疫苗接种，根据当地疫病流行情况对某些特定疫病进行紧急预防接种。

5. 称重、分群、标记身份 所有到场的架子牛都必须称重，并按体重、品种、性别分群，同时打耳标、编号、标记身份。根据牛的年龄、生理阶段、体重大小、强弱等情况合理分群饲养。

（六）架子牛育肥

一般采用分阶段育肥，即过渡期（1～15d）、育肥前期（16～65d）、育肥后期（66～120d）。

1. 过渡期饲养 刚进场的牛要有 15d 左右适应环境和饲料。参照前面所述的"新到架子牛育肥前的适应性饲养"，尽快完成过渡期。

2. 育肥前期 这一阶段是牛生长最旺盛时期，干物质采食量逐渐达到 8kg，日粮粗蛋白质 12%，精粗比为 55：45，预计日增重 1.2～1.4kg。

3. 育肥后期 干物质采食量 10kg，日粮粗蛋白质 11%，精粗比为 65：35，预计日增重 1.5kg 以上。饲喂时一般采用先粗后精的原则，先将青贮添入槽内让牛自由采食，等吃一段时间后（约 30min），再加入精饲料，并与青贮充分拌匀，最大限度地让牛吃饱。采用 TMR 饲喂时，精粗饲料必须充分混合。

不同育肥阶段肉牛日粮营养水平和精料补充料配方见表 6-9、表 6-10。

表 6-9 不同育肥阶段肉牛日粮营养水平

体重 (kg)	预计日增重 (kg)	干物质 (kg)	粗蛋白 (g)	钙 (g)	磷 (g)	净能 (MJ)	肉牛能量单位 (RND)
40～210	0.6～0.8	3.0～5.85	200～710	20～33	10～16	0.2～30	1.5～3.52
210～450	1.3～1.8	6.0～9.25	720～962	35～37	16～21	30.2～63.5	3.5～8
450～550	1.8～2.1	9.3～10.62	965～1 120	33～36	20～24	64～75	8.0～8.85

表 6-10 不同育肥阶段肉牛精饲料补充料配方

单位：%

阶段	玉米	豆粕	棉粕	菜粕	麸皮	食盐	小苏打	预混料	粗饲料
过渡期（1～15d）	50	10	10	8	15	1	1	5	干草
前期（16～65d）	60.5	7	17	8	0	1	1.5	5	青贮＋干草
后期（66～120d）	65.5	7	15	5	0	1	1.5	5	自由采食

（七）架子牛管理

1. 全混合饲喂，一般每天喂 2 次，早晚各 1 次。

2. 饲喂半小时后饮水 1 次，限制运动。

3. 做好环境卫生工作，避免蚊蝇的干扰和传染病的发生。牛舍、牛槽和牛床保持清洁卫生，牛舍每月用 2%～3% 的火碱水溶液彻底喷洒 1 次，对育肥牛出栏后的空圈要彻底消毒，牛场大门口要设立消毒池，可用石灰或火碱水消毒。

4. 每天刷拭 1 次，可以促进体表血液循环和保持体表清洁，有利于新陈代谢，促进增重。

5. 冬季防寒、夏季防暑。当气温低于 0℃ 时，需采取保温措施；当高于 27℃ 时，应防暑降温。

6. 定期称重，根据牛的生长及采食情况及时调整日粮，增重太慢的牛需要尽快淘汰。

7. 每天观察牛只，发现异常及时处理。

8. 适时出栏，当膘情达一定水平、增重速度减慢时，及时出栏。

五、成年牛福利育肥技术

成年牛育肥一般指 30 月龄以上牛的育肥。这种牛骨架已经长成，只是膘情差，采用 3～5 个月的短期育肥，以增加膘度，使出栏体重达到 470kg 以上。成年牛育肥以沉积体脂肪为主，日粮应以高能量、低蛋白为宜。成年牛育肥生产不出高档牛肉。

（一）育肥原理

用于育肥的成年牛往往是役牛、奶牛和肉牛母牛群中的淘汰牛。这类牛一般年龄较大，产肉率低，肉质差。经过育肥，增加肌肉纤维间的脂肪沉积，肉的味道和嫩度得以改善，提高屠宰率和经济价值。

（二）育肥技术

1. 成年牛育肥前要进行全面检查，凡是病牛均应治愈后再育肥，无法治疗的病牛不应育肥；过老、采食困难的牛不要育肥。

2. 公牛应在育肥前半个月去势。

3. 育肥前要驱虫、健胃、称重、编号，以利于记录和管理。

4. 育肥期一般以 2～3 个月为宜。对膘情较差的牛，可先饲喂低营养日粮，使其适应育肥日粮。经过 1 个月的复膘后再提高日粮营养水平，按增膘程度调整日粮，避免发生消化道疾病。

5. 饲喂技术

第一阶段（5～10d）：主要调教牛上槽，学会吃混合饲料。可先用少量精饲料拌入粗饲料中饲喂，或先让牛饥饿 1～2d 后再投食，经 2～3d 调教，就可以上槽采食，每头牛每天喂精饲料 700～800g。

第二阶段（10～20d）：在恢复体况的基础上，逐渐增加精饲料量，每头牛每天喂精饲料 0.8～1.5kg，逐渐增加到 2.0～3.0kg，分 3 次饲喂。

第三阶段（20～90d）：混合精饲料的日喂量以体重的 1% 为宜。粗饲料以青贮玉米或氨化秸秆为主，任其自由采食，不限量。成年牛育肥期一般在 3 个月左右，平均日增重在 1kg 左右。

日粮精饲料参考配方：玉米 72%、饼粕类 16%、糠麸 8%、石粉 1%、食盐 1%、小苏打 1%、预混料 1%。

（三）管理

成年牛育肥在具体管理上，做好日常清洁卫生和防疫工作，每出栏一批牛，都要对牛舍进行彻底清扫消毒。保持环境安静，减少牛的活动。当气温低于 0℃时，要注意防寒。夏天 7～8 月天气炎热，不宜安排育肥。

六、高档牛肉生产技术

高档牛肉是指按照特定的饲养程序，在规定的时间完成育肥，并经过严格屠宰和顺序分割到特定部位的牛肉。高档肉牛是指用于生产高档牛肉的肉牛，是通过选择适合生产高档牛肉的品种、采用一定的饲养方法，生产出肉质、色泽和新鲜度好、脂肪含量适宜、大理石纹明显、嫩度好、食用价值高、可供分割生产高档牛肉的肉牛。高档牛肉占牛胴体的比例最高可达 12%，高档牛肉售价高。因此，提高高档牛肉的产出率可大大提高饲养肉牛的生产效率。一般每头育肥牛生产的高档牛肉不到其产肉量的5％，但产值却占整个生产值的47％。可见，饲养和生产高档优质牛，经济效益十分可观。

（一）高档牛肉生产标准

1. 活牛　健康无病的各类杂交牛或良种黄牛；年龄在30月龄以内，宰前活重550kg以上；满膘（看不到骨头突出点），尾根下平坦无沟、背平宽，手触摸肩部、胸垂部、背腰部、上腹部、臀部有较厚的脂肪层。

2. 胴体评估　胴体体表脂肪色泽洁白而有光泽，质地坚硬，胴体体表脂肪覆盖率在80％以上，第12、13肋骨处脂肪厚度10～20mm。

3. 肉质评估　大理石花纹丰富，表示牛肉嫩度的肌肉剪切力值（经专用嫩度计测定）3.62kg以下，出现次数应在65％以上；易咀嚼，不留残渣，不塞牙；完全解冻的肉块，用手触摸时，手指易插进肉块深部。牛肉质地松软多汁。每条牛柳重2.0kg以上，每条西冷重5.0kg以上，每条眼肉重6.0kg以上。

（二）高档肉牛生产要点

1. 适宜品种　适宜高档肉牛生产的品种，主要为引入的国外优良肉牛品种，如安格斯牛、利木赞牛、皮埃蒙特牛、夏洛莱牛、西门塔尔牛及其与我国五大优良黄牛品种秦川牛、晋南牛、鲁西牛、南阳牛、延边牛的高代杂种后代牛。我国的五大良种黄牛也可作为生产高档牛肉的牛源。

2. 性别选择　通常用于生产高档优质牛肉的牛一般要求是阉牛。因为阉牛的胴体等级高于公牛，而生长速度又比母牛快。去势时间应选择在3～4月龄以内进行较好。

3. 年龄选择　最佳开始育肥年龄为12～18月龄，终止育肥年龄为24～27月龄。超过30月龄以上的肉牛，一般生产不出最高档的牛肉。

4. 育肥期和出栏体重　为了提高牛肉的品质（如大理石花纹的形成、肌肉嫩度、多汁性、风味等），应该适当延长育肥期，增加出栏重。一般12月龄牛的育肥期为8～9个月，18月龄牛为6～8个月，24月龄牛为5～6个月。体重达到500～550kg。

5. 育肥　用于生产高档牛肉的优质肉牛必须经过100～150d的强度育肥。犊牛及架子牛阶段可以放牧饲养，也可以围栏或拴系饲养，最后必须经过100～150d的强度育肥，日粮以精饲料为主，且所用饲料品质优良，有利于胴体品质的提高。

6. 饲料　生产高档肉牛，要对饲料进行优化搭配，饲料应尽量多样化、全价化，按照育肥牛的营养标准配合日粮，正确使用各种饲料添加剂。

7. 管理　育肥初期的适应期应多给饲草，每天喂2～3次，做到定时定量饲喂。饲料、饮水要卫生、干净，无发霉变质。冬季饮水温度应不低于20℃。圈舍要勤打扫，每出栏一批牛，都应对圈舍进行彻底清扫和消毒。

（三）屠宰工艺

1. 宰前处理 屠宰前先进行检疫，宰前的牛要保持在安静的环境中，并停食24h、停水8h，称重，然后用清水冲淋洗净牛体，冬季要用20～25℃的温水冲淋。

2. 屠宰的工艺流程

电麻击昏 → 屠宰间倒吊 → 刺杀放血 → 剥皮（去头、蹄和尾）→ 去内脏 →

胴体劈半 → 冲洗、修整、称重 → 检验 → 胴体分级编号 → 测定相关屠宰指标

（四）嫩化

牛经屠宰后，除去皮、头、蹄和内脏剩下的部分叫胴体。胴体肌肉在一定温度下产生一系列变化，使肉质变得柔软、多汁，并产生特殊的肉香。这一过程称为肉的"排酸"嫩化，也叫肉的成熟。牛肉嫩度是高档与优质牛肉的重要质量指标。其方法是在专用嫩化间，温度0～4℃、相对湿度80%～95%条件下吊挂7～9d（称吊挂排酸）。这样牛肉经过充分的成熟过程，在肌肉内部一些酶的作用下发生一系列生化反应，使肉的酸度下降，嫩度极大提高。

（五）分割、包装

严格按照操作规程和程序，将胴体按不同档次和部位进行切块分割，精细修整。高档部位肉有牛柳（里脊）、西冷（外脊）和眼肉（牛体背部，后端与外脊相连，前端至第5～6胸椎间）3块，均采用快速真空包装，然后入库速冻，也可在0～4℃冷藏柜中保存销售。优质牛肉包括臀肉、大米龙、小米龙、膝圆、腰肉、腱子肉等；普通牛肉包括前躯肉、脖领肉、牛腩等。

第六节　肉牛福利运输

一、肉牛运输福利影响因素

1. 装载与运输 当运输工具中装载肉牛数量过多、大小强弱混装、道路状况不好、驾驶员技术差对肉牛影响较大。

2. 运输工具 铁路空间大，途中运送平稳，安全性好。铁路运输要比公路运输对肉牛不良影响程度低些。

3. 运输时间 运输时间越长，体重降低越多；运输时间越短，体重降低越少。

4. 温度 当温度在7～16℃时，肉牛较为舒适。当在炎热和寒冷的环境下运输，对肉牛不良刺激较大。

5. 管理 运输过程中，及时观察、饮水，肉牛照顾周到，及时处理异常情况。

二、肉牛运输福利技术

(一) 运前准备

1. 办理检疫 动物及动物产品检验检疫需同时符合《中华人民共和国动物防疫法》《动物检疫管理办法》，涉及出入境的运输还需要符合《中华人民共和国进出境动物检疫法》与入境国家及地区的相关法律法规。

出售或者运输的动物、动物产品经所在地县级动物卫生监督机构的官方兽医检疫合格，并取得动物检疫证明后，方可离开产地。其办理程序如下：

(1) 检疫申报。①常规申报，货主应于起运前 3d 向县级及以上的动物卫生监督机构设立的动物检疫申报点提交检疫申报单，提交方式可以采取检点填报、信函、传真等，或按照申报点要求进行。②向无规定动物疫病区输入申报，货主向无规定动物疫病区输入相关易感动物、易感动物产品，除按规定向输出动物卫生监督机构申报检疫外，还应当在运输前 3d 向输入地省（自治区、直辖市）级动物卫生监督机构进行检疫申报。

(2) 待检。在现场或到当地卫生监督机构所指定地点进行检疫，待检动物所在地应符合以下条件：①当地未发生相关动物疫情；②按照国家规定进行强制免疫，并在有效期内；③经临床检查健康；④农业农村部规定需要进行实验室疫病监测的，监测结果符合要求；⑤畜禽标识和养殖档案符合农业农村部规定。如果运输种用牛还应当符合农业农村部规定的健康标准。

(3) 隔离期间。货主输入无规定动物疫病区的相关易感动物，应当在运输地省（自治区、直辖市）级动物卫生监督机构规定的隔离场所进行隔离观察。大中型动物隔离期为 45d，小型动物隔离期为 30d。隔离期满经检疫合格后，由输入地省（自治区、直辖市）级动物卫生监督机构出具动物检疫证明，方可允许货主将经检疫的动物运送到相应地点。

2. 运输工具

(1) 运输工具的消毒是动物防疫中一项重要手段，是保障动物运输安全、控制动物疫病传播的有效措施。车辆在运输动物及其动物产品前和卸载后，均应做好消除污垢、清扫、洗刷和消毒工作。特别是运输结束后的清扫、洗刷和消毒工作应做到仔细。

(2) 对于运输过动物及动物产品的运输工具，应先查验有无运输工具消毒证明，如有该证明，进行清扫后即可装运；如无运输工具消毒证明，则应先喷洒消毒药液，经一定时间后，再进行清扫、洗刷，最后再用符合要求的消毒药液进行喷洒消毒后，取得运输工具消毒证明后方可装运动物及动物产品。

（3）厚垫草。在运输车厢的地板上最好铺垫上连片的草帘子，防止肉牛在运输中损伤蹄部或者因意外摔伤。

（4）高护栏。运输车的护栏要比所运输牛体高 30～50cm，护栏如有后开门要锁牢，四周的护栏结合要紧密结实，防止在运输途中松动散落造成牛只摔伤、摔死的事故。

（5）体重与面积结合。用汽车运输肉牛，要根据每头牛体重大小计算固定车厢面积和应运输肉牛个体的数量。在使用火车运输时，每头牛应占有的车厢面积，要根据运输距离的远近、牛体重的大小和牛身体健康状况而定。一般火车运输要比汽车运输所占面积稍大一些。

（二）装运

1. 装车

（1）动作轻缓。在装运过程中，动作要轻缓，禁止对肉牛使用任何粗暴动作或恐吓行为，防止因粗暴动作或恐吓行为导致应激反应加重，造成损失。

（2）合理装载。合理装载密度以牛挨牛不拥挤为原则。当装载密度过大时，在长途运输过程中牛需要休息，容易出现趴下后站不起来的现象，甚至造成踩踏死亡现象；装载密度过小，则易出现因刹车而摔倒的现象，容易造成骨折或内脏受损。在装载中要遵循以下原则：一是公母分开原则，成年牛在装载时必须实施公、母牛分开；二是大小分开原则，同车的牛应体重相近。

2. 在途

（1）车辆平稳。在运输途中，应注意尽量保持车辆平稳行进，稳启动、慢停车、减速转弯、不急刹车，沿途保持中速行驶。

（2）途中勤观察。在整个运输过程中应勤观察，不能让牛趴下。如果有弱牛、病牛出现无法站立时，可采用绳子兜立法使之强行站立，特别严重的可适量注射强心剂。

（3）饮水。夏季，每3h左右饮水1次；冬季，每8h左右饮水1次。

（4）运输途中的消毒。肉牛及其产品在运输过程中，要在交通运输检疫消毒站进行过境消毒。过境消毒一般设立临时性检疫消毒站，负责对过往运输肉牛及其产品的车辆进行检疫监督和消毒工作。对运输肉牛的车辆一般实行活体和车体连带消毒。常用含有 2% 活性氯的漂白粉或 0.4% 的甲醛溶液对整个车体进行全面的喷雾消毒。因夏季炎热，在喷雾消毒前先用水冲洗，然后再消毒。消毒主要包括车厢和轮胎。对车厢和轮胎的消毒，可采用消毒池中灌注消毒液的方法，使车辆经过消毒池的浸润以达到消毒目的。消毒池的长度应为车辆轮胎周长的 2 倍以上（即车轮在消毒池内滚动 2 圈以上）为宜。根据过往车辆的数量及时间，及时更换消毒液或加入一定量的消毒液，以保持消毒效果。

（三）卸车

1. 隔离 所运输的牛只要在指定的隔离区进行隔离观察 1 个月左右，经确认无传染病后方可混入健康群。

2. 管理 卸车后不能马上饲喂和饮水，要休息一段时间，最好在 2h 后给少量饮水和优质牧草或秸秆。

3. 治疗 对途中出现应激反应强烈和体弱的牛，要进行积极治疗和细心照顾直至康复。

第七章

肉牛健康福利

第一节　疾病与福利

病原引起的疾病是肉牛福利的最大威胁。减少疾病的发生是肉牛健康福利最重要的保障措施。

一、疾病与健康福利

肉牛进行疾病治疗的过程实质上是肉牛承受痛苦的过程，也可以说是其享有的福利不同程度受到剥夺的过程。如果不给或不及时、不充足地为肉牛提供食物和饮水，或食物、饮水不清洁，以及肉牛患病不予治疗或不对幼龄肉牛进行护理等行为都是忽略、降低福利的行为。肉牛厩舍狭窄、地面凸凹不平及垫料不合格、食物不足、室内外环境条件较差等均能导致疾病的发生（Schlichting et al.，1987）。

疾病会给肉牛造成痛苦，对福利产生影响。疾病通常有传染病、地方性流行病以及营养性疾病等。管理和卫生条件对于任何疾病的发生都会起到关键作用，如一些营养性疾病是由于差的气候环境、卫生条件和管理措施造成的。由于肉牛福利与疾病有密切关系，因此疾病监测也是评估福利的一个重要手段。疾病可以说明肉牛现在所处的福利状态，也可以说明肉牛在过去一段时间内的福利状态。对肉牛发病情况的详细记录可对福利的评估提供非常可靠的信息。采取预防和治疗措施是非常重要的，农场中常常采用的预防性措施有全进全出制度、空舍消毒、早期断奶等。母体内储存了大量的病原，仔畜的感染有相当部分是通过吃奶感染的，早期断奶并饲喂在适当设施中是有利于健康的。疾病治疗的关键在于早期准确诊断，以及综合考虑药物及管理、环境因素。群体的卫生状况也是指导治疗措施的重要因素。

疾病、伤害、运动困难以及生长异常都暗示肉牛福利差。假设 2 个牛舍系统都在各自试验条件控制很好的情况下进行比较，某个牛舍中牛的患病率高，则该系统中肉牛福利就差。患病的福利比没患病福利差，大多数时候通过疾病可以了解福利的情况，但却很少知道不同疾病对肉牛福利影响的程度。死亡和发病率是传统的福利测定方法，尽早发现患病肉牛并进行隔离治疗更有利于保护动物的福利。

疼痛是肉牛无法适应环境时的生理、心理和行为状态，与实际或潜在的组织损伤有关，常由疾病和损伤引起。在疼痛条件下，肉牛常表现为心跳加快，血压、体温升高，性情暴躁，采食和饮水减少，免疫力低下，内分泌代谢紊乱，行为异常。

不健康或有病是人类的主要痛苦源。对大多数人来说，所有功能的健全及无痛苦性疾病是最基本的康乐条件，这在某种程度上也适用于大多数动物。许多人认为，健康不良或病态本身就意味着痛苦，根本不需要再用其他方法来进一步证实这种痛苦的存在与否。例如，动物被关养在能致使其身体变形或损伤的环境中，显然是在受苦。

损伤是另一种最具潜在性的痛苦源。就人的感觉而言，并非所有的损伤都能导致痛苦，有时当人受到极大的创伤时，如战场受伤，却没有疼痛感；相反，有人在抱怨剧痛时，而医生却看不到任何组织损伤。所以，疼痛似由2个部分构成：一个是直接的、明显的机体损伤；另一个是伴随这一损伤的主观感受（痛感）。如何判断损伤能否引起痛感，广为接受的是来自生理及行为方面的证据。感受痛苦的生理机制在人与动物之间是相似的。最大的问题是，由于对不同物种的生理基础的理解还不够全面，因此就很难从生理上确切地判断机体何时处于痛苦状态。因此，用行为方面的证据来判定痛苦显得更为重要和可信。尽管对轻微疼痛的行为表现还存在许多的争议，但在剧痛现象上，可以肯定人与动物间没有多大的区别。

因此，当看到动物出现健康问题或带有痛苦表现的损伤时，可以断定动物处于痛苦的状态。同时，并不是所有的痛苦都伴随明显的生理现象，特别是精神痛苦。所以说，是否健康作为痛苦的判断标准有它局限的一面。如果动物忍受痛苦的时间相对较短，那么对动物的健康不会产生较大的影响。对动物的短时间囚禁或运输不会马上损害动物的健康，但这并不说明其精神上不痛苦。

二、疾病与福利评估

疾病是评价动物福利的重要指标，所有的疾病都会导致福利低下。所以，评定动物疾病的方法对其福利研究特别重要。疾病的重要性不仅取决于疾病的发生率或危险性，还取决于疾病的持续时间和患病动物体验的疼痛或不适的程度。当比较饲养系统生产实践时，传染病的发生率是相关的测量指标。当考虑福利与舍饲环境和管理实践的关联性时，与生产相关的疾病和福利的关系很大。这方面最主要的疾病是引起跛残的腿病或蹄病、泌尿器官感染、生殖系统失调、乳房炎和其他影响哺乳的疾病、心血管的紊乱及一些关节病。在每一种病例中，对疾病的严重性进行临床分析，再结合该病发生的频率和严重性可对生产系统进行评价（顾宪红，2005）。表 7-1 为动物躺卧地面舒适度与黏液囊炎发生率的关系，从表 7-1 可以看出，福利条件关乎动物健康，舒适的条件（厚稻草）发病率最低（42%）。若没有稻草，发病率会急剧上升，完全是木板条结构，发病率高达 82%。

表 7-1　动物躺卧地面舒适度与黏液囊炎发生率的关系

躺卧地面	黏液囊炎发生率（%）	躺卧地面	黏液囊炎发生率（%）
厚稻草＋硬地板	42	无稻草，硬地板	54
疏稻草＋硬地板	44	全部装木板条	82
部分装有木板条	52		

摘自 Mouttotou N，Hatchell F M，Green L E. Veterinary Record，1998，142：109-114。

疾病对动物福利很重要，因为很多情况下疾病都与动物的负面感受（如疼痛、不舒适、悲苦）相联系（Fregonesi and Leaver，2001）。就农场水平来看，牛群的患病率和某种健康问题的强度可能是福利评价的指标之一（Capdeville and Veissier，2001）。这可以通过临床诊断来进行，进一步的疾患情况可以通过与牧场主交谈获得。表 7-2 描述了母牛健康状况（疾病）与相关福利的关系。

表 7-2　母牛健康状况（疾病）与相关福利的关系

身体部分	症状	相关福利
外观	体况差	差的体况可以引起长期的身体不适，增加由于不平衡免疫竞争导致的疾病易感性，表明母牛的代谢功能混乱、适应能力较差
皮肤	寄生虫感染 皮肤感染 压力性溃疡	瘙痒性的皮肤疾病会引起长期的不舒适以及增加自身二次感染的风险（如乳头）；皮肤损伤和感染可引起急性及慢性的疼痛，提供了关于畜舍、管理和潜在疾病方面存在的问题信息
腿	跛腿 蹄护理	跛腿说明动物腿有疼痛并影响其行动自由和行为性能；生长过大或变形的蹄子表明由于蹄子的不正常引起疼痛和不舒适；腿的这种疾病变化可以引起慢性关节损伤
乳房	乳头病变 乳房炎	乳头病变会导致急性和慢性的疼痛，并且会因每天泌乳过程而加重，乳房炎的频繁发生导致动物疼痛和不舒适
系统疾病	一般情况 临床疾病	临床疾病典型的表现是疼痛和不舒服，对福利的影响根据疾病的强度和持续的时间而变化，并且福利的一般情况也受到影响
死亡率	淘汰动物的案例记录	死亡率的信息指出了牛群中存在的具体问题，提供解决严重健康问题的细节

摘自 Sejian. Asian Journal of Animal and Veterinary Advances，2011。

第二节　疾病防治

保证牛的健康是使养牛生产顺利进行和提高生产效益的一项重要措施。许多疾病的发生与饲养管理有着直接的因果关系。因此，一定要加强日常的饲养管理，并做好保健工作。牛场保健工作的原则是防重于治，治疗相对于个体来讲是必要的，但就群体而言，预防则是控制疾病的最好方法。治疗病牛应看作只是在一定程度上相对减少损失的工作。

一、繁殖计划

计划性繁殖策略可以提高产犊的容易度和犊牛生存能力。肉牛初生重的遗传力变化相当大，精确的值取决于品种。改进生长性能的遗传选择通常与较高的初生重相关。高初生重会与难产有关，难产会造成母牛产仔时的痛苦，然后可能造成永久性的损伤。当初生重大的小母牛繁殖和产仔时，没有较强的难产倾向。

一些干旱地区，牧民正在改变饲养牛的品种。他们转向饲养能依靠放牧生存的牛，能啃食嫩叶品种的牛（如 Sokoto Gudali）比依赖青草的牛（如 Bunaji）更能耐受干旱的环境。

一些品系通过自然选择已经对特定病原体有抗性或耐受性。例如，生长在孟加拉国西部沼泽地的 Garole 牛能够抵抗烂脚病引起了人们的关注。美利奴羊烂脚病的遗传力约为 0.20（Woolaston，1993），引入低患病率品种后再进行回交可提高抗性。

二、管理犊牛

犊牛的抗病力差。由于胎盘屏障，犊牛出生前不能从母体血液中获取免疫球蛋白。也就是说，犊牛初生时体内没有抗体，且缺乏脂溶性维生素（维生素 A、维生素 D、维生素 E），这些物质必须从初乳中获得。因此，应该尽早让犊牛吃到足量初乳，这是提高犊牛成活率的关键。

在犊牛出生后最初的几天里，肠道和呼吸系统疾病是影响犊牛福利的主要因素。由于各种原因，犊牛在出生后有可能吃不上初乳（Edwards，1982；Edwards et al.，1982；Broom，1983）。这样在饲养管理过程中就要注意尽可能地让犊牛吃上初乳，尽量防止病原菌感染。如果犊牛在出生后最初的 24h 或 48h 内能与母牛在一起，那么犊牛就可以吮吸到初乳，从而获得初乳中的免疫球蛋白。为了保证犊牛吃上初乳，在犊牛能站立后，饲养员可以将母牛的乳头放到犊牛的口中，促使和帮助其吮吸。如果几头犊牛一起饲养，那么就会出现犊牛错吃其他母牛的初乳或母牛拒绝自己的犊牛吃初乳的现象。如果给每个犊牛都单独设一个育犊栏，而且让母牛与犊牛之间相互熟悉并相互看见，就可以避免上述现象的发生。另外，犊牛舍的地面应该放置较松软的垫草或垫料。很早就将犊牛与母牛分开而单独饲养在狭小的圈舍内，就会剥夺犊牛正常生存应有的社会活动空间。

初生犊牛最适宜的外界环境是15℃。因此，应给予保温、通风、光照及良好的舍饲条件。

三、合理营养

在整个怀孕期，胎儿通过母体获得营养来满足自身发育所需的营养。这些营养由母体从体外的饲草、饲料中获得，所以必须喂给母牛优质的饲草、饲料。母牛妊娠2个月内，胚胎在子宫内呈游离状态，逐渐完成着床过程。胎儿靠子宫内膜分泌的子宫乳作为营养，过渡到靠胎盘吸收母体的营养。若饲养水平过低，饲料品质低劣，母牛处于饥饿状态，子宫乳分泌不足，就会影响胚胎的发育，造成胚胎早期死亡。进入胎儿阶段，营养随着胎儿的增大，需要量也增加。这时饲料供应不足，胎儿发育受阻，严重的会引起死亡。因此，要喂给妊娠母牛含蛋白质、维生素、矿物质丰富的饲料，保证怀孕母牛全面的营养需要，使胎儿获得足够的营养，确保其正常生长发育。发霉变质、酸度过大、冰冻或有毒有害饲料会造成怀孕母牛流产，千万不能饲喂。

加强饲养管理，增强牛体抗病能力。牛的发病与牛体自身的抗病能力有密切关系。凡是体质健壮的牛，对病原微生物的侵害都有一定的抵御能力。加强饲养管理，增进牛只健康是积极预防牛病的重要条件。

俗话说"病从口入"，因此要重视饲料和饮水的卫生。食槽和用具应定期刷洗，经常保持清洁卫生；腐败、发霉的饲草、饲料不得喂牛；饮水应清洁、新鲜、温度适宜，切勿让牛饮脏水、冰水、有污染的水等；饲草中容易夹杂一些铁钉、铁丝等金属异物，牛采食速度快，易误咽入瘤胃，造成不应有的损失，所以喂前要清除干净；喂牛要定时、定量、少给勤添，不要突然变更饲料种类；注意定期驱虫，经常刷拭牛体，繁殖牛群要合理运动；圈舍要防寒保暖，透光通风良好。

满足肉牛的营养需要。首先提供足够的粗饲料，满足瘤胃微生物的活动，然后根据不同类型或同一类型不同生理阶段牛的生产目的和经济效益配制日粮。日粮的配制应营养全面，种类多样化，适口性强，易消化，精、粗饲料合理搭配。犊牛要使其及早哺足初乳，并加强犊牛对外界环境的适应能力以确保健康；哺乳犊牛可及早补喂植物性饲料，促进瘤胃机能发育；生长牛日粮以粗饲料为主，并根据生产目的和粗饲料品质，合理配比精饲料；育肥牛则以高精饲料日粮为主进行育肥；对繁殖母牛妊娠后期进行补饲，以保证胎儿后期正常的生长发育。

第三节　肉牛常见传染病

一、口蹄疫

口蹄疫是由口蹄疫病毒引起的偶蹄兽的一种急性、热性、高度传染性的疾病。其临床特征是在口腔（舌、唇、颊、龈和腭）黏膜、鼻、蹄和乳房皮肤发生水疱及烂斑。人也可感染，但症状较轻。

本病传染性极强，发病率几乎达 100%，流行广泛，在世界各地均有发生，引起巨大的经济损失，被世界动物卫生组织列为 A 类家畜传染病之首。又因病毒具有多个血清型和易变异的特性，使防治更加困难。因此，世界各国都特别重视对本病的研究和防治。

1. 病原　口蹄疫病毒（FMDV）属于微核糖核酸（RNA）病毒科中的口蹄疫病毒属。病毒的血清型有 7 个主型（即 A 型、O 型、C 型、南非 I 型、南非 II 型、南非 III 型和亚洲 I 型）。每个血清型又分若干个亚型，目前已增加至 75 个以上。各主型或亚型容易发生变异。各主型间的抗原性不同，极少产生交互免疫保护，同型口蹄疫的亚型之间抗原性部分相同。即感染某一型病毒后，仍可感染其他型病毒或用某一型的疫苗免疫后，当其他型口蹄疫病毒侵袭时照样可发病。我国已发现的血清型有 O 型、A 型和亚洲 I 型。

口蹄疫病毒在病牛的水疱皮内及其淋巴液中含毒量最高。在发热期血液内的病毒含量最高，退热后在奶、尿、口涎、泪和粪便等都含有一定量的病毒。

病毒对外界环境抵抗力很强。在自然情况下，含毒组织和污染的饲料、饲草、皮革及土壤等可保持传染性达数周、数月，甚至数年之久。高温和阳光对病毒有杀灭作用。酸和碱对病毒的作用很强，所以是常用的消毒药，如 1%～2% 氢氧化钠溶液、30% 草木灰水、0.2%～0.5% 过氧乙酸溶液等均是 FMDV 的良好消毒剂，短时间内能杀死病毒。而食盐对病毒无杀灭作用，酚、酒精、氯仿等药物对 FMDV 也不起作用。

2. 流行病学　病牛是主要的传染源，康复期和潜伏期的病牛也可带毒排毒。对口蹄疫最易感的是黄牛，其次是牦牛、水牛。犊牛比成年牛易感，病死率也高。本病主要经呼吸道和消化道感染，也能经损伤的黏膜和皮肤感染。发病率高，但病死率低。其传播既有蔓延式又有跳跃式，口蹄疫可发生于任何季节，低温寒冷的冬季更为多见。本病的暴发有周期性的特点，每隔 1～2 年或 3～5 年流行 1 次。

3. 临床症状　潜伏期平均 2～4d，长的在 7d 左右，这取决于病毒的性质和机体的状况。患牛体温高达 40～41℃，精神沉郁、食欲下降、闭口、流涎，开口时有吸吮声。1～2d 后在唇内面、舌面和颊部黏膜发生蚕豆大至核桃大的白色水疱，水疱迅速增大，相互融合成片，水疱破裂后，液体流出，留下粗糙的、有出血的颗粒状的糜烂面，边缘不齐附有坏死上皮。此时口角流涎增多，呈白色泡沫状，常挂满嘴边，采食、反刍完全停止。在口腔发生水疱的同时或稍后，趾间及蹄冠的柔软皮肤上也发生水疱，并很快破溃，出现糜烂，然后逐渐愈合。若病牛衰弱或管理不当或治疗不及时，糜烂部可继发感染化脓、坏死，甚至蹄匣脱落，乳头皮肤也可能出现水疱，而且很快破裂形成烂斑。

本病一般为良性经过，只是口腔发病，约经一周即可痊愈。如果蹄部出现病变，则病期可延至 2～3 周或更久，死亡率一般不超过 3％。

有时水疱病变逐渐愈合、病牛趋向恢复健康时，病情突然恶化，全身虚弱、肌肉震颤，特别是心跳加快、节律不齐、因心脏麻痹而突然倒地死亡，这种病型称为恶性口蹄疫，病死率高达 20％～50％，主要是由于病毒侵害心脏所致。犊牛患病时，特征性水疱症状不明显，主要表现为出血性肠炎和心脏麻痹，死亡率很高。

4. 病理变化　本病具有重要诊断意义的是心肌切面有灰白色或淡黄色斑点呈条纹，俗称"虎斑心"，质地松软呈熟肉样变。在咽喉、气管、食道和前胃黏膜可发生圆形烂斑和溃疡，上有黑棕色痂块。真胃和大小肠黏膜可见出血性炎症。

5. 诊断　根据本病的流行特点、特征性临床症状可初步诊断。确诊应取病牛新鲜水疱皮 5～10g 装于含 50％甘油生理盐水灭菌瓶内，或取水疱液作病毒的分离、鉴定和血清型鉴定。方法有补体结合试验、病毒中和试验等。口蹄疫与牛瘟、牛恶性卡他热、传染性水疱性口炎等疫病易混淆，应当认真鉴别。

6. 防治

（1）预防。

①严格执行防疫消毒制度。牛场门口要有消毒间、消毒池，进出牛场必须消毒；严禁非本场的车辆入内；严禁将牛肉及病畜产品带入牛场食用；每月定期用 2％苛性钠或其他消毒剂对牛栏、运动场进行消毒，消毒要严、要彻底。

②坚持进行疫苗接种。定期对所有牛只进行系统的疫苗注射，使牛具有较好的保护力。目前，疫苗的种类很多，现以甘肃兰州产的口蹄疫灭活疫苗的免疫程序为例。

规模化奶牛场免疫程序（应注意根据当地流行情况加以调整）：

种公牛、后备牛：每年免疫 2 次，每隔 6 个月免疫 1 次。单价苗肌肉注射 3mL/头；双价苗肌肉注射 4mL/头。

生产母牛：分娩前 3 个月肌肉注射单价苗 3mL/头或双价苗 4mL/头。

犊牛：出生后 4～5 个月首免，肌肉注射单价苗 2mL/头或双价苗 2mL/头。首免后 6 个月二免（方法、剂量同首免），以后每间隔 6 个月接种 1 次，肌肉注射单价苗 3mL/头或双价苗 4mL/头。

（2）应急措施。疫情发生后要及时查明疫源并采用紧急扑灭措施，并在 24h 以内向上级行政主管部门报告疫情，由当地县级以上畜牧兽医行政管理部门划定疫点、疫区，报同级人民政府发布封锁令，并向上一级人民政府备案。

封锁的疫点、疫区必须实施以下防疫措施：在疫点的出入口和出入疫区的主要交通路口设置消毒点，对过往车辆、人员进行检查和消毒。封锁期内禁止牲畜和畜产品的出入。疫点每天进行 1 次全面消毒。口蹄疫病牛及其同群牛全部扑杀。扑杀的病牛做无害化处理，扑杀过程中污染的场地应全面彻底消毒。暂时停止牲畜及畜产品交易活动。

封锁的疫点、疫区最后一头病牛处理后，14d 内未出现病牛的，经彻底消毒、清扫，并由县级以上畜牧兽医主管部门检查合格后，报发布封锁令的人民政府解除封锁。

二、布鲁氏菌病

布鲁氏菌病是布鲁氏菌引起的一种人畜共患慢性传染病。主要特征是以生殖器和胎膜发炎，引起母牛流产、公牛睾丸炎而丧失生殖力。

1. 病原　布鲁氏菌革兰氏阴性细小球杆菌，无鞭毛、芽孢和荚膜。柯赫氏染色为红色，其余菌为蓝色和绿色。本菌为兼性厌氧性，人工培养生长缓慢，初次分离要 5～7d，有时时间更长些。该菌抵抗力较强，在暗冷处、内脏、乳汁、毛皮、胎儿体内能活 4 个月以上。对日光和热力较敏感。通常对来苏尔、0.1％升汞水、2％石炭酸溶液作用 1h 即可杀死。对氨基糖苷类药物敏感。

2. 流行病学

（1）传染源。发病和带菌牛是主要传染源，家畜以牛、羊、猪患此病最多，常造成大规模流产以及使种公牛丧失种用价值。可以通过胎儿、胎衣、羊水、乳汁、阴道分泌物和精液散布本病。污染用具、场地及饲料经消化道感染，其次是经过自然交配和皮肤、眼结膜、呼吸道感染。人与病牛接触或食用未经消毒的肉、乳可感染此病。

（2）流行特点。本病无明显季节性，性成熟阶段的牛易感。母牛比公牛敏感。一般在产犊季节常发。

3. 临床症状　本病的潜伏期因病原菌的毒力、感染量和感染时牛妊娠期的长短而异，一般在妊娠 7～8 个月。母牛主要表现为流产，流产后，阴道内流出污秽的灰色或棕红色黏液并伴有恶臭，有时胎衣停滞引起子宫炎（特别是怀孕晚期流产的)。公牛睾丸和附睾发炎、肿胀,有时发生关节炎、滑液囊炎和淋巴结肿胀。

4. 病理变化　流产胎衣绒毛膜胶样浸润,有絮状脓性渗出物,绒毛膜上有坏死灶,并伴有黄色坏死物。有充血、出血、肥厚和糜烂。绒毛体上面覆盖黄绿色渗出物。胎儿皮下浆液性出血性浸润。胃内含白色絮状物,胃肠及膀胱点状或线状出血。

5. 诊断　本病大多为隐性感染,易与牛生殖道弯曲菌病和牛地方性流产混淆,故确诊本病必须进行实验室诊断。

(1)病原。分离鉴定。

(2)血清学诊断。试管凝集试验和平板凝集试验。

6. 防治　本病主要以预防为主,严格检疫,一年要检疫 1 次,检出阳性病牛和可疑病牛立即隔离及淘汰;从外引进牛只要隔离检疫观察 2 个月,期间进行 2 次血清学检疫,确为阴性者方可混入健康畜群。培养健康犊牛,净化牛群。常发疫区每年应用布鲁氏菌猪型 2 号弱毒活菌苗或布鲁氏菌羊型 5 号弱毒活菌苗进行定期注射或气雾免疫法预防。在发病时,及时隔离病牛,淘汰屠宰。严格消毒,流产的胎儿、胎衣等要深埋。常用消毒剂有 2%～3% 来苏尔溶液、2%～3% 石炭酸肥皂液、10% 石灰乳,粪、尿用生物热消毒法消毒。

三、结核病

结核病是由结核杆菌引起的人畜共患慢性传染病。其病理特征是在多种组织器官形成结核结节、干酪样坏死和钙化病变。

1. 病原　结核分枝杆菌主要有牛型、人型和禽型 3 种。对磺胺、青霉素及其他广谱抗生素均不敏感,但对链霉素、异烟肼、对氨基水杨酸和环丝氨酸等敏感。

2. 流行病学　牛型结核杆菌主要侵害牛,其次是猪、鹿和人,再次是马、犬、猫、绵羊和山羊。病牛尤其是开放性结核病牛为主要传染源。本病原随鼻汁、唾液、痰液、乳汁和生殖器官分泌物排出体外,能污染饲料、饮水、空气等周围环境。通过呼吸道和消化道而感染,犊牛以消化道感染为主。本病多为散发或地方性流行。外周及小环境不良,如牛舍阴暗潮湿、光线不足、通风不良、牛群拥挤、病牛与健康牛同栏饲养以及饲料配比不当、饲料中缺乏维生素和矿物质等,均可促进本病的发生。

3. 临床症状　本病潜伏期长短不一,一般为 10～45d,长的达数月。通常呈慢性经过。临床上有 4 种类型。

(1)肺结核。病牛病初有短促干咳,随着病程的进展变为湿咳,咳嗽加重、频繁,并有淡黄色黏液或脓性鼻液流出。呼吸次数增加,甚至呼吸困难。

病牛食欲下降，日渐消瘦，贫血，产奶减少，体表淋巴结肿大，体温一般正常或稍升高。最后因心力衰竭而死亡。

（2）淋巴结核。多发生于病牛的体表，可见局部硬肿变形，有时有破溃，形成不易愈合的溃疡。常见于肩前、股前、腹股沟、颌下、咽以及颈淋巴结等。

（3）乳房结核。病牛乳房淋巴结肿大，常在后方乳腺区发生结核。乳房表面呈现大小不等、凹凸不平的硬结，乳房硬肿，乳量减少，乳汁稀薄，混有脓块，严重者泌乳停止。

（4）肠结核。多见于犊牛，表现为消化不良、食欲不振、下痢与便秘交替。继而发展为顽固性下痢，迅速消瘦。当波及肝、肠系膜淋巴结等腹腔器官组织时，直肠检查可以辨认。

4. 病理变化　病理特点是在器官组织发生增生性或渗出性炎或两者混合存在。解剖初期感染的病牛，可经常发现在肺、肠及其附属淋巴结上有米粒到豌豆大的、呈局限性白色带有黄灰色的干酪化病灶，这些干酪化病灶呈圆形或椭圆形，也有不规则形状的，陈旧性病灶呈白色化或钙化状态，刀切时有沙砾感。

另外，活动性或开放性的病例，在许多脏器上形成斑点状透明的病变，即所谓的粟粒结核，还可见到尚没有形成包膜又未干酪化的化脓灶。有的坏死组织溶解和软化，排出后形成空洞。胸腔或腹腔浆膜可发生密集的结核结节，一般为粟粒至豌豆大的半透明或不透明的灰白色坚硬结节，即所谓的"珍珠病"（图7-1）。

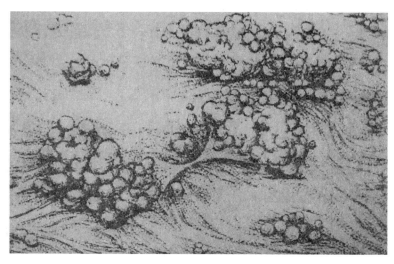

图7-1　牛结核病：胸膜上的"珍珠样"结节
（蔡宝祥，《家畜传染病学》，1999）

5. 诊断 结核病在临床上常取慢性经过，当饲养管理正常，病牛逐渐消瘦、易疲劳、顽固性下痢、肺部异常、咳嗽、体表淋巴结慢性肿胀、产奶量逐渐降低等，可怀疑为本病。但仅仅根据临床症状很难确诊。

奶牛场现行诊断结核病的方法为结核菌素变态反应试验。临床上用牛型结核菌素诊断牛结核。应采用结核菌素皮内注射法和点眼法进行检疫，两种方法中任何一种阳性反应者，都可判定为结核菌素阳性牛。

6. 防治 本病应采取加强检疫、防止疫病传入、净化污染群、培育健康畜群等综合性防治措施。

（1）检疫及分群隔离饲养。检疫是发现和净化畜群结核的重要手段。在本病的清净地区，每年春秋各进行 1 次检疫。引入牛时需经产地检疫，并隔离观察 1 个月以上，再进行 1 次检疫，确认健康方可混群饲养。

在疫区对健康牛群每年定期检疫 2 次，对经过定期检疫污染率在 3 以下的假定健康牛群，用结核菌素皮内注射法每年检疫 4 次；对未进行检疫的牛群及阳性反应检出率在 3 以上的牛群，应用结核菌素皮内注射结合点眼法每年进行 4 次以上的检疫。通过以上检疫，阳性反应牛应立即隔离饲养，开放性结核病牛应以扑杀，疑似反应牛隔离复检。对于污染的牛群，经过如此反复多次检疫，不断清除阳性反应牛，可逐步达到净化的目的。

（2）培育健康犊牛。病牛所产犊牛，出生后吃 5d 初乳，而后隔离饲养，喂以消毒乳或健康牛乳，分别于生后 20～30d、100～120d、6 月龄进行 3 次检疫。根据检疫结果分群隔离饲养，呈阳性反应的予以淘汰。

（3）消毒。每年进行 2～4 次定期消毒，饲养用具每月定期消毒 1 次，检出病牛后进行临时消毒，粪便发酵处理，尸体深埋或焚烧。本病一般不进行治疗，检出后淘汰。

第四节　肉牛常见呼吸道疾病

一、感冒

感冒是由于气候的骤变，牛受寒冷的影响，机体的防御机能降低，引起以上呼吸道感染为主的，以鼻流清涕、羞明流泪、咳嗽、呼吸增数、皮温不均为特征的一种急性热性病。一年四季均可发生。尤以春、秋气候多变时多见，不同年龄的牛均可发生。

1. 病因 本病主要是由于受寒冷的突然袭击所致，如舍饲的牛突然在寒冷的气候条件下露宿；圈舍条件差，受贼风吹袭；使役出汗后被雨淋风吹等。寒冷因素作用于全身时，牛体防御机能降低，上呼吸道黏膜的血管收缩，分泌减少，气管黏膜上皮纤毛运动减弱，致使呼吸道常在细菌大量繁殖。由于细菌产物的刺激，引起上呼吸道黏膜的炎症，因而出现咳嗽、流鼻涕，甚至体温升高等现象。

2. 发病机理 由于呼吸道常在细菌和病毒的大量繁殖，产生毒素，刺激黏膜充血、肿胀、渗出，而引起呼吸道黏膜发炎，黏膜敏感，出现呼吸不畅、咳嗽、喷鼻、流鼻液等现象。

细菌毒素及炎性产物被机体吸收后，作用于体温中枢，使体温上升，初皮温不均，不久皮温升高。由于温热的作用，眼结膜充血、呼吸心跳加快、尿量减少、胃肠蠕动减弱。出现因体温上升而引起的如结膜潮红，呼吸、脉搏增快、肠音低沉稀少、粪便干燥、尿量减少、食欲不振、精神沉郁等一系列症状。

3. 临床症状 病牛食欲减退，体温升高，结膜充血，甚至羞明流泪，眼睑轻度浮肿，精神沉郁，畏寒，耳尖、鼻端发凉，皮温不整。鼻黏膜充血，鼻塞不通。初流水样鼻液，随后转为黏液或黏液脓性，咳嗽、呼吸加快。并发支气管炎时，则出现干、湿性啰音；心跳加快，口黏膜干燥，舌苔薄白；牛鼻镜干燥，并出现反刍减弱，瘤胃蠕动减弱，如不及时治疗，易继发支气管炎，特别是犊牛。

4. 诊断 根据鼻流清涕、羞明流泪、咳嗽、呼吸增数、皮温不均等特征可确诊。但应与流行性感冒相区别。流行性感冒为流行性感冒病毒引起，传播迅速。有明显的流行性，往往大批发生，依此可与感冒鉴别。

5. 防治

（1）预防。除加强饲养管理，增强机体耐寒性锻炼外，主要应防止牛突然受寒。如防止贼风吹袭，使役出汗时不要把牛拴在阴凉潮湿的地方，冬季气候突然变化时注意采取防寒措施等。

（2）治疗。本病治疗应以解热镇痛、抗菌消炎为主，可肌肉注射复方氨基比林 20～40mL 或 30％安乃近 20～40mL，1～2 次/d。或畜毒清 10～20mL，肌肉注射。若为风热感冒，可用银翘解毒丸或羚翘解毒丸 15 个（犊牛减半），捣碎用水冲服，2 次/d。为预防继发感染，在使用解热镇痛剂后，体温仍不下降或症状没有减轻时，可适当使用磺胺类药物或抗生素。

二、肺炎

肺炎是一种卡他性肺炎，有时为卡他性纤维素性肺炎，单纯纤维素性肺炎不常见。肺炎是犊牛常见病之一，多见于春、秋气候多变季节。

1. 病因 犊牛受寒感冒，或机械、化学因素的刺激，如犊牛舍寒冷和潮湿、日光照射不足、通风不良、经常蓄积有害的气体（如氨等）、密集管理、犊牛舍过热、运动不足以及受贼风侵袭、雨雪浇淋；母牛营养不良，奶的质量差，缺乏维生素 A、维生素 D 及矿物质等易使犊牛发生肺炎；当犊牛抵抗力降低，肺炎球菌及各种病原微生物乘虚而入迅速繁殖，细菌毒力增强而使犊牛发生肺炎。

此外，本病继发于某些微生物的感染，如副伤寒杆菌、副流感病毒、腺病毒、大肠杆菌、双球菌等的感染。

2. 发病机理 在致病因素的作用下，机体抵抗力下降，病原微生物经支气管、血液循环或淋巴循环，到达肺组织，迅速繁殖引起炎症反应。细菌毒素和炎症组织的分解产物被吸收后，又引起动物机体的全身性反应，如高热、血液循环障碍等。

3. 临床症状 犊牛肺炎有急性型和慢性型两种。急性型多见于 1～3 月龄的犊牛。精神萎靡，食欲减退或废绝。结膜充血，以后发绀。体温升高达 40℃，心跳次数增加，重症时心音微弱，心律不齐。呼吸困难，多呈腹式呼吸，甚至头颈伸张、咳嗽。开始干而痛，后变为湿性。犊牛于每次咳嗽之后，常伴有吞咽动作，时而发生喷鼻声。同时出现鼻液，初为浆液性，后为黏稠脓性。

胸部叩诊呈现浊音。听诊时干性或湿性啰音，在病灶部肺泡呼吸音减弱或消失，可能出现捻发音。

慢性型多发生于 3～6 月龄的犊牛。病初为间断性的咳嗽。呼吸加速而困难，听诊有湿性或干性啰音，间或有支气管呼吸音。体温略有升高，病程较慢，发育迟滞，日渐消瘦。

本病常因肺炎及肺气肿、心力衰竭和败血症而死。不死者，转为慢性咳嗽，被毛粗乱消瘦、下痢、贫血、生长缓慢。

X 射线检查，一般在肺的心叶有许多散在灶状阴影。

4. 诊断 本病可根据病史如环境条件，临床症状如咳嗽、肺部变化和 X 射线检查心叶的灶状阴影等而确诊。病原诊断须排除特异性微生物感染，如犊牛病毒性肺炎、出血性败血症、犊牛网尾线虫等。

5. 防治

（1）预防。加强妊娠母牛的饲养管理，给予富有营养的饲料，特别是蛋白质、维生素、微量元素和矿物盐，并进行适当的室外运动，获得体质健壮的犊牛。犊牛出生后要及时喂给充足的初乳；犊牛舍应保持清洁干燥，通风良好，定期消毒。不可密集，严防感冒，发现犊牛有病及时治疗。

（2）治疗。治疗原则主要是加强护理、抑菌消炎、祛痰止咳以及对症治疗。

①加强护理。厩舍内要保持清洁，通风良好。天暖时要使犊牛随母牛在附近牧地放牧或进行适当运动，并给予哺乳母牛和犊牛以营养丰富的饲料。

②抑菌消炎。主要采用抗生素或磺胺类药物，也可加用磺胺增效剂。为了

促使炎症消散，可用青霉素或链霉素，溶于 5mL 注射用水内，向气管内缓缓注入，每天 1 次，连用 5～9 次为一疗程。或用青霉素 1.3 万～1.4 万 IU/kg、链霉素 3 万～3.5 万 IU/kg，加适量注射用水肌肉注射，每天 2～3 次，连用 5～7d；病重者，可用磺胺二甲基嘧啶 70mg/kg、维生素 C 10mg/kg、B 族维生素 30～50mg、5％葡萄糖生理盐水 50～1 500mL 和安钠咖 3～5mL，一次静脉注射。

③祛痰止咳。咳嗽频繁而重剧的，可用止咳祛痰药，如氯化铵、复方樟脑酊、复方甘草合剂或远志酊等内服。

④对症治疗。为了防止渗出，可早期用钙制剂，心脏衰弱的可用强心剂。

第五节　肉牛常见消化道疾病

一、前胃弛缓

前胃弛缓是指由各种原因引起前胃神经兴奋降低，肌肉收缩减弱或缺乏，瘤胃内容物运转缓慢，微生物区系失调，产生大量发酵和腐败的物质，引起消化障碍，食欲、反刍减退，乃至全身机能紊乱的一种疾病。

1. 病因　发生前胃弛缓的原因很复杂，可概括如下：

（1）机体衰弱。其特征是除了前胃活动机能紊乱外，更表现有原发病的征候。但也有某些是属于特殊性的，例如：

①矿物质和维生素代谢紊乱。多发生于冬春，表现肌肉紧张度减弱、食欲减少，反刍弱而慢，喜卧。

②饲料中毒。突然发生，除前胃活动弛缓外，食欲废绝、反刍停止，泌乳下降，有时体温稍微升高。

③由其他器官疾病引起。其主要特征是不受季节限制。常继发于损伤性胃炎、怀孕后期羊水增多、前胃粘连、亚急性或慢性腹膜炎及心、肝、肺等慢性病。

（2）饲养不合理。这是该病发生最主要的原因，包括下列两种情况：

①贪食、牙齿不健全以及舌有慢性病（如放线菌病），以致反刍时间不足而引起。

②饲料品质不良。一方面，饲料本身对前胃黏膜的感受器不能引起足够的兴奋，如各种糠麸、粉料、谷皮、煮熟的马铃薯以及再生草（第二次收割的干草）等；另一方面，饲料能引起内部刺激感受器的过度兴奋，如冰冻的多汁饲料（南瓜、甜菜、芜菁）和啤酒糟等。

（3）应激反应。由于意外的声音或饲具的移动，甚至在舍内出现新人、牵进其他种类的动物，均可抑制消化液的分泌和前胃肌肉的收缩。

（4）治疗用药不当。长期大量应用磺胺类和抗生素制剂，瘤胃内菌群共生关系受到破坏，因而发生消化不良，呈现前胃弛缓。

2. 临床症状

（1）急性型表现。食欲减少或饮欲增加，反刍缓慢而次数少，瘤胃蠕动微弱。若不及时治疗，可转为慢性型。病畜常伴有便秘，排泄物色黑而硬；泌乳量显著减少或完全停止。体温及脉搏常无变化。病畜站立时，四肢紧靠身体，低头伸颈，背拱起，常磨牙。后由于营养不足，病畜喜卧地。末期起立困难，脉搏弱而快，体温稍升高。胀气显著时，则呼吸困难。长期不愈者，消瘦贫血，最终死于衰竭。

（2）慢性型表现。食欲逐渐减少或反常，但不完全丧失。大多数病牛饮水减少，但也有口渴加强者。反刍停止，腹部呈间歇性臌气，触诊前胃部时，感到坚硬，有时还会引起腹痛。

3. 诊断　根据病史和症状，原发性瘤胃弛缓不难诊断，但对其他原因引起的继发性瘤胃弛缓（如病因中所述）要进行病因分析；另外，在患败血症和毒血症时，如细菌感染、寄生虫病及继发于子宫炎和乳腺炎的脓毒败血症等，可用病原学方法诊断。

4. 治疗　加强护理，除去病因，增强瘤胃机能。

（1）护理。病初宜禁食1～2d，每天按摩瘤胃数次，每次5～10min。以后喂给优质干草和易消化的饲料，要少给勤添，多饮清水，适当运动。

（2）可先用清水。反复洗胃，将瘤胃内大部分内容物洗出之后，灌服缓泻、制酵剂，如用硫酸镁500g、松节油30～40mL、酒精80～100mL、温水4 000～5 000mL，一次内服。再用兴奋瘤胃蠕动药，如苦味酊60mL、稀盐酸30mL、番木鳖酊15～25mL、酒精100mL、常水500mL，一次内服；或新斯的明20～60mL，皮下注射，最好用其最低量，每隔2～3h注射1次（妊娠母牛应用时要慎重）。

二、瘤胃积食

瘤胃积食即急性瘤胃扩张，也称瘤胃阻塞、瘤胃食滞症，中医称宿草不转，是因前胃收缩力减弱、采集大量难以消化的饲草或容易膨胀的饲料蓄积于瘤胃所致。临床表现为急性瘤胃扩张、瘤胃容积扩大，内容物停滞和阻塞，瘤胃运动和消化机能障碍，形成脱水和毒血症。

1. 病因　本病发生主要是因为过食，造成过食的因素是饲养管理粗放。大量饲喂品质低劣或难以消化的粗饲料、饲料突然变更、动物饥饿后饲喂而暴食、偏喂多量精饲料、饮水不足、劳役过度或缺乏运动均可促使本病的发生。

2. 临床症状　瘤胃积食的特征一般都是瘤胃充满而坚实，但症状表现的程度，根据病因与胃内容物分解毒物被吸收的轻重而不同。发病初期，病畜食欲、反刍、嗳气减少或停止，鼻镜干燥，表现为拱腰、回头顾腹、后肢踢腹、摇尾、卧立不安。病畜大部卧于右边，做动作时发出呻吟声。左腹肋膨胀，触诊时或软或硬，有时如面团，用指一压，即呈一凹陷，因有痛感，故病畜常躲闪；听诊瘤胃蠕动音初减弱；叩诊呈浊音。如时间拖长，可转为中毒性瘤胃炎和肠炎，如不及时治疗，多因脱水、中毒、衰竭或窒息而死亡。

3. 诊断 根据采食过量饲料的病史和瘤胃内充满内容物，触压坚实的症状，一般即可确诊，但应考虑有无并发前胃弛缓。

4. 治疗 治疗原则是排除瘤胃内容物，抑制发酵和恢复瘤胃运动机能。如继发瘤胃臌气，应先穿刺放气，以缓解病情，然后再治疗本病。

（1）按摩疗法。病初应绝食1~2d，同时按摩瘤胃部每次5~10min，每隔30~120min按摩1次，结合灌服大量的温水，以刺激其收缩，排出内容物。

（2）腹泻疗法。硫酸镁或硫酸钠500~800g，加水1 000mL，液体石蜡油或植物油1 000~1 500mL，给牛灌服，加速排出瘤胃内容物。

（3）促蠕动疗法。可用兴奋瘤胃蠕动的药物，牛可用10%高渗氯化钠300~500mL，静脉注射；同时用新斯的明20~60mL，肌肉注射。

（4）防腐止酵。鱼石脂15~30g、75%酒精50~100mL、茴香醑10mL、橙皮酊10mL，用水加至1 500~2 500mL，一次灌服。

（5）洗胃疗法。用胃管经牛口腔导入瘤胃内，然后来回抽动，以刺激瘤胃收缩，使瘤胃内液状物经导管流出。若瘤胃内容物不能自动流出，可在导管另一端连接漏斗，向瘤胃内注温水3 000~4 000mL，漏斗内液体全部流入导管内时，取下漏斗并放低牛头和导管，用虹吸法将瘤胃内容物引出体外。如此反复，即可将精饲料洗出。

（6）病畜。饮食欲废绝，脱水明显时应静脉补液，同时补碱。牛可用25%葡萄糖溶液500~1 000mL、复方氯化钠溶液或5%糖盐水3 000~4 000mL、5%碳酸氢钠溶液500~1 000mL等，一次静脉注射。

（7）切开瘤胃疗法。重症而顽固的积食，应用药物不见效果时，可行瘤胃切开术，取出瘤胃内容物。

三、瘤胃臌气

瘤胃臌气是草料在瘤胃发酵，产生大量气体，致使瘤胃体积迅速增大，过度膨胀并出现嗳气障碍为特征的瘤胃消化机能紊乱性疾病。本病可分为原发性瘤胃臌气（泡沫性臌气）和继发性瘤胃臌气（非泡沫性或自由气体性臌气）两种。泡沫性臌气通常是原发性臌气，而非泡沫性臌气常是继发性臌气。

1. 病因 其原因包括产气过多和排气障碍两大环节。产气过多与饲料的关系极为密切；排气障碍主要是嗳气反射机能紊乱。

（1）原发性瘤胃臌气。

①食入大量容易发酵的饲料。最危险的是红车轴草、白车轴草、苜蓿、豌豆等豆科植物、谷类作物以及油菜、甘蓝等，尤其是在开花之前。初春放牧于青草茂盛的牧场，或多食半干青草、粉碎过细的精饲料、发霉腐败的马铃薯、红萝卜及甘薯类都容易发病。

②吃了雨后水草或露水未干的青草，尤其是在夏季雨后清晨放牧时，易患此病。

（2）继发性瘤胃臌气。

①食道梗阻或食道受到肿胀物压迫发生嗳气受阻，如膈疝、破伤风。

②前胃蠕动障碍，如前胃弛缓、酸中毒、皱胃、肠道变位；全身性炎症或乳房炎、子宫炎及中毒或其他疾病。

2. 临床症状　不管是哪种性质的臌气，左侧肷窝膨胀、不安、呼吸困难是最突出的症状，急性和最急性的常突然死亡。

（1）原发性臌气。通常在采食中或采食后 2～3h 突然发病，初期表现不适、频频起卧、蹴踢腹部，甚至打滚、呼吸显著困难，伴有张口呼吸、伸舌、流涎、头颈伸直，偶尔发生喷射状逆呕及肛门挤出稀粪。初期瘤胃蠕动增加，但蠕动音不高，尚有嗳气和反刍。瘤胃臌胀后，蠕动音减弱到完全消失，嗳气反刍也消失，叩诊产生特征性的鼓音。原发性臌气病程较短，一般在出现症状后 3～4h 死亡，死前虚脱，几乎无任何挣扎。

（2）继发性臌气。通常在瘤胃内容物上方有大量游离性气体，通过胃管或插入套管针，能排出大量气体。随后臌胀部下陷，如因食道梗阻或食道受压迫，通过胃管时受阻。

3. 诊断　根据症状首先要确定是急性还是慢性，是原发性还是继发性。原发性臌气凭病史和症状就能作出诊断；而继发的病因复杂、症状各异，必须经系统检查，才能确诊。如食道探查可了解有无阻碍、梗塞；膈疝、呼吸困难、心脏移位及收缩杂音。

4. 治疗　治疗原则是排气减压、缓泻制酵、恢复瘤胃机能。

（1）排气减压。对一般轻症病例，牛可给制酵剂，如鱼石脂 10～20g 或松节油 30mL，一次内服；或烟叶末 100g、菜油（或石蜡油）250～500mL、松节油 40～50mL、常水 50mL，一次内服，多在 30min 左右见效。

①重症病例要立即插入胃管排气，或用套管针在左肷窝部进行瘤胃穿刺放气。放气时应缓慢进行，以免放气速度过快发生脑贫血而昏迷。放气后，可由套管内注入制酵剂来苏尔 15～20mL 或福尔马林 10～15mL 加水适量灌服，以制止继续发酵产气。

②对于泡沫状瘤胃臌胀，可用植物油或液状石蜡 250～500mL，一次内服；或二甲基硅油 10～15g，加温水适量，一次内服。

③其他解除气胀的简易办法如徒手打开口腔牵拉牛舌，口中衔入木棒或在棒上、鼻端涂些鱼石脂，促进其咀嚼和舌的运动，增加唾液分泌，以提高嗳气反射，促进排气。

（2）缓泻制酵。可用硫酸镁 500～800g 或人工盐 40～500g、福尔马林 20～30mL，加水 5 000～6 000mL，一次内服。

（3）恢复瘤胃机能。可酌情选用兴奋瘤胃蠕动的药物，具体措施参见前胃弛缓治疗。

四、瘤胃酸中毒

瘤胃酸中毒是瘤胃积食的一种特殊类型，又称急性碳水化合物过食、谷物过食、乳酸酸中毒、消化性酸中毒、酸性消化不良以及过食豆谷综合征等。

1. 病因　主要是由于过量饲喂大麦、玉米等富含碳水化合物的精饲料以及各种块根饲料，其次是饲料突然改变。

2. 临床症状

（1）最急性型（重型）。采食或偷食大量的谷类等精饲料后，经过 12h 出现中毒症状，病势发展较为迅速。临床表现为腹痛，如站立不安、后腿蹴腹等。有的精神沉郁呈昏睡状态，食欲废绝，眼结膜潮红（充血），视力极度减退，瘤胃蠕动停止，腹围膨胀、高度紧张。

（2）急性型。在采食大量精饲料后 12～24h 发生中毒。表现饮、食欲大减，甚至废绝，精神沉郁，呻吟，磨牙，肌肉震颤。

（3）亚急性型-慢性型（轻型）。由于症状轻微，多数病牛不易早期发现。病牛一时性食欲减退，但饮欲有所增强，瘤胃蠕动减弱，泌乳性能降低。

3. 诊断　通过病史、临床症状、血液生化学分析以及瘤胃内容物检验等，综合分析可建立病性诊断。

4. 治疗　治疗原则是解除脱水和酸中毒、中和瘤胃乳酸。

（1）用 5％葡萄糖（或复方氯化钠）2 000～3 000mL、5％碳酸氢钠 500～600mL、20％安钠咖 20～30mL 静脉注射。连续使用，直到脱水和酸中毒解除。

（2）中和瘤胃内乳酸。可投服碳酸氢钠粉 200～300g 或用石灰水（生石灰 1 000mg 加水 5 000mL，搅拌，用上清液）洗胃，直至瘤胃液呈中性。

（3）对症治疗。防止继发性感染，用庆大霉素 100 万 IU 或四环素 200 万～300 万 IU，一次静脉注射，每天 2 次。当牛不安、甩头时，用山梨醇或甘露醇 250～300mL，一次静脉注射，每天 2 次，以降低颅内压，解除休克。当全身症状缓解但仍站不起时，可注水杨酸或低浓度（2％～3％）钙制剂。

第六节　肉牛常见产科疾病

一、子宫内膜炎

子宫内膜炎是子宫黏膜的黏液性或化脓性炎症，在子宫内蓄积大量脓汁即子宫蓄脓症。子宫内膜炎为产后或流产后最常见的一种生殖器官疾病。

1. 病因

（1）微生物感染。主要是由自然环境中常在的非特异性细菌引起的，其中有大肠杆菌、链球菌、葡萄球菌、棒状杆菌、变形杆菌和嗜血杆菌等。此外，某些特异性病原微生物如结核杆菌、布鲁氏菌、沙门氏菌、牛胎儿弧菌、牛鼻气管炎病毒、牛腹泻病毒等可引起本病。

（2）助产不当。产道受损伤；产后子宫弛缓，恶露蓄积；胎衣不下，子宫脱、阴道和子宫颈炎症等处理不当，治疗不及时、消毒不严而使子宫受细菌感染，引起内膜炎。

（3）配种时不严格执行操作规程。不坚持消毒，如输精器、牛外阴部、人的手臂消毒不严，输精时器械的损伤、输精次数频繁等。

（4）继发性感染，如布鲁氏菌病、结核病等。

2. 临床症状

（1）化脓性子宫内膜炎。病牛临床表现为排出少量白色混浊的黏液或黏稠脓样分泌物，排出物可污染尾根和后躯，表现出体温略升高、食欲减退、精神沉郁、逐渐消瘦等全身轻微症状，阴道检查外子宫颈口呈肿胀和充血状态，直肠检查子宫壁呈增厚状态。本病往往并发卵巢囊肿。

①急性化脓性子宫内膜炎。此病是病牛从阴道排出脓样不洁分泌物，所以是很容易被发现的一种疾病。一般在分娩后胎衣不下难产、死产时，由于子宫收缩无力，不能排出恶露，子宫恢复很慢，造成细菌大量繁殖，脓样分泌物在子宫内积留而成为子宫蓄脓症。病牛表现为拱腰努责、体温升高、精神沉郁，食欲、奶量明显降低，反刍减弱或停止。

②慢性子宫内膜炎。可常见到从病牛阴门中排出脓性分泌物，尤其是在卧下时排出特别多，排出的脓性分泌物常常粘在尾根部和后躯，形成干痂。病牛有时伴有贫血和消瘦症状，且精神沉郁。

（2）隐性子宫内膜炎。病牛临床上不表现任何异常，发情期正常，但屡配不孕，发情时分泌的黏液稍有混浊或混有很小的脓片。由于子宫轻度感染，因此往往成为受精卵和胚胎发生死亡的原因。

3. 诊断　母牛性周期不正常，屡配不孕；从阴门流出黏液性或脓性分泌物；阴道检查及直肠检查可确诊。

4. 防治

（1）预防。加强饲养管理，合理配合饲料，对怀孕母牛应给予营养丰富的饲料，特别注意矿物质、维生素饲料的供应，以减少胎衣不下的发生；助产时应按规范化进行，在实施人工授精、分娩、助产及产道检查时，牛的阴门及其周围、人的手臂及助产器械等应严格消毒，操作要仔细；乳牛产后瘫痪、酮尿症、乳房炎等，都可能引起子宫内膜炎的发生，故应及时治疗；对流产病牛应及时隔离观察，并做细菌学检查，以确定病性，及时采取措施，防止疾病的流行；母牛分娩后厩舍要保持清洁、干燥，预防子宫内膜炎的发生。

（2）治疗。消除炎症，防止扩散，促进子宫机能恢复。

①子宫内灌注药物。

油剂青霉素 300 万 IU，隔天 1 次，连用 3 次；对隐性子宫内膜炎，输精前 4h 子宫内灌注青霉素 160 万 IU 或庆大霉素 24 万 IU，或青霉素 200 万 IU，溶于蒸馏水 250～300mL，一次注入子宫，隔天 1 次，直至分泌物清亮为止，有良好效果。

0.1％碘溶液 20～50mL，隔天 1 次，或 5％碘溶液 20mL，加蒸馏水 500～600mL，一次注入子宫内，碘溶液有较强的杀菌力，其刺激作用还可活化子宫；适用于卡他性、脓性子宫内膜炎。

7％鱼石脂溶液 20～50mL，隔天 1 次。鱼石脂对子宫黏膜有微弱的刺激，可调节神经，改善子宫局部血液循环，且能抑菌，对顽固性炎症有一定作用。适用于卡他性、脓性子宫内膜炎。

可采用 0.1％高锰酸钾溶液或 0.1％新洁尔灭溶液冲洗子宫，而后注入青霉素 160 万～200 万 IU，或 0.1％雷佛奴尔溶液 20～50mL，每天或隔天 1 次。雷佛奴尔有较强的抑菌作用和穿透力，对组织无刺激性，对脓性子宫内膜炎较好。

宫得康每次 1～2 支，7d 1 次。对各类子宫炎症均有较好的疗效。

②为增强子宫机能，可用苯甲酸雌二醇 6～10mg，肌肉注射，但不可反复或大剂量使用。用雌激素后可肌肉注射缩宫素 50～80IU。或一次肌肉注射己烯雌酚 15～25mL；适用于脓性子宫内膜炎和子宫积脓。

③肌肉注射维生素 A、维生素 E，对本病的恢复及受胎有良好的辅助作用。

④中药。行气活血汤：当归 60g、赤芍 50g、桃仁 40g、红花 30g、香附 40g、益母草 90g、青皮 30g，煎汤，一次灌服。

⑤其他疗法。

按摩子宫法：将手伸入直肠，隔肠按摩子宫，每天 1 次，每次 10～

15min，有利于子宫收缩。

全身治疗：根据全身状况，可补糖、补盐、补碱，并使用抗生素和磺胺类药物。

二、胎衣不下

胎衣不下又称胎盘停滞。一般牛分娩后，胎衣多经 4~8h 自行排出，有时经 2~3h 即能排出。牛分娩后超过 12h 尚未排出胎衣者，称为胎衣不下。胎衣不下多发于流产之后，夏季较冬季发病率高。

1. 病因 引起胎衣不下的原因很多，除由于胎盘的特殊构造而较其他家畜多发之外，直接的原因有以下两种：

（1）产后子宫收缩无力。母牛在妊娠后期劳役过度，或后期运动不足、饲料单纯、品质差，缺乏钙盐、矿物质、维生素、微量元素等，年老体弱、过于肥胖或过于瘦弱以及胎水过多、多胎、胎儿过大、难产或早产等，均可引起子宫收缩乏力，引起胎衣不下。酷热、低气压、高温等天气因素，也可造成本病的发生。

（2）胎盘炎症。当母牛患子宫内膜炎、慢性饲料中毒，均可引起子宫黏膜及绒毛膜的炎症，使母体胎盘和胎儿胎盘粘连，导致胎衣不下。此外，患布鲁氏菌病、结核等疾病的过程中，往往引起胎衣不下。

2. 发病机理 主要是由于怀孕期间胎盘发生炎症导致粘连；饲养管理不当，导致机体衰弱，继发产后子宫收缩无力等也可引起胎衣不下。

3. 临床症状 牛胎衣不下根据胎衣有无悬垂于阴门外，可分为全部不下和部分不下两种。

（1）胎衣全部不下是指整个胎衣停滞于子宫内或很少部分胎膜悬垂于阴门外，只有在阴道检查时才被发现。病牛表现拱背、频频努责。滞留的胎衣经 24~48h 发生腐败，腐败的胎衣碎片随恶露排出。腐败分解产物经子宫吸收后可发生全身中毒症状，即食欲及反刍减退或停止，体温升高，奶量剧减，瘤胃弛缓。

（2）胎衣部分不下是指大部分胎衣是垂于阴门外，有小部分粘连在子宫母体胎盘上，或仅有孕角顶端极小部分粘连在子宫母体胎盘上。露垂于阴门外的胎衣初为浅灰红色，此后由于污染而开始腐败，变为松软带有不洁的浅灰色，并很快蔓延到子宫内的胎衣，引起阴道内流出恶臭的褐色分泌物。部分胎衣不下的病例，可并发子宫内膜炎或败血症。

4. 诊断

（1）部分胎衣脱出于阴门外。

（2）病畜拱腰、频频努责、从阴门排出带有胎衣碎片的恶露。

5. 防治

（1）预防。加强饲养管理，增加怀孕后期的运动和光照，给予富含蛋白质、矿物质、维生素的饲料，增强家畜体质。要定期进行布鲁氏菌病、结核病的检疫，做好预防注射以减少本病的发生。

（2）治疗。胎衣不下须及时治疗。治疗的方法大致有两种：一种是药物治疗，另一种是手术剥离治疗。一般来说，早期手术剥离较为安全可靠。

①药物治疗。其目的在于促进子宫收缩，使胎儿的胎盘与母体胎盘分离，促进胎衣排出。

产后24h内可肌肉注射垂体后叶素50～80IU，2h后重复注射1次；或麦角新碱2～5mg；或催产素50～100IU；静脉注射10％氯化钠溶液250～300mL、20％安钠咖10～12mL，每天1次。

肌肉注射新斯的明每次30～37mg，重复注射用量为每次20mg。

25％葡萄糖溶液和10％葡萄糖酸钙溶液各500mL，产后即可静脉注射。

牛灌服羊水300mL，也可促进子宫收缩，灌服后经4～6h胎衣即可排出；否则，重复灌服1次。

为了促使胎儿胎盘与母体胎盘分离，可向子宫黏膜与胎膜之间注入10％氯化钠溶液1 500～2 000mL、胰蛋白酶5～10g、洗必泰2～3g。

为预防胎盘腐败及感染，及早用消毒药液如0.1％雷佛奴尔或0.1％高锰酸钾冲洗子宫，每天冲洗1～2次直至胎盘碎片完全排出。再向子宫内注入抗生素类药物，以防子宫内感染。

中草药：益母草500g、车前子200g、白酒100mL，灌服。

②手术剥离治疗。

术前准备：病畜取前高后低站立保定，尾巴缠尾绷带拉向一侧，用0.1％新洁尔灭溶液洗涤外阴部及露在外面的胎膜。向子宫内注入5％～10％的氯化钠溶液2 000～3 000mL，如果努责剧烈可行腰荐间隙硬膜外腔麻醉。术者按常规准备，戴长臂手套并涂灭菌润滑剂。

操作方法：用药物后48～72h，胎衣仍未排出时，则应手术剥离（图7-2）。根据牛的胎盘构造特点，先用左手握住外露的胎衣并轻轻向外拉紧，右手沿胎膜表面伸入子宫内，探查胎衣与子宫壁结合的状态，而后由近及远逐渐螺旋前进，分离母子胎盘。剥离时，用中指和食指夹住子叶基部，用拇指推压子叶顶部，将胎儿胎盘与母体胎盘分离开来。剥离子宫角尖端的胎盘比较困难，这时可轻拉胎衣，再将手伸向前方迅速抓住尚未脱离的胎盘，即可较顺利地剥离。

在剥离时，切勿用力牵拉子叶，否则会将子叶拉断，造成子宫壁损伤，引起出血，而危及母畜生命安全。胎衣剥完之后，如胎衣发生腐败，可用0.1％高锰酸钾溶液或0.1％雷佛奴尔溶液冲洗子宫。剥衣完毕后，可用0.1％高锰酸钾溶液冲洗并注入抗生素药物，如土霉素、四环素等，必要时每天 1 次，连用 3d。严重时，为防止出现全身症状也用抗生素控制，并给予保健药物促进肠胃机能恢复等。

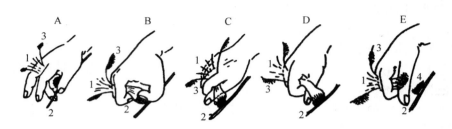

图 7-2　牛胎衣剥离术式图

1. 绒毛膜　2. 子宫壁　3. 已剥离的胎儿胎盘　4. 宫阜　A～E 表示胎衣剥离术式的顺序

（李国江，《动物普通病》，2001）

三、卵巢囊肿

卵巢囊肿分为卵泡囊肿和黄体囊肿。由于未排卵的卵泡其上皮变形，卵泡壁结缔组织增生，卵细胞死亡，卵泡液不被吸收或增多而使卵巢形成囊肿叫卵泡囊肿；由于未排卵的卵泡壁上皮黄体化形成的囊肿，或者是正常排卵后，由于某些原因如黄体化不足，在黄体内形成空腔而使卵巢形成囊肿叫黄体囊肿。卵巢囊肿主要于母牛产后 1.5 个月多发。

1. 病因

（1）卵泡囊肿。主要是由于垂体前叶分泌的促卵泡素分泌过多，而促黄体生成素不足，使卵泡过度增大，不能正常排卵而成为囊肿。在饲养管理方面，发生于奶牛日粮中的精饲料比例过高，特别是以精饲料为主的日粮中缺乏维生素 A，或有较多的糟粕、饼渣，其中酸度较高；运动和光照少；母牛产奶量较高、过度肥胖等原因而造成卵泡囊肿；胎衣不下、子宫内膜炎等引起卵巢炎，也可伴发卵巢囊肿；由于细菌感染，造成卵子死亡而形成囊肿；也可能与遗传基因有关；长期发情不予以配种，或在卵泡发育过程中外界温度突然改变等均可引起卵巢囊肿；注射大剂量的孕马血清或其他雌激素引起卵泡滞留，而发生囊肿。

（2）黄体囊肿。未排卵的卵泡壁上皮黄体化或者是正常排卵后，由于某些原因如黄体化不足，在黄体内形成空腔。

2. 发病机理　在卵巢的卵泡发育期给予不良条件（如严寒、酷热和长途运输等）的刺激，促使肾上腺皮质分泌孕酮，孕酮作用于丘脑下部，抑制 LHRH（促黄体激素释放激素）的分泌，进而抑制垂体 LH（促黄体素）的释放。如果在周期的适当时间注射 LH、HCG（绒毛膜促性腺激素）或 LHRH，会引起正常排卵而不形成囊肿。由此可知，形成卵巢囊肿的关键问题是 LH 分泌不足，以致不能正常排卵。

PGF（前列腺素 F）是排卵时卵泡破裂所必需的激素。当 LH 分泌后，卵泡壁上不产生 PGF，以致不能排卵而形成囊肿。自发性囊肿到一定程度时也能生成孕酮，发生恶性循环，使囊肿持续存在下去。

由此可见，当子宫内膜患病时，也可能影响 PGF 的分泌而导致黄体囊肿的形成。

3. 临床症状

（1）卵泡囊肿。多数牛体膘过肥，毛质粗硬；母牛发情反常，发情周期短，发情期延长，性欲旺盛，长时期的有时呈不间断地发生性欲，呈慕雄狂现象，表现高度性兴奋，经常发出如公牛的吼叫声，并经常爬跨其他母牛，引起运动场上其他牛乱跑而不得安宁，性欲特别旺盛，阴户经常流出黏液。久而久之食欲减退，逐渐消瘦；荐坐韧带松弛，在尾根与丛骨结节之间出现一个凹陷，臀部肌肉塌陷。直肠检查卵巢上有 1 个或数个大而波动的卵泡，直径可达 3～7cm，大的如鸡蛋。卵泡囊肿有时两侧卵巢上卵泡交替发生，当一侧卵泡挤破或促排后，过几天另一侧卵巢上卵泡又开始囊肿。

（2）黄体囊肿。发生黄体囊肿时，母牛不发情，骨盆及外阴部无变化。直肠检查发现卵巢体积增大，多为 1 个囊肿，大小与卵泡囊肿差不多，但壁较厚而软，不那么紧张。母牛血液中血浆孕酮浓度可高达 3 800ng/mL 以上，比一般母牛正常发情后黄体高峰期还要高，促黄体素浓度一般都比正常的母牛高。

4. 诊断 发情异常，无规律地频繁而持久地发情，性欲旺盛，呈慕雄狂现象；直肠检查可发现卵巢增大，上有 1 个至数个有波动的卵囊；或母牛长时间不发情，直肠检查发现卵巢体积增大，壁较厚而软，血液测定血浆孕酮浓度高达 3 800ng/mL 以上时可作出诊断。

5. 防治 消除致病因素，改善饲养管理和使役条件，针对发病原因，增喂所需饲料，特别是维生素类饲料。

（1）激素疗法。

①卵泡囊肿可肌肉注射促黄体激素 100～200IU/次，连用 1～3 次；或绒毛膜促性腺激素静脉注射 1 000IU 或肌肉注射 2 000IU，同时肌肉注射黄体酮 10mg/次，连用 14d。如症状减轻或有效果，可继续用药，直至好转。

②黄体酮肌肉注射 50～100mg，每天或隔天 1 次，连用 2～7 次。促性腺激素释放激素肌肉注射 0.5～1mg。治疗后产生效果的母牛大多数在 13～23d 发情，基本上起到调整母牛发情周期的效果。

③黄体囊肿可用 15-甲基前列腺素 4mg 肌肉注射，或加 20mL 灭菌注射用

水，直接灌注患侧子宫角。

（2）手术疗法。挤破或刺破囊肿，将手伸入直肠，用中指和食指夹住卵巢系膜。固定住卵巢后，再用拇指压迫囊肿，将其挤破并按压 5～10min。待囊肿局部形成深的凹陷，即达止血目的。

四、持久黄体

分娩或排卵（未受精）之后，卵巢上黄体超过 120d 以上不消退者，称为持久黄体。持久黄体分泌助孕素，抑制卵泡发育，使发情周期停止，本病多见于乳牛。

1. 病因 由于饲养管理失调，饲料单一，营养不平衡，缺乏维生素及矿物质，缺少运动和光照；高产牛摄取的营养和消耗不平衡；脑下垂体前叶分泌促卵泡素不足，而促黄体生成素过多，使黄体持续存在，产生孕酮而维持乏情状态；继发于子宫疾病，如子宫内膜炎、子宫积脓等，都可导致持久黄体。

2. 发病机理 在正常情况下，周期黄体功能的维持依靠垂体 LH，妊娠黄体功能的维持有赖于孕体分泌的抗黄体溶解素和垂体及胎盘分泌的 PRL（促乳素，有抗溶黄体作用）。黄体的退化是由于子宫黏膜能产生 PGF_{2a}。因此，任何促进 LH 及 PRL 分泌和干扰 PGF_{2a} 产生与释放的因素，都可以引起持久黄体的发生。

3. 临床症状 性周期停止，个别母牛出现暗发情，但不排卵、不爬跨，不易被发觉。营养状况、毛色、泌乳等无明显异常。外阴户收缩呈三角形，有皱纹，阴蒂、阴道壁、阴唇内膜苍白、干涩，母牛安静。直肠检查卵巢质地较硬，可发现一侧或两侧卵巢增大，黄体突出于卵巢表面，有肉质感，如蘑菇状，有的黄体中间凹陷成火山口状，由于持久黄体的存在，即使在同侧或对侧卵巢可出现一个或数个如绿豆或豌豆大小的发育卵泡，但都处于静止或萎缩状态，间隔一段时间反复检查，该黄体的位置、大小及形状不变。子宫多数位于骨盆腔和腹腔交界处，子宫角不对称，子宫松软下垂，触诊无收缩反应。

4. 诊断 产后 120d 以上不发情，直肠检查卵巢上有黄体存在。

5. 防治 消除病因，改善饲养管理，增加运动，增加维生素及矿物质饲料，减少挤乳量，促使黄体退化。

（1）促卵泡素 100～200IU，溶于 5～10mL 生理盐水中肌肉注射，经 7～10d 做直肠检查，如不消失可再进行 1 次。持久黄体消失后，可注射小剂量绒毛膜促性腺激素，促使卵泡成熟和排卵。因为黄体消失后，卵泡就会发育。

（2）前列腺素 4mg，肌肉注射，或加入 10mL 灭菌注射用水后，注入持久黄体侧子宫角，效果显著。用药后 1 周内可出现发情，但用后超过 1 周发情的母牛，受胎率很低。

（3）注射促黄体释放激素类似物 400IU，隔天肌肉注射或注射 2 次。经 10d 左右做直肠检查，如有持久黄体可再进行 1 个疗程。

（4）孕马血清皮下或肌肉注射 1 000～2 000IU。

（5）黄体酮和雌激素配合应用，可注射黄体酮 3 次，每天 1 次，每次 100mg，第二次及第三次注射时，同时注射己烯雌酚 10～20mg 或促卵泡生成素 100IU。

（6）氯前列烯醇 1 次肌肉注射 0.2～0.4mg，隔 7～10d 做直肠检查，如无效果可再注射 1 次。

（7）用 PGF_{2a} 6mg 在有黄体存在的卵巢一侧的阴唇黏膜下注射，治愈率高。试验证明，总治愈率达 80％，总有效率为 100％。

（8）每 2h 肌肉注射 100IU 催产素，连续注射 4 次，治愈率达 60％，总有效率为 90％。

第七节　肉牛常见寄生虫病

一、肝片吸虫病

肝片吸虫病（fascioliasis）是由肝片形吸虫或大片形吸虫引起的一种寄生虫病，主要发生于反刍动物。临诊症状主要是营养障碍和中毒所引起的慢性消瘦及衰竭，病理特征是慢性胆管炎及肝炎。

1. 病原　本病病原为肝片形吸虫和大片形吸虫两种，成虫形态基本相似，虫体扁平，呈柳叶状，是一类大型吸虫。前者长 20～35mm，宽 5～13mm，红褐色，呈扁平的叶片状，虫体肩部宽而明显；后者长 33～76mm，宽 5～12mm，肩部不明显，后端钝圆。

该病原的终末宿主为反刍动物，中间宿主为椎实螺。牛吃草或饮水时吞入囊蚴，囊蚴的包膜在胃肠内经消化液溶解后致幼虫钻入小肠壁随门静脉入肝或穿透肠壁到腹腔经肝表面入肝，后幼虫由肝实质入胆管，在胆管内经 2～4 月发育成为成虫，其卵随胆汁进入肠道由类便排出。成虫寄生寿命 3～5 年。

2. 临床症状　患肝片吸虫病的牛，其临床表现与虫体数量、宿主体质、年龄、饲养管理条件等有关。当牛体抵抗力弱又遭大量虫体寄生时，症状较明显。急性症状多发生于犊牛，表现为精神沉郁、食欲减退或消失、体温升高、贫血和黄疸等，严重者常在 3～5d 死亡。慢性症状常发生在成年牛，主要表现为贫血、黏膜苍白、眼睑及体躯下垂部位发生水肿，被毛粗乱、无光泽，食欲减退或消失，消瘦，肠炎等，往往死于恶病质。

3. 诊断　应结合症状、流行情况以及粪便虫卵检查综合判定。其病理诊断要点：一是胆管增粗、增厚，即慢性胆管炎及胆管周炎；二是大多胆管中常有片形吸虫寄生。

4. 防治

（1）硫双二氯酚（别丁）按每千克体重 40～60mg，配成悬浮液口服。其副作用为患牛轻度拉稀，1～4d 会自行恢复。

（2）硝氯酚（拜耳 9015）按每千克体重 3～7mg，一次口服，对成虫有效。

（3）三氯苯咪唑（肝蛭净）按每千克体重 12mg，一次口服，对成虫和幼虫均有效。

二、绦虫病

绦虫病（cestodiasis）是由寄生在牛小肠的莫尼茨绦虫、曲子宫绦虫及无卵黄腺绦虫引起的。其中，莫尼茨绦虫危害最为严重，常可引起病牛死亡。

1. 病原 虫体呈白色，由头节、颈节和体节构成扁平长带状，最长可达 5m。成熟的体节或虫卵随粪便排出体外，被地螨吞食，六钩蚴从卵内逸出，并发育成为侵袭性的似囊尾蚴，牛吞食似囊尾蚴的地螨而被感染。

2. 临床症状 莫尼茨绦虫主要感染出生后数月的犊牛，以 6～7 月发病最为严重。曲子宫绦虫不分犊牛还是成年牛均可感染。无卵黄腺绦虫常感染成年牛。严重感染时，表现精神不振、腹泻、粪便中混有成熟的节片。病牛迅速消瘦、贫血，有时还出现痉挛或回旋运动，最后引起死亡。

3. 诊断

（1）用粪便漂浮法可发现虫卵。虫卵近似四角形或三角形，无色，半透明，卵内有梨形器，梨形器内有六钩蚴。

（2）用 1‰硫酸铜溶液进行诊断性驱虫，如发现排出虫体，即可确诊。

（3）剖检时，可在肠道内发现白色带状的虫体。

4. 防治

（1）预防。

①对病牛粪便集中处理后才能用作肥料。

②采用翻耕土地、更新牧地等方法消灭地螨。

③用 1‰硫酸铜进行预防性驱虫。

（2）治疗。

①硫酸二氯酚按每千克体重 30～40mg，一次口服。

②丙硫苯咪唑按每千克体重 7.5mg，一次口服。

③灭绦灵按每千克体重 40～60mg，早晨空腹一次口服。

三、牛囊尾蚴病

牛囊尾蚴病（cysticercosis bovis）是由带吻绦虫的幼虫阶段（牛囊尾蚴）

寄生在牛体各部的肌肉组织内所引起的。

1. 病原 成虫为带吻绦虫，寄生在人体小肠中。幼虫为一黄豆大半透明囊状物，内含头节，有 4 个吸盘。人食用未煮熟或生的含有囊尾蚴的牛肉就被感染，囊虫进入人体消化道后，约经 3 个月发育为成虫，含卵节片随粪便排到外界环境中去。牛吞食被污染的饲料或饮水后被污染，虫卵到达牛的胃肠道后，钻入肠黏膜血管，随血液散布到牛体各部肌肉组织。

2. 临床症状 一般不出现症状，只有当牛受到严重感染时才表现症状。病初体温升高到 40℃ 以上，虚弱，下痢，短时间食欲减退，喜卧，呼吸急促，心跳加快。在触诊四肢、背部和腹部肌肉时，病牛感到不安。黏膜苍白，带黄疸色，开始消瘦。

3. 诊断 本病无法根据临床症状进行确诊，只有在尸体剖检时，可在肌肉内发现囊虫而确诊。

4. 防治 建立健全卫生检验制度和法规，要求做到检验认真，处理严格；做好绦虫病人的驱虫工作，堆积发酵处理病人排出的粪便和虫体，避免其污染饲料、饮水及放牧地等。治疗病牛，用吡喹酮按每千克体重 50mg，一次口服，2d 为一个疗程。

四、消化道线虫病

寄生于牛消化道内的线虫种类很多，它们往往以不同的种类和数量同时或单独寄生在牛的胃肠道，对牛的危害很大。其主要症状为消瘦、贫血、胃肠道炎症、腹泻和浮肿等，严重感染的可造成死亡。本病在全国各地均有不同程度的流行。

1. 病原 引起牛消化道线虫病（digestive tract nematodiasis）的病原较多，主要有以下几种。

（1）捻转血毛线虫。寄生在牛的真胃里，是一种淡红色的线虫，头端细，具有不发达的口囊，其内有一齿状物，称为背矛。雄虫长 15～19mm；交合伞的侧叶长，但背叶小，其上有一人字形背肋。雌虫长 27～30mm，肠道内充满宿主的血液，呈红色；卵巢呈白色，二者相互缠绕，外观呈麻花状。雌虫在真胃内产卵，随粪便排出体外，在适当的条件下孵化成第一期幼虫；经 10～12h 变成自由生活的第二期幼虫。经过一段不活动时期成为第三期侵袭性幼虫。此时，如果牛吃草或饮水将其吞食，幼虫在真胃内经 48h 左右转变为第四期幼虫。感染后 9～10d，第四期幼虫蜕化变为成虫。

（2）仰口线虫。牛仰口线虫寄生在牛体小肠内，主要在十二指肠。牛仰口线虫呈粉红色，口囊较发达，具 5 个牙齿及切板，虫体前端弯向背部。雄虫长 10～12mm，有发达的交合伞；雌虫长 16～19mm，尾端细长。虫卵两端较钝，卵细胞为深黑色。

（3）食道口线虫。虫体乳白色，体长与仰口线虫相似，但虫体是直的，其头端尖细，口囊较小，有内、外叶冠。食道口线虫寄生于牛的大肠，特别是其幼虫在未达到性成熟以前是寄生在肠黏膜里的，在肠壁形成结节。

（4）夏伯特线虫。虫体前端略向腹面弯曲，口囊较大，口孔由两圈小的叶冠所围绕，虫体前端钝平，酷似刀切状。雄虫长 14～21.5mm，雌虫长 17～26mm。

2. 临床症状　主要表现为牛体消瘦、食欲减退、黏膜苍白、贫血、下颌间隙水肿、胃肠道发炎、拉稀。严重的病例如不及时进行治疗，则引起死亡。

3. 诊断　用饱和盐水漂浮法检查粪便中的虫卵或根据粪便培养出的侵袭性幼虫的形态，以及尸体剖检在胃肠内发现虫体可以分别确诊。

4. 防治

（1）预防。本病的预防参照寄生虫病的共同预防方法。

（2）治疗。

①盐酸左旋咪唑按每千克体重 7.5mg，一次口服或注射。

②丙硫苯咪唑按每千克体重 7.5mg，一次口服。

③伊维菌素按每千克体重 0.2mg，皮下一次注射。

五、焦虫病

焦虫病（piroplasmosis）主要包括双芽巴贝斯虫病、巴贝斯虫病、环形泰勒梨形虫病。主要寄生在牛血液中的红细胞里，危害性很大，死亡率高。

1. 病原　蜱是梨形虫的终末宿主，又是传播者。牛双芽巴贝斯虫寄生在红细胞内；环形泰勒梨形虫寄生在红细胞内和网状系统细胞内，其形状多样。

2. 临床症状　共同症状是高热、贫血和黄疸。临床上常表现为病牛体表淋巴结肿大或出现红色素尿特征。

3. 诊断

（1）剖检。可见肝脏和脾脏肿大、出血，皮下、肌肉、脂肪黄染，皮下组织胶样浸润，肾脏及周围组织黄染和胶样变性；膀胱积尿呈红色，黏膜及其他脏器有出血点；瓣胃阻塞。

（2）在红细胞内有梨形虫，环形泰勒梨形虫病在淋巴细胞内有石榴体。

4. 防治

（1）预防。

①灭蜱是预防梨形虫病的关键，每千克体重皮下注射伊维菌素 0.2mg；草场灭蜱等。

②在发病季节之前，用贝尼尔、台酚蓝等药物预防注射。

③在每年发病前20～30d给牛预防注射牛环形泰勒焦虫裂殖体细胞苗，大牛2mL、小牛1mL。

④不到疫区购牛。

（2）治疗。

①血虫净按每千克体重7～10mg，配成5％～10％的水溶液，分点深部肌肉注射，或配成1％的水溶液静脉注射。环形泰勒梨形虫病用量应加倍。

②按每100kg体重用5％阿卡普林水溶液1.5～2mL，皮下或肌肉注射。

③咪唑苯脲按每千克体重1.5～2mg，用丙二酸盐配成5％～10％注射溶液，皮下或肌肉注射。

④黄色素按每100kg体重0.3～0.4g，配成0.5％～1％水溶液静脉注射。必要时在24h后重复注射1次。

六、牛球虫病

牛球虫病（coccidiosis）是由艾美耳属的几种球虫寄生于牛肠道引起的以急性肠炎、血痢等为特征的寄生虫病。牛球虫病多发生于犊牛。

1. 病原 牛球虫有10余种，以邱氏艾美耳球虫、斯氏艾美耳球虫的致病力最强，而且最常见。邱氏艾美耳球虫寄生于直肠上皮细胞内，卵囊为圆形或略呈椭圆形，卵壁光滑，平均大小为14.9～20μm；斯氏艾美耳球虫寄生于肠道，卵囊为卵圆形，平均大小为19.6～34.1μm。球虫发育不需要中间宿主。当牛吞食了感染性卵囊后，孢子在肠道内逸出进入寄生部位的上皮细胞内，生殖产生裂殖子。裂殖子发育到一定阶段时由配子生殖法形成大、小配子体，大、小配子体结合形成卵囊排出体外。排至体外的卵囊在适宜条件下进行孢子生殖，形成孢子化的卵囊。只有孢子化的卵囊才具有感染性。

2. 临床症状 潜伏期为2～3周，犊牛一般为急性经过，病程为10～15d。当牛球虫寄生在大肠内繁殖时，肠黏膜上皮大量破坏脱落，黏膜出血并形成溃疡。这时在临床上表现为出血性肠炎、腹痛，血便中常带有黏膜碎片。约1周后，出现前胃弛缓、肠蠕动增强、下痢，多因体液过度消耗而死亡。慢性病例，则表现为长期下痢、贫血，最终因极度消瘦而死亡。

3. 诊断 临床上犊牛出现血痢和粪便恶臭时，可采用饱和盐水漂浮法检查患犊粪便，查出球虫卵囊即可确诊。

在临床上应注意牛球虫病与大肠杆菌病的鉴别。前者常发生于1个月以上犊牛，后者多发生于生后数日内的犊牛且脾脏肿大。

4. 防治

（1）预防。

①犊牛与成年牛分群饲养，以免球虫卵囊污染犊牛的饲料。

②舍饲牛的粪便和垫草需集中消毒或生物热堆肥发酵。在发病时，可用1‰克辽林对牛舍、饲槽消毒，每周 1 次。

（2）治疗。

①氨丙啉按每千克体重 20～50mg，一次内服，连用 5～6d。

②盐霉素按每天每千克体重 2mg，连用 7d。

七、螨病

螨病是由疥螨科和痒螨科的螨虫寄生于牛体表或皮肤内所引起的一种慢性、接触传染性寄生虫病。临床上以湿疹性皮炎、脱毛及剧痒为特征。

1. 病原　疥螨科和痒螨科共 6 个属，以疥螨属和痒螨属最为重要。疥螨属的疥螨虫体呈龟形，背面粗糙隆起，腹面平滑，4 对足，卵呈椭圆形。痒螨属的痒螨虫体呈长椭圆形，背面有细皱纹，腹面平滑，4 对足，卵呈椭圆形。

2. 发育史　疥螨属不完全变态，其发育史包括卵、幼虫、稚虫（若虫）、成虫 4 个阶段。一生都寄生在动物体上，并能世代相继生活在同一宿主体上。雌雄螨交配后，雄虫不久死亡，雌虫特别活跃，边挖隧道边产卵，其后雌虫死亡。虫卵经 3～4d 孵出幼虫，幼虫离开原来隧道，另开新道，并在新隧道内蜕皮变为稚虫。稚虫也掘浅窄的隧道，并在其中蜕皮变为成虫。全部发育过程需要 15～21d。

3. 发病规律　此病是通过与患畜或被污染的物体接触而感染。疥螨虫发育的最适宜条件是阳光不足和潮湿。所以，牛舍潮湿、饲养密度过大、皮肤卫生状况不良时容易发病。发病季节主要在冬季和秋末、春初，病情严重。秋末以后，毛长而密，阳光直射动物时间减少，皮温恒定，湿度增高，有利于螨虫的生长繁殖。

4. 临床症状　本病无论是哪种类型与其他皮肤病相比，其皲裂发痒的程度都很剧烈。病初出现粟粒大的丘疹，随着病情的发展，开始出现发痒的症状。由于发痒，病牛不断地在物体上蹭皮肤，而使皮肤增加鳞屑、脱毛，致使皮肤变得又厚又硬。如果不及时治疗，1 年内会遍及全身，病牛明显消瘦。

5. 诊断　根据临床症状和流行特点，可作出初步诊断。确诊应在皮肤病变部位与健康部位交界处，用刀刮取皮屑，置于载玻片上，滴加 50％甘油水溶液，显微镜下检查虫体。

（1）沉淀法。将刮取物放入 5％～10％氢氧化钠或氢氧化钾溶液中浸泡 2h，或煮沸数分钟，离心 5min，取沉淀物制成压片，低倍镜下镜检。

（2）漂浮法。按上述处理法进行，离心沉淀 5min，弃去上清液，加入 60％亚硫酸钠溶液适量，静置 10min，螨可漂浮于液面。取表面层液体置于载玻片上，镜检虫体。

6. 防治

（1）预防。要改善饲养管理，保持牛舍的通风干燥，保持牛体的卫生；病牛隔离治疗；对已有虫体的牛群，在暖和的季节里，应采取多种预防性治疗措施杀灭虫体，防止入冬后蔓延开来。

（2）治疗。对牛疥癣治疗方法很多，可选用其药液进行浸洗或喷雾。

①2%石灰硫黄溶液（生石灰5.4kg、硫黄粉10.8kg、水455L）浸洗，每周1次，连用4次。

②蝇毒灵乳剂：配成0.05%水溶液，喷淋或擦洗1次，1周后再治疗1次。

③1%奥佛麦菌素注射液：剂量为每千克体重0.02mL，一次皮下注射。

④溴氰菊酯（倍特）：配成0.005%～0.008%水溶液，喷淋或涂擦，1周后再治疗1次。

⑤伊维菌素：每千克体重0.2mg，一次皮下注射，10d后重复注射1次。

八、蜱病

蜱病是由蜱类寄生于牛体表而引起的一种体外寄生虫病。以吸血和毒素危害牛，同时传播疾病。以瘙痒、渐进性消瘦和贫血为特征。主要有硬蜱和软蜱。

1. 病原

（1）硬蜱。俗称草爬子，虫体背腹扁平，两侧对称，呈长卵圆形，体表有弹性，雄性背面有由角质膜形成的硬壳叫盾板，虫体后缘有方块形的缘垛，雌性盾板只限于体前的1/3，无缘垛。腹面有4对肢，还有肛门、生殖孔、呼吸孔等。卵呈卵圆形，黄褐色，胶着成团。

（2）软蜱。虫体扁平，卵圆形，前端狭窄。与硬蜱的主要区别是背面无盾板，呈皮革样，上有乳头状或颗粒状结构，或具皱纹、盘状凹陷；假头在前部腹面，从背面不易见到，无孔区；须肢较长且游离；口下板不发达；腹面无几丁板。

2. 发育史

（1）硬蜱。硬蜱是不完全变态的节肢动物，其发育过程包括卵、幼虫、若虫和成虫4个阶段。

（2）软蜱。软蜱发育过程包括卵、幼虫、若虫和成虫4个阶段。

3. 发病规律 本病的发生与环境卫生有很大关系；蜱的分布与气候、地势、土壤、植被和宿主等有关；硬蜱的活动有明显的季节性，大多数在春季开始活动。

4. 临床症状 蜱直接吸食血液，大量寄生时可引起牛贫血、消瘦、发育不良、皮质量降低和产乳量下降等。由于叮咬使牛皮肤水肿、出血和急性炎性反应。蜱的唾液腺能分泌毒素，使牛厌食、体重减轻、代谢障碍和运动神经传导障碍等。

5. 诊断 发现牛体上的蜱，结合临床症状可确诊。

6. 防治

（1）牛体灭蜱。当少量寄生时可人工捕捉，用镊子夹住并使蜱体与皮肤呈垂直拔出。当寄生数量多时须用药物灭蜱，冬季和初春，选用粉剂，用纱布袋撒布，药物可用3％马拉硫磷、2％害虫敌等，50～80g/头，每隔10d处理1次；在温暖季节用5％敌百虫、0.2％辛硫磷等乳剂向牛体表喷洒，400～500mL/头，每隔2～3周1次。

（2）牛舍灭蜱。把牛舍内墙抹平，向槽、墙、地面等裂缝撒杀蜱剂，用新鲜石灰、黄泥堵墙壁的缝隙和小洞。舍内经常喷灭蜱剂如溴氰菊酯、石灰粉和敌百虫等。

（3）草场灭蜱。改变有利于蜱生长的环境，翻耕牧地，清除杂草和喷药物等。

第八节 创伤性网胃-腹膜-心包炎

牛吞食尖锐的金属异物刺伤网胃壁中部的前下方，进而透穿膈肌到心包而导致创伤性网胃-腹膜-心包炎。

1. 病因 牛口腔黏膜结构特点及其采食习性，使牛对草料中异物的辨别能力差，较其他动物容易将异物吞入，加上网胃结构特殊，容易存留金属异物。当尖锐的金属异物有一定长度时，在牛腹压加大如运动增加、发情、怀孕后期等，异物就可刺透网胃壁，进而穿入膈到达心包膜甚至心肌。

常见的尖锐异物有铁丝、钉子、缝针、别针等，这些异物可能混在草内，也可能在饼渣等饲料加工时被混入，一些有异食的牛还可能在运动场或放牧时吃入尖锐异物。

2. 临床症状 在网胃腹膜炎阶段主要表现为消化紊乱、网胃和腹膜的疼痛。急性病例呈现不安、不愿起卧及运动精神高度沉郁、厌食；穿孔2～3d内，体温39.1～40℃，反刍停止，偶见1～2次反刍，但食团返回慢；微伸颈，拱背站立，四肢集拢于腹下，肘外展，肌肉震颤，采食咀嚼吞噬动作迟缓，反刍无力，不敢努责，鬐甲部、剑状软骨部和肺区后缘叩诊、压诊反应过敏。下坡和急转时，运步慢缓，甚至不肯前进，并伴有呻吟声，有轻度气肿，粪便干、饼状，上覆有黏液，瘤胃蠕动次数少。有急性弥漫性腹膜炎时，伴有腹泻、体温升高、呼吸短促、后期虚脱、昏迷死亡。

如异物向前方穿透膈肌进入心包或刺伤心肌时形成心包炎或心肌炎，心跳突然加快，全身状况恶化，呆立不动，头下垂，眼半闭；肩肘后方胸壁及臀部肌肉震颤；体温41℃以上；脉搏初期充实，后期弱细微小，甚至不能感觉；颈静脉怒张；呼吸为胸式浅而快；黏膜先潮红后发绀；心区触诊疼痛，有心包摩擦音，随着积液增多会出现拍水音，心音微弱，心浊音区扩大；最后因衰竭或败血症而死亡。

如症状缓解炎症被限制或刺伤不甚严重，可转为慢性，表现为消化紊乱反复无常，病牛消瘦，奶量不易恢复，产犊时可能突然发病而死亡。

3. 诊断　根据临床症状和病史，结合金属探测仪及X光透视检查，一般即可确诊。但一些反射个体差异较大，即使用金属探测器检查，仍有一定局限；此外，像泌乳期酮病、皱胃变位、瘤胃酸中毒及子宫炎、肾炎、心肌炎等应逐一排除，才能作出诊断。

4. 防治

（1）预防。杜绝饲草饲料中混有金属异物，对混入饲草饲料中的异物可用磁铁吸出来，也可给牛佩带磁铁牛鼻环或向牛网胃投入预防性特制磁铁。

（2）清除牛网胃内金属异物。将患牛站立保定，开口器打开口腔并固定好，用导管将吸铁器投入胃内，然后牵牛自由活动约15min，再缓缓取出吸铁器，经过3~4次的反复打捞，即可将游离在网胃内或与网胃壁结合不紧密的金属物全部取出。

（3）站台疗法。将牛前躯升高，以减轻网胃承受的压力，促使异物由网胃壁退出。具体方法是将牛前腿站立的位置抬高15~20cm，同时每天肌肉注射青霉素300万IU、链霉素5g，连用3d。

（4）手术疗法。当上述治疗方法无效时，可做瘤胃切开术。从切口伸入手臂，探查和取出网胃内异物。

第九节　疾病控制与肉牛福利

基本原则是养重于防、防重于治、防治结合。在牛场的选址、建设与牛的饲养、管理等方面严防疫病的传入与流行。要严格建立兽医卫生防疫制度，坚持"自繁自养"的原则，防止疫病的传入。加强牛群的科学饲养、合理生产，增强牛的抵抗力。认真执行计划免疫，定期进行预防接种，对主要疫病进行疫情监测。遵循"早、快、严、小"的处理原则，及早发现，及时处理，采取严格的综合性防控措施，迅速扑灭疫情，防止疫情扩散。

疾病引起的福利问题发生在多个方面。第一，疾病控制与疾病危害相对应，如大群口蹄疫的控制应该考虑口蹄疫在群内及附近群扩散的风险，需要考虑重新组群。第二，采取措施会明显降低疾病的发生率，如预防疾病扩散。第三，采取措施将治疗药物降到能够维持功效及延长作用时间的最低剂量。例如，适当控制常规程序的足浴，减少人为干扰引起的不利福利。通常抗生素足浴也不提倡，除非特殊情况。

一、牛群健康计划

保证牛的健康是使养牛生产顺利进行和提高生产效益的一项重要措施。因此，必须加强日常的饲养管理和做好保健工作。牛场保健工作的原则是防重于治，治疗相对于个体来讲是必要的。但就群体面言，预防则是控制疾病的最好方法。治疗病牛应看作只是在一定程度上相对减少损失的工作。

通过实施牛群保健计划推进牛健康和福利，需要依靠兽医。他们有兴趣主动支持养牛人的工作，包括促进技术转化和提高对牛福利要求的理解。

（一）牛群保健目标

健康目标，一般是指牛健康状况所要达到的理想标准。为了提出适合本地区、本单位牛群健康标准，应结合自己地区气候、地理、饲料以及饲养管理等条件制定当前和长远的健康标准。一般而言，牛群的健康状况对疾病的控制应达到以下目标：一是全年死亡率＜3％，二是全年怀孕母牛流产率＜6％，三是全群全年产犊间隔＜13个月。

（二）牛群保健内容

牛群保健内容主要包括疾病预防、诊断、治疗和驱虫等。

1. 预防　保证牛群健康，预防是基础。贯彻预防为主、防重于治的方针，做到防患于未然。加强饲养管理、做好卫生与消毒、免疫接种。

2. 诊断　诊断是牛的健康管理工作中不可缺少的。牛的疾病诊断包括牛群定期的一般健康检查、发病时的临床诊断，也包括必要的血清学、血液学诊断，尸体剖解和病理组织等诊断。

3. 治疗　经确诊后，应对症下药。在治疗过程中，不要滥用抗生素和一切有损于牛健康及牛肉（奶）品质的药物，并注意以下几点：

（1）根据体重大小、生理状况和妊娠与否选择适当剂量，避免用药过量造成残留量超标。

（2）休药期应遵守无公害食品规定要求。

（3）所用药物于每次诊治时应做详细记录。

4. 驱虫　在寄生虫病流行地区，特别是肝片形吸虫、球虫等所引起的感染，每年应定期驱虫，同时调查虫体的发育史，及时清除粪便，避免饲草污染，控制卵虫发育，以减少感染机会。

（三）计算机技术应用于牛群的健康计划

能够有效地评价牛群的健康和性能状况，减少兽医和经营者的有关重复劳动。例如，1976 年英国和美国先后建立了奶牛数据库管理和自动化管理系统。该系统能快速查出牛患乳房炎，使兽医能给予尽早治疗，避免了奶量的减少，也提高了奶的质量。1986 年，我国用模糊数学模型建立了奶牛不孕症中兽医计算机辅助诊疗系统，对 46 头奶牛做模拟试验诊断，准确率达 100%，计算机开的处方基本符合实际病症，初步达到利用计算机技术给牛看病的目的。

通过计算机形成的牛群健康计划，可以满足福利规则的有关法律规定。而且，有利于牛福利水平的改进，形成一个好的规划，监测是必要的。加强农民、养牛人、兽医之间的合作，对于构建健康计划的连续成功是非常重要的。

二、疾病控制的管理工具

牛场要严格执行国家和地方政府制定的有关动物防疫卫生法规。定期进行消毒，保持饲养环境清洁卫生，制定并执行科学的免疫程序。经常观察牛的精神状态、食欲、粪便等情况，及时防病、治病。按照动物卫生监督机构的要求做好检疫工作。

（一）预防管理策略

肉牛的疾病要以预防为主、防治结合，重点要做好防疫、检疫、预防工作。

1. 加强饲养管理　营养处于成功生产的核心地位，一个全面的饲养计划是任何健康福利计划的重要支撑。

（1）合理饲喂。预防牛病，必须首先从饲养管理着手，要根据牛不同生长阶段和各生产阶段对各种营养物质的需要配合日粮，做到合理饲喂。日粮中草料搭配要合理，饲料要多样化，不要长期饲喂单一的、过硬过长或过细的草料，防止营养缺乏病和消化道疾病发生。要保证饲料卫生，发霉、腐败、污染的饲料禁止喂牛。经常检查饲料和场地上的异物，如发现铁丝、钉子等要及时清除。

（2）充足的饮水。在牛场应设置自动饮水装置，以满足饮水量。但饮用水应符合饮用标准，清洁无污染、无冰冻。

（3）适当的运动。每天上、下午让奶牛在舍外运动场自由活动 1～2h，使其呼吸新鲜空气，沐浴阳光，增强体质。但夏季应避免阳光直射牛体，以防中暑。

2. 做好环境卫生工作

（1）良好的饲养环境。牛舍要阳光充足，通风良好，夏天做好防暑降温，冬天防寒保暖，排水通畅，舍内温度以 10～15℃、湿度以 40%～70% 为宜；

运动场干燥无水。

（2）保持肢蹄健康。每天坚持清洗蹄部数次，使之保持清洁卫生。

（3）灭鼠、杀虫、防兽。老鼠、蚊、蝇和其他吸血昆虫是病原体的宿主与携带者，能传播多种传染病和寄生虫病。应当认真开展杀虫、灭鼠工作。同时，禁止犬、猫等动物进入。

3. 严格消毒制度 管理上要保持牛体的卫生和干燥，平时建立定期消毒制度，每年春、秋季结合转群、转场，对牛舍、运动场和用具各进行一次全面大清扫、大消毒；以后牛舍每月消毒一次，畜床每天用水冲洗，要勤清粪、勤垫圈，产房每次产犊后都要消毒，粪便应堆积发酵，以杀灭部分病原体。牛场门口设立消毒池、消毒间，出入牛场的人员和车辆都要进行消毒。日常所有用具、器械、工作服等都应按规定彻底消毒。发生疫病时，对病牛的排泄物、分泌物、被污染的场所、病牛接触的物体等进行突击消毒，传染病扑灭后及疫区（点）解除封锁前，必须进行终末大消毒。要防止疫病传入，牛场的位置要远离交通要道与工厂、居民住宅区，周围应筑围墙。场内生产区要与办公区和生活区分开，生产区和牛舍入口处应设置消毒池。自繁自养，避免从外地买牛带来传染病。

4. 疫情监测 每年春、秋季各进行一次结核病、副结核病、布鲁氏菌病的检疫，检出阳性、有可疑反应的牛要及时按规定处理。发现疑似传染病时，应及时隔离，尽早确诊，并迅速上报。

（二）免疫

免疫接种是给动物接种各种免疫制剂（疫苗、类毒素及免疫血清），使动物个体和群体产生对传染病的特异性免疫力。免疫接种是预防和治疗传染病的主要手段，也是使易感动物群转化为非易感动物群的唯一手段。根据免疫接种的时机不同，可分为预防接种和紧急接种两类。

1. 预防接种 在平时为了预防某些传染病的发生和流行，有组织、有计划地按免疫程序给健康畜群进行的免疫接种。预防接种常用的免疫制剂有疫苗、类毒素等。由于所用免疫制剂的品种不同，接种方法也不一样，有皮下注射、肌肉注射、皮肤刺种、口服、点眼、滴鼻、喷雾吸入等。预防接种应首先对本地区近年来动物曾发生过的传染病流行情况进行调查了解，然后有针对性地拟定年度预防接种计划，确定免疫制剂的种类和接种时间，按所制定的免疫程序进行免疫接种，争取做到逐头注射免疫。

在预防接种后，要注意观察被接种牛的局部或全身反应（免疫反应）。局部反应是接种局部出现一般的炎症变化（红、肿、热、痛）；全身反应，则呈现体温升高、精神不振、食欲减少、泌乳量降低等症状。轻微反应是正常的，若反应严重，则应进行适当的对症治疗。

2. 紧急接种　指在发生传染病时，为了迅速控制和扑灭疫病的流行，而对疫区和受威胁区尚未发病的牛进行紧急免疫接种。

应用疫苗进行紧急接种时，必须先对牛群逐头进行详细的临床检查，只能对无任何临床症状的牛进行紧急接种，对患病和处于潜伏期的牛，不能接种疫苗，应立即隔离治疗或扑杀。但应注意，在临床检查无症状而貌似健康的牛群中，必然混有一部分处于潜伏期的牛，在接种疫苗后不仅得不到保护，反而促进其发病，造成一定的损失，这是一种正常的不可避免的现象。但由于这些急性传染病潜伏期短，而疫苗接种后又能很快产生免疫力，因而发病数不久即可下降，疫情会得到控制，多数动物得到保护。

牛场应根据《中华人民共和国动物防疫法》及其配套法规的要求，结合当地实际情况，对规定疫病和有选择的疫病进行预防接种工作，并注意选择适宜的疫苗、免疫程序和免疫方法。疫苗来源应符合《兽用生物制品经营管理办法》的规定。不得使用过期或包装破损的疫苗。为了使预防接种做到有的放矢，需要查清本地区传染病的种类和发生季节，并掌握其发生规律、疫情动态以及饲养管理情况，制订出相应的预防接种计划，即科学的免疫程序。肉牛免疫参考程序见表 7-3。

表 7-3　肉牛免疫参考程序

（王根林，2014）

疫苗名称	用法和用量	免疫期
第二号炭疽芽孢苗	颈部皮下注射 1mL	1 年
气肿疽明矾菌苗	颈部皮下注射 5mL	每年 1 次，6 月龄以前注射的到 6 月龄时再注射 1 次
牛出血性败血病疫苗	肌肉或皮下注射：体重 100kg 以下注射 4mL，100kg 以上注射 6mL	9 个月
牛副伤寒疫苗	肌肉注射：1 岁以下 2mL，1 岁以上第一次 2mL，10d 后同剂量再注射 1 次	6 个月
牛 O 型口蹄疫灭活疫苗	肌肉或皮下注射：1 岁以下的犊牛肌肉注射 2mL，成年牛 3mL	犊牛 4～5 月龄首免，20～30d 后加强免疫 1 次，以后每 6 个月免疫 1 次
牛流行热疫苗	成年牛 4mL/头，犊牛 2mL/头，颈部皮下注射（3 周后进行第二次免疫）	1 年
布鲁氏菌羊型 5 号弱毒冻干苗	肌肉或皮下注射，每头牛 250 亿活菌	1 年
伪狂犬病疫苗	颈部皮下注射：成年牛 10mL，犊牛 8mL	1 年

（续）

疫苗名称	用法和用量	免疫期
牛肺疫兔化弱毒冻干苗	用 50 倍生理盐水稀释；成年牛臀部肌肉注射 1mL，6～12 月龄牛 0.5mL	1 年
狂犬病灭活疫苗	臀部肌肉注射，每头牛 25～50mL	6 个月

（三）治疗制度

包括根据季节和牛所处生产阶段对常发疾病所采取的预防、治疗措施等。主要有传染性疫病防治、营养代谢病防治、消化系统疾病防治、生殖系统疾病防治、肢蹄疾病防治、中毒性疾病防治、寄生虫病防治、犊牛疾病防治和外科病防治 9 类疾（疫）病。这些疾病严重影响养牛业的发展，造成巨大的经济损失。为了预防和控制牛的疾病，必须采取综合性的防治措施。

牛的疾病种类很多，及时发现病牛异常表现，对发病原因作出正确分析，并根据临床症状作出初步判断，初步判定其是哪一类型疾病。根据情况需要，可进一步采取剖检及实验室诊断，得出最终诊断结论，遵循肉牛福利规则，制定出防治措施。

治疗上要中西医结合治疗，西医特别是抗生素的大量长期应用容易使细菌产生耐药性，抑制牛胃、肠有益微生物，打乱瘤胃微生物种群之间的平衡，扰乱瘤胃内环境，造成严重的二重感染和顽固的消化不良等副作用。同时，在畜产品中残留量高，降低畜产品品质，威胁人类食品安全，影响动物福利及人体健康等。在临床实践中，也经常见到由于长期大量使用抗生素，特别是内服抗生素治疗，造成严重的消化不良和瘤胃蠕动减弱甚至停止，食欲、反刍完全废绝，很难再康复的病例。

中药来源于动植物及矿物，含多种活性成分，不易产生耐药性，无残留，用中药治疗肉牛疾病具有见效快、疗效确实、不易产生抗药性、廉价、不易复发、副作用少、畜产品药物残留量低、有利于人畜安全等优点。因此，在优质高档牛肉生产中，选用中药治疗很有必要，在临床治疗时要以辨证为主，然后拟定治疗原则，合理选药，并根据牛体格大小和病情及体质确定药物剂量施治。

随着人们生活水平的提高，对纯天然、绿色食品的追求日益强烈，中草药成为治疗肉牛疾病的一个新尝试，这些都更有利于改善肉牛的福利。

（四）选育肉用性状兼顾健康性状

肉牛抗逆性、抗病性等性状关乎自身福利好坏。大量证据表明，在母牛选育上，泌乳等性状往往与诸如跛行和乳腺炎等母牛福利因子呈遗传相关（Koenig et al.，2005）。因此，在肉牛育种、选育上，周全考虑这类问题，既要高产又要兼顾肉牛健康福利。

选种就是从育成母牛牛群中选出最优秀的个体，通过与所选公牛恰当地选配，把具有优良遗传特性的公、母牛进行组合交配，可以达到提高牛肉产量、改善牛肉品质、克服体型缺陷、增强抗病力、提高经济效益的目的。

引进国外良种对我国黄牛进行改良，杂种优势十分明显，除生产性能指标有显著提高以外，其适应性也强。在严寒的东北草原，冬季最低气温为－40～－35℃，改良牛没有出现弓腰缩背现象；在炎热的南方各省份，最高气温35～40℃的酷暑下也没有发生气喘、怕热的症候。据四川省万源县畜牧站的测定，夏杂牛的抗热指数为72.8、西杂牛68.8、海杂牛53.2、本地牛61.3。夏杂牛和西杂牛的抗热指数分别比本地牛提高11.5%和7.5%，而海杂牛比本地牛降低9%。改良牛的放牧能力强，能在海拔2 500m、坡度25°的山地草场放牧。犊牛在3月龄就能随母牛上山放牧，并可饱食，爬坡上坎，自由采食，成活率也高。改良牛抗逆性强，耐粗饲，采食增膘快，保膘方面与本地牛相同。但在冬季缺草少圈寒冷地区，由于改良牛个体大，需要营养多，入不敷出，比本地牛掉膘快，损失大。

肉牛选育需要兼顾健康福利的性状见表7-4。

表7-4　肉牛选育需要兼顾健康福利的性状

（王根林，2014）

性状类别	性状	注释
产奶性能	产奶量、乳脂量、乳脂率、乳蛋白量、乳蛋白率、乳糖量、乳糖率、泌乳速度、高峰日奶量和时间、泌乳持续力、产奶饲料转化率	为奶牛、兼用牛育种常用指标；肉牛育种只关注犊牛断奶重，用于评价母牛哺乳能力
生长发育	出生、断奶及6月龄、12月龄、18月龄、24月龄和成年的体尺、体重、饲料转化率、粗饲料转化率、育肥日增重、全期日增重	奶牛、兼用牛、肉牛育种关注的常规性状
产肉性状	屠宰率、净肉率、胴体重、实测眼肌面积、实测背膘厚、胴体级别、嫩度、肉色、脂肪色、pH、系水力、大理石纹、高档肉块比例、重量和级别、达屠宰标准日龄、活体超声波测定背膘厚、骨肉比	为肉牛育种关注的常用指标；奶牛育种不关注此类性状；兼用牛育种关注主要的胴体性状，很少兼顾肉质性状
繁殖性状	初配月龄、各胎产犊月龄、易产性、死胎率、产犊间隔、空怀天数、重复输精次数、56d不返情率、受孕率、妊娠期、情期受胎率、双胎、犊牛存活率	奶牛、兼用牛、肉牛育种都关注的常规性状，但是奶牛体系记录更全面；公牛繁殖性能一般直接采用表型独立淘汰

（续）

性状类别	性状	注释
体型外貌	线性体型评分、运动能力、体况评分、性情评分	奶牛、兼用牛、肉牛育种都关注，但评定标准有很大差异
适应性和抗病力	体细胞数、乳腺炎、产科疾病、代谢病、耐热能力、长寿性	奶牛育种关注；兼用牛和肉牛育种体系很少有此方面的记录

适应性与抗病力这类性状一般难于测量，常用简单的强弱进行描述。将这类性状直接作为选种的内容很难，利用辅助性状进行检测能收到好的效果，如把牛奶中体细胞计数（somatic cell counting，SCC）作为是否发生隐性乳腺炎（遗传力 0.01～0.03）的相关指标。研究表明，SCC 或体细胞评分（somatic cell score，SCS，指 SCC 经过对数转换的值）的遗传力为 0.07～0.10，SCS 与产奶量、乳脂率、乳蛋白率的遗传相关分别为 -0.23～0.07、-0.44～0.03、0.01～0.19。北欧各国具有多年严格的健康记录，如临床型乳腺炎、蹄病、子宫炎、腹泻、胎衣不下等，是世界上独特的数据库。因此，北欧奶牛育种中直接对抗病力性状进行选择。

保护具有特殊抗病力和适应特殊自然环境的品种如雷琼牛，抗血液寄生虫病，耐热性强，对我国南方热带、亚热带发展乳牛业和肉牛业具有特殊的潜在意义。安西牛对西北半荒漠干旱地区有高度适应性，对布鲁氏菌病和焦虫病抵抗力好，潜在的经济价值不可低估。

三、饲养管理与疾病控制

对于规模化牛场，必须把预防疾病的发生作为牛场卫生保健工作的重中之重。要加强饲养管理和卫生保健工作，提供全价合理的日粮，及时治疗和隔离发病牛只，重视环境因素，对牛实行个性化管理，从而有效降低牛群的发病率，保障肉牛福利。

（一）瘤胃健康管理

牛瘤胃疾病是影响牛生产的重要疾病，危害比较大。

1. 避免精饲料饲喂过多或突然食入过量的适口性好的饲料，如玉米青贮料等。

2. 避免食入过量不易消耗的粗饲料或含粗纤维多的饲料，如麦糠、秕壳、半干的藤蔓、豆秸等。

3. 避免饲喂变质的青草、青贮饲料、酒糟、豆渣、山芋渣等饲料或冰冻饲料等。

4. 避免突然改变饲料，日粮中突然加入不适量的尿素或使牛群过快地转向茂盛的禾谷类草地等。

5. 清除饲料中的异物，避免误食塑料袋、化纤布、铁钉、胎衣等杂物。

6. 避免饲喂大量易发酵的饲料，如新鲜的豌豆蔓叶、花生秧、堆积发热的青草、霉败饲草等。

7. 注意日粮搭配，补充矿物质和维生素，特别是补钙。

8. 避免由放牧迅速转变为舍饲或舍饲突然转为放牧，注意适量运动，不过劳与休闲不均、受寒、圈舍阴暗、潮湿等。

9. 固定饲养员，减少因周围环境改变对牛产生的应激，如饥饿、疲劳、疾病、中毒、手术、创伤、剧烈疼痛等。

10. 在兽医临床上，注意合理用药，避免药物对瘤胃内微生物区系破坏，如长期给予大量抗生素或磺胺类药物等。

（二）营养代谢病的监控

泌乳牛的营养代谢病主要包括产乳热（生产瘫痪、低血钙症）、酮病（低血糖症）、瘤胃酸中毒、真胃变位和胎衣不下等。这些疾病多发生在产犊前后、泌乳高峰期，与乳牛的日粮结构、营养平衡、饲养管理关系密切。并且，随着牛群产奶水平的提高有上升趋势。在生产上必须加强对这些疾病的监控，改进饲养管理，做好预防工作；做到早发现、早治疗，尽量避免或减少给乳牛健康和生产造成影响和损失。

1. 定期进行血样抽查　定期监测血液中的某些成分，可预报一个牛群的代谢性疾病的发生。通过血检发现某一成分下降至"正常"水平以下时，则可认为应该增加某一物质的摄入量，以代偿过量输出所造成的负平衡；而当发现某一成分过高"超常"时，则与某一物质摄入量过多有关。所以，每年应定期对干奶牛、低产牛、高产牛进行2～4次血检，及时了解血液中各种成分的含量和变化。所要检查的项目为血糖、血钙、磷、钾、钠、碱储、血酮体、谷草转氨酶、血脂等。根据所测结果，与正常值比较，找出差异，为早期预防提供依据。这样，使疾病由被动的治疗转为主动的防治。

2. 建立产前和产后酮体检测制度　产前和产后乳牛的健康，是影响乳牛产奶量的一个重要因素，故应对其加强检查。在产前1周和产后1个月内，隔日测尿 pH（可用试纸法，正常尿液 pH 为 7.0，当变黄时，即为酸性）、酮体或乳酮体1次，凡测定尿液呈酸性，尿（乳）酮体阳性者，可静脉注射葡萄糖液和碳酸氢钠溶液。

3. 对高产、体弱、食欲不振的牛　在产前1周可适当补10%葡萄糖酸钙1～3次，每次500mL，以增强体质。

4. 高产牛在泌乳高峰期　应在精饲料中加喂日粮中干物质量1.5%的碳酸氢钠，青贮料不要喂得过多，一般控制每天每头20～25kg，保证优质干草日采食量不低于 5kg。

5. 母牛围产期、干乳期、特别是妊娠后期 不宜喂酸性的糟渣饲料和品质不佳的青贮料。有些地区将玉米淀粉渣喂前用生石灰中和，效果较好。

6. 保持牛舍清洁、卫生、通风、采光良好 运动场干燥、宽敞，保证乳牛每天有足够的活动量，对增强体质十分重要。

（三）繁殖障碍预防

随着奶牛产奶水平的不断提高，不孕症的发病率也呈上升趋势。据报道，高产牛群（年产量超过 8 000kg）母牛子宫和卵巢疾病发病率较一般牛群高5％～15％。据 1993 年对北京、上海、南京等 41 个奶牛场 9 754 头适繁母牛调查，不孕症发病率为 25.3％。为此，必须采取以下综合措施加以防范。

1. 保持良好体况 牛在泌乳初期和泌乳高峰期，由于受营养不足和体重的下降，受孕率明显下降，因此一定要注意日粮的适口性和营养平衡。定期对饲料营养成分进行化验监测，并保证优质干草和青贮饲料的充足供应，是克服繁殖障碍行之有效的措施。

2. 干乳期和围产期饲养管理 干乳期合理投料，适当运动，控制母牛膘情（七八成膘），防止过肥或过瘦。过肥产后易出现繁殖障碍，如胎衣不下、子宫炎、子宫复原慢、平状卵泡等，使产后配种期延迟。围产期要注意维生素A、维生素 D、维生素 E 和微量元素硒的补充，同时还要注意矿物质和钙磷比例，以减少胎衣滞留和子宫复原延迟。

3. 产房管理 产房管理是母牛健康管理的重点。产房人员必须接受培训，合格后才能上岗。大型牛场的产房要 24h 有人看守。产房要保持清洁干燥，每周进行一次大扫除和大消毒，并保持室内通风干燥，冬季温度适宜，以防产后感染。接产遵守自然分娩原则，注意防止产道创伤和感染。当出现临产征兆时，应尽快移至分娩牛床位。胎儿出生后，要做好新生犊牛的护理工作。

4. 实施母牛产后监控 产后 24h 以内要观察胎儿产出情况和产道有无创伤、失血等，还应注意观察胎衣排出时间和是否完整，以及母牛努责情况，要预防子宫外翻和产后瘫痪等；产后 1～7d 为恶露大量排出期，要注意颜色、气味、内含物等变化，并于早晚各测体温 1 次。产后 7～14d，重点监控子宫恶露变化（数量、颜色、异味、炎性分泌物等），必要时还应做子宫分泌物的微生物培养鉴定。根据药敏试验结果进行对症治疗。产后 14～30d，主要监控母牛子宫复原进程、卵巢形态，并描述卵巢形状、体积、卵泡或黄体的位置和大小，必要时可检测乳汁进行孕酮分析。此间还可以称量体重，如失重过大，应设法在 3 个月内恢复，如超过 4 个月将对繁殖造成不良影响。产后 30～60d，重点监控卵巢活动和产后首次发情出现时间。如出现卵泡囊肿、卵巢静止则应对症治疗。到 60d 仍未见发情症状，须查清原因，及时采取措施。

5. 建立繁殖记录体系　为了不断改进管理措施，母牛开始繁殖以后就要建立终生繁殖卡片和产后监控卡片等。

(四) 蹄部卫生保健

蹄部疾病是影响养牛业的重要疾病之一。牛患蹄部疾病会影响牛的正常行走、生产性能和利用年限。据报道，我国奶牛蹄病的发病率在30%以上，其中以南方潮湿和炎热地区尤为严重。因此，在生产中一定要做好蹄部保健工作。

1. 牛舍和运动场的环境与卫生　牛舍和运动场的地面应保持平整，及时清除粪便和砖头瓦块、铁器、石子等坚硬物体，夏季不积水，冬季不结冰，保持干燥。严禁使用炉灰渣垫运动场和通道。

2. 营养平衡　母牛蹄叶炎与消化道、子宫和泌乳系统的一些机能障碍有关。这些机能障碍在很大程度上受营养因素的影响。因此，日粮营养成分的平衡与否和日粮结构的变化对牛蹄的健康有很大影响，有时甚至造成牛群中大面积发病。

3. 修蹄　要经常保持蹄部卫生，牛在出产房前要预防性修蹄1次。另外，每年春秋两季应全群普查牛蹄底部，对增生的角质要修平，过长或变形的蹄应及时修剪，对于腐烂坏死的组织要削除并清理干净。修蹄工具主要包括修蹄刀、蹄切刀、弯曲手锉各1把及磨石1块。

4. 蹄浴　蹄浴是预防腐蹄病的有效方法。其药物一般为3%甲醛溶液或10%硫酸铜溶液，可达到消毒作用，并使牛蹄角质和皮肤坚硬，达到防止趾间皮炎及变形蹄的目的。蹄浴方法：拴系饲养牛注意清除趾间污物，将药液直接喷雾到趾间隙和蹄壁。散养乳牛在挤乳厅出口处（不是在入口处）修建药浴池，该池大小为长×宽×深：(3～5) m×0.75m×0.15m，药浴池地板要注意防滑，药液一般用3～5L 福尔马林+100L 水或10%硫酸铜溶液，一池药液用2～5d，每月药浴1周。采用此法，乳牛走过遗留的粪土等极易沾污药液，故应及时更换新液。

5. 育种措施　蹄病的遗传已越来越被人们所重视，育种方案的实施对奶牛后代的肢蹄性状有很大的影响。有目的地选择育种性状，将肢蹄结构纳入育种选择指标，可有效提高后代蹄的质量。在生产中，要使用已知可以提高肢蹄质量的验证过的公牛精液。

四、检疫

(一) 检疫方法

动物检疫是遵照国家法律，运用强制性手段和科学技术方法预防及阻止动物疫病的发生，以及疫病从一个地区向另一个地区间的传播。动物检疫的方法很多，可分为以下几类：

1. 临床症状检疫　这是利用人的感官或借助一些简单的诊疗器械如体温计、诊断器等，直接检查和记录患病家畜的异常表现。其方法包括视诊、听诊、闻诊和触诊等。在进行临床检疫时，一般先观察牛群的综合症状，再加以分析和判断。

2. 病理解剖学检疫　多种患病家畜都会表现出特征的病理剖检变化，这是家畜疫病重要特征之一，也是检疫疫病的重要依据。通过鉴别患病家畜的病理变化，一方面，可以证实临床观察和检查的结果；另一方面，根据某些病例具有的特征病理变化可直接得出快速的诊断，如牛副结核。

3. 微生物学诊断　这是利用病原学诊断检疫传染病的重要方法。

（1）病料的采取。正确采集病料是微生物学诊断的重要环节。病料力求新鲜、尽量减少污染，原则上要求采集病原微生物含量多、病变明显部位，同时易于采集、保存和运送。如怀疑炭疽，则非必要时不准做尸体剖检，只割取一个耳朵就可以了。

（2）病料涂片镜检。此法对于一些具有特征形态的病原微生物如炭疽可以快速检疫。

（3）分离培养和鉴定。用人工培养的方法将病原体从病料中分离出来。细菌、真菌可选择适当人工培养基，病毒等可选用组织培养方法分离培养，分离到病原体后再通过形态学、培养特征、动物接种等方法作出鉴定。

4. 动物接种试验　通常选择对该种疫病病原体最敏感的动物进行人工感染试验。常用的实验动物有家兔、小鼠、豚鼠等。

5. 免疫学诊断　这是疫病检疫中的重要方法，包括血清学试验和变态反应两类。

（1）血清学试验。血清学试验有中和试验、凝集试验、沉淀试验、补体结合试验、免疫荧光试验、酶联免疫技术、单克隆抗体和核酸探针等。

（2）变态反应。动物患某些疫病时，可对该病原体或产物的再次进入产生剧烈反应。如结核菌素进入患病家畜机体时，可引起局部反应。

6. 分子生物学诊断　主要是针对不同病原微生物所具有的特异性核酸序列和结构进行测定。在传染病检疫方面，具有代表性的技术有三大类：核酸探针、PCR 技术和 DNA 芯片技术。

（二）疫病监测

疫病监测是指系统、完整和连续地收集家畜疫病有关资料，经过检测、分析后，及时反馈和利用信息并制定有效防治对策的过程。它是家畜疫病控制工作的重要组成部分，可为国家制定动物疫病控制规划和疫病预警提供科学依据。同时，对家畜保健咨询以及保证输出动物及其产品的无害化都具有非常重要的意义。

1. 牛场要接受各级动物防疫监督机构的监督和疫病监测　按照《布鲁氏菌病防治技术规范》、《动物结核病诊断技术》（GB/T 18645）和《牛结核病防治技术规范》、《动物布鲁氏菌病诊断技术》（GB/T 18646）的要求，每半年进行1次全群布鲁氏菌病、结核病的净化工作。在健康牛群中检出的阳性牛应扑杀、深埋或火化；非健康牛群的阳性牛及可疑阳性牛可隔离分群饲养，逐步淘汰净化。

2. 兽医人员要定期对饲养的牛做健康检查　详细填写健康记录，结合当地实际情况开展疫病监测，发现疑似疫病时要向当地动物防疫部门报告，协助诊断，并按有关规定处理。

3. 牛场应按《无公害食品　畜禽饲养兽医防疫准则》（NY/T 5339—2006）的规定执行　符合所在地动物疫病监测方案的要求，定期开展口蹄疫、炭疽、结核病、布鲁氏菌病等疫病的监测。同时，注意监测我国已扑灭的疫病和外来病的传入，如牛瘟、牛海绵状脑病、牛传染性胸膜肺炎等。疫病检测每年不少于2次。

4. 异地引进牛必须经当地县级以上动物防疫监督机构审核批准　调入的牛只能来自非疫区，同时具备动物产地检疫合格证明或出县境动物检疫合格证明和动物及动物产品运载工具消毒证明等证明文件，牛只运出前应按《反刍动物产地检疫规程》（农医发〔2010〕20号）的要求进行产地检疫，口蹄疫、布鲁氏菌病、牛结核病、炭疽、牛传染性胸膜肺炎检测结果合格方可运出。

附　录

中国标准化协会标准　CAS
STANDARDS OF CHINA ASSOCIATION 238—2014
FOR STANDARDIZATION

农场动物福利要求　肉牛

Farm Animal Welfare Requirements: Beef Cattle

2014-12-17 发布

索引号
CAS 238—2014（C）

前　言

中国标准化协会（CAS）是组织开展国内、国际标准化活动的全国性社会团体。制定中国标准化协会标准，满足企业需要，推动企业标准化工作，这也是中国标准化协会的工作内容之一。中国境内的团体和个人，均可提出制、修订中国标准化协会标准的建议并参与有关工作。

中国标准化协会标准按《中国标准化协会标准管理办法》进行管理，按CAS 1.1—2001《中国标准化协会标准结构及编写规则》的规定编制。

中国标准化协会标准草案经向社会公开征求意见，并得到参加审定会议的75％以上的专家、成员的投票赞同，方可作为中国标准化协会标准予以发布。

使用中国标准化协会标准的单位，应按现行国家有关规定办理标准备案，并对技术内容负责。

本标准首次制定。

附录 A 为资料性附录。

在本标准实施过程中，如发现需要修改或补充之处，请将意见和有关资料寄给中国标准化协会，以便修订时参考。

引　言

0.1　总则

为了保障动物源性食品的质量、安全和畜牧业的可持续发展，填补我国农场动物福利标准的空白，特制定本标准。

本标准基于国际先进的农场动物福利理念，结合我国现有的科学技术和社会经济条件，规定了农场动物健康福利生产及加工要求。

本标准为农场动物福利要求中肉牛的养殖、运输、屠宰及加工全过程要求。

0.2　基本原则

动物福利五项基本原则是农场动物福利系列标准的基础。

a) 为动物提供保持健康和精力所需要的清洁饮水和饲料，使动物免受饥渴；

b) 为动物提供适当的庇护和舒适的栖息场所，使动物免受不适；

c) 为动物做好疾病预防，并给患病动物及时诊治，使动物免受疼痛和伤病；

d) 保证动物拥有避免心理痛苦的条件和处置方式，使动物免受恐惧和精神痛苦；

e) 为动物提供足够的空间、适当的设施和同伴，使动物得以自由表达正常的行为。

农场动物福利要求　肉牛

1　范围

本标准规定了肉牛的福利养殖、运输、屠宰及加工要求。

本标准适用于肉牛的养殖、运输、屠宰及加工全过程的动物福利管理。

2　规范性引用文件

下列文件对于本文件的应用是必不可少的。凡是注日期的引用文件，仅注日期的版本适用于本文件。凡是不注日期的引用文件，其最新版本（包括所有的修改单）适用于本文件。

GB 2707　鲜（冻）畜肉卫生标准

GB 2761　食品安全国家标准　食品中真菌毒素限量

GB 2762　食品安全国家标准　食品中污染物限量

GB 2763　食品安全国家标准　食品中农药最大残留限量

NY/T 388　畜禽场环境质量标准

NY/T 1168　畜禽粪便无害化处理技术规范

NY/T 5027　无公害食品　畜禽饮用水水质

3　术语

下列术语适用于本文件。

3.1

动物福利

为动物提供适当的营养、环境条件，科学地善待动物，正确地处置动物，减少动物的痛苦和应激反应，提高动物的生存质量和健康水平。

3.2

农场动物

为了食物生产，毛、绒、皮加工或者其他目的，在农场环境或类似环境中培育和饲养的动物。

3.3

农场动物福利

农场动物在养殖、运输、屠宰过程中得到良好的照顾，避免遭受不必要的惊吓、痛苦、疾病或伤害。

3.4

环境富集

对农场动物的圈舍进行有益的改善。即在单调的环境中提供必要的材料或设施，供其探究玩耍，满足动物表达其生物习性和心理活动的需要，使动物的心理和生理均达到健康状态。

3.5

异常行为

当牛的心理或生理自然属性未得到满足或受到伤害时，所表现的一类重复且无明显目的的行为。

3.6

人道屠宰

减少牛的应激、恐惧、痛苦和肢体损伤的宰前处置和屠宰方式。

3.7

放牧生产系统

肉牛在放牧场所自由活动，可以自主选择饲草、饮水和庇护场所的养殖系统。

3.8

舍饲生产系统

肉牛在棚舍集中饲养，完全依赖于人类每天提供基本需要，如饲料、饮水和圈舍的养殖系统。

3.9

半舍饲生产系统

兼有舍饲系统和放牧系统的肉牛养殖系统。

4 饲喂和饮水

4.1 饲喂

4.1.1 牛场选择的饲料和饲料原料应满足国家有关法律法规及标准要求（参见附录 A）。

4.1.2 牛场应有供方饲料的原料成分及含量的书面记录；若自行配料时，应保留饲料配方及配料单，饲料原料来源应可追溯。

4.1.3 牛场应根据牛群品种特性、年龄、体重和生理需求等，提供符合其营养需要的日粮，并且达到维持良好身体状况的需要量。

4.1.4 牛场不得使用变质、霉败或被污染的饲料原料和禁止使用的动物源性饲料。

4.1.5 宜为牛只提供不少于 60％的纤维饲料。

4.1.6 牛场采用料槽饲喂时，应保证足够的饲喂空间（不小于 1.1 倍肩宽），以供牛群同时进食。饲喂方式应尽量减少牛的争抢。

4.1.7 牛场应避免饲料类型和饲喂量的突然改变，如需变更应逐步过渡，过渡期应在 10d 以上，并密切观察牛只的消化及况体反应。

4.1.8 采用放牧生产系统，应充分考虑草地载畜量和牛只的营养需求，合理分配草场资源以满足每头牛的营养需要；在冬春季节，应适量补饲。

4.1.9 饲喂设备的设计、安装和维护应考虑减少饲料被污染的风险。

4.1.10 牛场应保持饲喂设备的清洁，防止残余饲料的腐败变质。

4.1.11 牛场应采取措施防止饲料储藏过程中的污染和腐败变质。

4.1.12 牛场不应使用以促生长为目的非治疗用抗生素，不得使用激素类促生长剂；对于加药饲料的使用应明确标识并记录。

4.1.13 肉牛上市前应严格执行休药期的相关规定。

4.2　饮水

4.2.1 除主治兽医师要求外，牛场应每天连续向所有牛提供充足、清洁、新鲜的饮用水。饮用水质应符合 NY/T 5027 的要求。

4.2.2 饮用水空间应满足至少 10% 的牛可同时饮水。

4.2.3 水槽的位置应远离地面倾斜处和低洼处，且不应造成垫料区域的潮湿或污染。

4.2.4 采用放牧生产系统，应保证充足、干净、新鲜饮用水的供水设施或水源地。若使用天然水源，应对潜在疾病风险进行评估。

4.2.5 应对设置在草场上的供水设施或水源地区域采取保护措施。饮用水槽周围的区域应加强管理，宜为水槽设置防护挡板。

4.2.6 所有饮水设备均应保持清洁，供水系统应定期维护和消毒。

4.2.7 牛场应储备足够的饮用水或有紧急供水措施，以便冰冻或干旱等原因造成正常供水中断时应急使用。

4.2.8 冬季宜为牛群供应温水。

4.2.9 在饮水中需添加药物或抗应激剂时，应使用专用设备，并做好添加记录。

5　养殖环境

5.1　牛舍及设施

5.1.1 牛场建设应满足国家相关法律法规和标准的要求（参见附录 A）。

5.1.2 牛场建设的规划设计，应考虑总面积、养殖数量、年龄、体重、采食空间、饮水空间、垫料面积等与动物福利相关的要求。

5.1.3 牛场的路面应定期维修，以免牛蹄部损伤。

5.1.4 牛舍内通道应便于牛无障碍通过，避免或减少直角转弯的盲区。

5.1.5 牛舍内地面应为防滑材料或做防滑处理，以防牛滑倒损伤。

5.1.6 牛舍内地面、墙壁、围栏应易于清洗、消毒或必要时更换。与牛体接触面，应避免尖锐的边缘和突出，以防止对牛的伤害。

5.1.7 牛舍及舍内、外设施设备应使用无毒无害的材料。

5.1.8 牛场内的电器设备、电线、电缆应符合相关规范，且有防止牛接近和啮齿类动物啃咬的措施。

5.1.9 应为放牧生产系统中的牛，提供自然遮蔽物或设立遮荫棚，以便牛只在极端天气下得到庇护。

5.1.10 牛场应建立废弃物无害化处理设施，并保证其正常运转。

5.1.11 牛场应设有弱、残、伤、病牛特别护理区，并与其他牛舍隔开。

5.2 饲养密度

5.2.1 应提供足够的空间，使所有的牛只可同时卧息。

5.2.2 采用舍饲及半舍饲生产系统养殖时，牛只最小空间需要量见表1。

表1 牛只最小空间需要量

体重（kg）	最小活动面积（m²）	最小卧息面积（m²）	最小总面积（m²）
<100	1.5	1.8	3.3
100~300	2.5	2.5	5.0
300~500	3.5	2.5	6.0
500~700	5.5	2.5	8.0
>700	7.0	3.0	10.0

5.3 卧息区域/地面

5.3.1 应为牛提供干燥、舒适的躺卧区域。

5.3.2 牛舍内使用的垫料应及时补充并定期更换，保持其清洁、干燥、舒适。

5.3.3 非垫料区地面应进行水泥硬化或铺上漏缝地板。

5.3.4 使用水泥硬化时，应做好防滑处理，并向排污区稍有倾斜。

5.3.5 使用漏缝地板时，其间隙和板条宽度应适宜，以防牛蹄部受到伤害。

5.4 温湿度与通风

5.4.1 牛场应保持适宜的牛舍温度，不应过冷或过热，以避免牛产生应激反应。

5.4.2 牛舍应有效通风，使舍内相对湿度低于80%，并避免高湿、冷凝水和贼风。

5.4.3 牛舍应保持良好的空气质量，舍内可吸入粉尘和氨气浓度应符合 NY/T 388 的规定。

5.4.4 放牧生产系统环境中，应根据牛品种、年龄、适应性以及可预见的气候条件和自然遮蔽物等，对放牧场气候环境、温度和空气流动进行评估。

5.5 照明

5.5.1 牛舍应配备足够的照明设备（固定或便携的），设备应能正常运行并定期检查和维护。

5.5.2 舍饲生产系统宜采用自然光照。采用人工照明时，强度为20lx～

100lx。至少 6h 的连续黑暗或低水平光照以便牛休息。

5.5.3　若当地自然光照或自然黑暗的时长较短时，连续光照和黑暗的时长可作适当调整。

5.6　产犊环境

5.6.1　牛场应为待产母牛提供洁净、舒适的分娩牛舍和产床。

5.6.2　产房应有充足的垫料。

5.6.3　分娩牛舍、兽医室和隔离舍的设计应与其他牛舍隔开，以便于卫生防疫管理。

5.6.4　分娩区应有足够的空间和保护措施，方便助产。每 100 头牛应提供至少 5 头牛的分娩空间。

5.6.5　冬季分娩，应为犊牛提供补充热源，以保证其适宜的温度。

5.7　公牛栏

5.7.1　公牛栏宜设在公牛能看、听、嗅到其他牛及其活动的场所。

5.7.2　牛场应为成年公牛提供单栏，栏内垫料卧息区面积不小于 $16m^2$；大型公牛的卧息区面积，每 60kg 体重应不小于 $1m^2$。

5.7.3　活动和交配区总面积应不小于 $25m^2$。

5.7.4　牛场应为在公牛栏工作的人员提供适宜的束缚设备和逃生通道等安全措施。

5.8　犊牛栏

5.8.1　犊牛栏使用的材料应避免犊牛产生冷、热应激反应。

5.8.2　牛场应根据犊牛的日龄和品种，为犊牛提供大小适宜的犊牛栏。

5.8.3　牛场应为犊牛提供干燥、舒适的垫料床，不应对犊牛进行牵引或束缚。

5.8.4　犊牛栏的安置应使犊牛能够看到、听到隔壁犊牛栏内的犊牛。

5.8.5　犊牛栏应建在排水良好、有遮蔽物的场所。

5.8.6　犊牛最迟 6 周之前应从犊牛栏中转出。

5.9　围栏/隔断

5.9.1　牛场安装的围栏与饲喂隔断不应对牛造成皮肤划伤或头颈部夹卡等伤害。

5.9.2　牛场使用的电围栏应为安全电击，不应使牛产生过度不适。

5.9.3　应适时检查和维护所有围栏和隔断。

5.10　粪污处理

5.10.1　牛场应按 NY/T 1168 的要求及时处理粪污，避免污染环境，防止疾病传播。

5.10.2　牛场应有效隔离厩肥堆，防止牛触及。

5.11　环境富集与行为

5.11.1　为减少牛异常行为的发生，牛场宜提供必要的材料满足环境富集的要求。

5.11.2 牛场宜提供牛相互表达和交流情感的空间。

5.11.3 宜为母牛和犊牛提供相处的条件，以满足母牛天性表达。

5.11.4 牛场宜采用放牧的养殖方式，以满足牛群的生物习性。

5.11.5 应记录牛的异常行为，对于重复出现的情况，牛场应予以分析，及时采取改善饲养管理和环境控制的措施。

6 养殖管理

6.1 人员能力

6.1.1 牛场管理者应接受有关动物福利知识的培训，掌握动物健康和福利方面的专业知识，了解本标准的具体内容，且能在其管理过程中熟练运用。

6.1.2 牛场饲养人员应接受有关动物福利基础知识的培训，掌握动物健康和福利养殖方面的基本知识及本标准的具体内容，且能在其操作过程中有效运用。

6.2 繁殖

6.2.1 小母牛应达到性成熟后方可配种。公牛的选择应考虑母牛的品种、体型大小、年龄以及公牛初生重和难产度等，以降低母牛难产或患其他疾病的风险。

6.2.2 胚胎移植、人工授精以及妊娠检测应由兽医师或受过专业培训的人员操作，以保证母牛和胎儿的健康。

6.2.3 待产母牛应在预产日前 5d～7d 转入产房。

6.2.4 牛场工作人员应每日至少检查分娩母牛和犊牛 2 次。

6.2.5 牛场工作人员应每日至少检查公牛 2 次。

6.3 断奶

6.3.1 应确保犊牛出生后尽早获得足量的牛初乳。

6.3.2 犊牛哺乳时间不少于 8 周。

6.3.3 断奶时间尽可能与转群、运输、日粮更换等生产关键点错开，以免引起犊牛应激或死亡。

6.3.4 宜采用渐进式断奶方式，以降低犊牛断奶应激和痛苦。

6.4 阉割

6.4.1 不宜对牛实施阉割。

6.4.2 确定需要阉割的犊牛，应在 1 月龄～3 月龄实施，宜使用止痛剂，以减少牛的应激和痛苦，超过 3 月龄阉割时应使用止痛剂。

6.4.3 牛场应细心观察和照顾被阉割的犊牛，发现异常及时处理。

6.4.4 操作人员应受过专门培训，操作熟练、迅速，并能鉴别阉割并发症。

6.5 去角

6.5.1 不宜对牛实施去角。

6.5.2 确需去角的犊牛，应在 7 日龄～30 日龄实施，宜使用止痛剂，超过 30 日龄去角时应使用局部麻醉或止痛剂。

6.5.3 确需去角的犊牛，宜采用电烙铁法去角。犊牛去角后 24h 内，应每小时观察 1 次，发观异常及时处理。

6.5.4 操作人员应受过专门培训，操作熟练、迅速，并能鉴别去角并发症。

6.6　标识

6.6.1 标识牛时，应采用让牛无痛或短暂性痛苦的方法，宜在光线较暗的区域进行。

6.6.2 标识牛时，应使用无毒无害的材料。

6.6.3 操作人员应受过专门培训，操作熟练、迅速，以减少牛的痛苦。

6.7　其他

6.7.1 牛场应根据牛的年龄、性别、有无犄角等因素进行分群。

6.7.2 牛群应保持相对稳定，减少混群。必须混群时，宜每次 2 头以上同时转群，应提供较大的活动空间，细心观察，以降低牛的应激和伤害。

6.7.3 牛场应对进行隔离治疗的伤病牛每天至少进行 2 次检查。

6.7.4 牛场对治疗无效的牛，应征求兽医师的处理意见，必要时实施人道宰杀。

6.7.5 牛场应识别可能对动物福利造成不利影响的自然灾害、极端天气等各种紧急情况，并制订应对的方案。

6.7.6 宜利用听觉或视觉方法驱赶牛群，不应使用棍棒、皮鞭、电棒等粗暴手段驱赶。

6.7.7 不应刺戳牛眼、鼻、乳房、阴囊、肛门等敏感的部位。

6.7.8 应尽量减少牛在分栏圈内的时间和拥挤程度，以免引起牛应激或造成伤害。

6.7.9 牛场应控制牛群通过门、通道、拐角等狭窄区域的流量，以免造成牛伤害。

7　健康计划

7.1 牛场应制订符合法律法规要求的兽医健康计划，内容应至少包括：
　　——生物安全措施；
　　——疫病防控措施；
　　——药物使用及残留控制措施；
　　——病死牛及废弃物的无害化处理措施；
　　——其他涉及动物福利与健康的措施等。

7.2 牛场应定期对健康计划的实施情况进行检查，并适时进行该计划的更新或修订。

8 运输

8.1 运输方应满足国家有关法律法规及标准要求（参见附录 A）。

8.2 运输相关人员

8.2.1 司机和押运人员应具备运输牛的经验，并接受过基本的兽医知识、伤病牛的管理和动物福利有关知识的培训。

8.2.2 司机应平稳驾驶运输车辆，并对牛在运输过程中的状况进行有效监控。

8.3 装卸

8.3.1 应尽量减少牛混群装载，伤病的牛不应进行装载运输。

8.3.2 应使用适当的装卸设备，尽可能采取水平方式装卸牛。无法避免的坡道应尽量平缓（坡度不宜超过 20°），应采取防滑的措施及安全围栏。

8.3.3 装卸牛的过程应以最小的外力实施，尽可能引导牛自行走入或走出运输车辆，不得采取粗暴的方式驱赶。

8.3.4 牛到达目的地后应及时卸载。

8.4 运输容量

8.4.1 运输牛的车辆应保证牛可自然站立，并且顶部有通风的空间。牛头部最高点距顶棚至少保留：小牛为 10cm，成年牛为 20cm。

8.4.2 运输牛的装载密度见表 2。

表 2 运输牛的装载密度

重量（kg）	每只牛占用面积（m²）
50～110	0.3～0.4
110～200	0.4～0.7
200～325	0.7～0.95
325～550	0.96～1.30
550～770	1.30～1.60
>770	>1.60

8.5 运输前准备

8.5.1 运输牛的车辆宜有防晒遮雨的顶棚，地板宜铺有足量的垫料。

8.5.2 牛在运输前应能随时得到饮水。

8.5.3 在装车前 4h 内，不得给牛喂食。

8.6 运输

8.6.1 牛应就近屠宰，尽量减少运输和等待时间。连续运输牛的时间不宜超过 8h。

8.6.2 运输车辆所有与牛接触的表面、装载坡台和护栏等，不应存在可能造成牛伤害的锋利边缘或突起物。运输工具各部分构造应易于清洁和消毒。

8.6.3 运输车辆应有一定的防护措施，避免牛摔倒或其他行为可能引起的伤害。

8.6.4 应尽量避免在极端天气进行牛运输。运输牛当日气温高于25℃或低于5℃时，应采取适当措施，减少因温度过高或过低引起牛的应激反应。

8.6.5 运输过程中若出现牛的伤害或死亡，应分析原因并立即采取措施以防止更多伤害和死亡的发生。

9　屠宰

9.1 屠宰企业应满足国家有关法律法规及标准要求（参见附录A）。

9.2 屠宰企业应指定专人负责制定和实施人道屠宰的规定。该负责人应接受过有关动物福利知识和本标准的培训。

9.3 无特殊情况，对运输过程中造成伤残的牛，屠宰企业应及时实施宰杀，尽量减少其痛苦。

9.4　待宰栏（棚）

9.4.1 屠宰企业应为待宰的牛提供充足的饮水，必要时提供饲料。禁水时间不得超过3h，禁食时间不得超过24h。

9.4.2 屠宰场宜提供待宰棚，防止太阳直晒和遮挡风雨，并有足够的空间。

9.4.3 屠宰企业应将待宰栏中具有攻击性的牛与其他牛分开。

9.4.4 宰前检查照明不宜低于220lx。

9.5　屠宰设备

9.5.1 用于牛致昏和宰杀的设备应安全、高效和可靠。

9.5.2 屠宰设备在使用前后应进行彻底清洁与消毒。

9.5.3 屠宰企业应由专人每天对屠宰设备至少检查一次，使其处于良好状态。

9.5.4 屠宰企业应设有备用的屠宰设备。

9.5.5 屠宰企业应为在屠宰线工作的人员提供适宜的束缚设备和逃生通道等安全措施。

9.6　宰前处理

9.6.1 宰前处理应按规定的流程实施，尽量减少牛的痛苦和不必要的刺激。

9.6.2 待宰栏通道及地面应做防滑处理。通道应有足够的空间，光线适宜，无反光物、障碍物及尖锐的直角。

9.6.3 应避免采用粗暴的方式驱赶牛。

9.6.4 进入致昏设备前的牛体应得到有效清洁，减少应激反应。

9.6.5 宜采取S弯道等措施，尽量避免牛通过视觉、听觉和嗅觉接触到正在屠宰或已死亡的动物。

9.7　屠宰方式

9.7.1 屠宰企业应采取人道屠宰方式，尽量减少牛的痛苦和不适。

9.7.2 屠宰的致昏方式应使牛瞬间失去知觉和疼痛感直至宰杀工序完成。

9.7.3 如因宗教或文化原因不允许在屠宰前使牛失去知觉，而直接屠宰的，应在平和的环境下尽快完成宰杀过程。

9.7.4 宰杀用刀具应锋利，其刺入的位置与角度等应能达到放血快速和完全的要求，保证牛迅速死亡。

9.7.5 切断牛的动脉后，至少在 30s 内不得有任何进一步的修整程序，直到所有脑干反射停止。

10 分割加工

10.1 加工企业应满足国家有关法律法规及标准要求（参见附录 A）。

10.2 用于加工动物福利分割牛肉产品的原料牛胴体，应来自养殖和屠宰过程均符合本标准要求的牛场和屠宰企业。

10.3 加工企业应区分动物福利分割牛肉产品与常规产品的加工过程，以避免产品的混淆。

10.4 动物福利分割牛肉产品的质量安全应符合 GB 2707、GB 2761、GB 2762 和 GB 2763 等相应的食品安全国家标准要求，肉牛养殖中的禁用物质不得检出。

11 记录与可追溯

11.1 牛的福利养殖、运输、屠宰、加工全过程应予以记录，并可追溯。

11.2 牛场的种牛档案应永久保存。其余养殖、运输、屠宰、加工全过程的所有记录应至少保存 3 年。

附　录　A

（资料性附录）

相关法律法规和标准

中华人民共和国动物防疫法

中华人民共和国畜牧法

兽药管理案例

畜禽规模的养殖法案防治案例

畜禽规模养殖污染防治条例

农业部公告第 168 号　饲料药物添加剂使用规范

GB 2707　鲜（冻）畜肉卫生标准

GB 12694　肉类加工厂卫生规范

GB 13078　饲料卫生标准

GB 16548　病害动物和病害动物产品生物安全处理规程

GB 16549　畜禽产地检疫规范

GB 16567　种畜禽调运检疫技术规范

GB 18596　畜禽养殖业污染物排放标准

GB 18393　牛羊屠宰产品品质检验规程

GB/T 19477　牛屠宰操作规程

GB/T 19525.1　畜禽环境术语

GB/T 19525.2　畜禽场环境质量评价准则

GB/T 20014.6　良好农业规范　第 6 部分：畜禽基础控制点与符合性规范

GB/T 20014.7　良好农业规范　第 7 部分　牛羊控制点与符合性规范

GB/T 21495　动植物油脂　具有顺，顺 1，4-二烯结构的多不饱和脂肪酸的测定

NY 5030　无公害食品　畜禽饲养兽药使用准则

NY 5032　无公害食品　畜禽饲料和饲料添加剂使用准则

NY 5126　无公害食品　肉牛饲养兽医防疫准则

NY/T 388　畜禽场环境质量标准

NY/T 676　牛肉等级规格

NT/Y 815　肉牛饲养标准

NY/T 1167　畜禽场环境质量及卫生控制规范

NY/T 1178　牧区牛羊棚圈建设技术规范

NY/T 1339　肉牛育肥良好管理规范

NY/T 1446　种公牛饲养管理技术规程

NY/T 5128　无公害食品　肉牛饲养管理准则

NY/T 5339　无公害食品　畜禽饲养兽医防疫准则

英国防止虐待动物协会肉牛福利标准（RSPCA welfare standards for beef cattle)

加拿大防止虐待动物协会肉牛的福利标准（Standards for the raising and handling of beef cattle)

本标准起草工作组构成：

　　主要起草单位：中国农业国际合作促进会动物福利国际合作委员会

　　　　　　　　　　方圆标志认证集团有限公司

　　　　　　　　　　中国农业科学院北京畜牧兽医研究所

　　　　　　　　　　吉林省标准化研究院

　　　　　　　　　　世界农场动物福利协会

　　　　　　　　　　珲春市吉兴牧业有限公司

　　　　　　　　　　陕西秦宝牧业股份有限公司

　　　　　　　　　　内蒙古杭锦旗游牧人养殖专业合作社

　　主要起草人：翟虎渠、许尚忠、沈贵银、王培知、席春玲、李旎、
　　　　　　　　　冯晓红、王天羿、高雪、顾宪红、周尊国、阿永玺、
　　　　　　　　　王桂芝、郭金发、张丽、汪小溪、王润东。

主要参考文献

Merle Cunningham，Mickey A Latour，Duane Acker，2008. 动物科学与动物产业[M]. 第 7 版. 张沅，王楚端，主译. 北京：中国农业大学出版社.

S. 斯莫莱克，K W. 理查德，D M. 鲍德恩，等，1995. 加拿大草业与养牛业[M]. 罗新义，等，译. 哈尔滨：东北林业大学出版社.

安德鲁斯（A H Andrews），R W Blowey，H Boyd，等，2006. 牛病学：疾病与管理[M]. 第 2 版. 韩博，苏敬良，吴培福，等，主译. 北京：中国农业大学出版社.

包军，2019. 家畜行为学[M]. 第 2 版. 北京：高等教育出版社.

包跃先，2018. 家畜行为学[M]. 北京：中国农业出版社.

布鲁姆（Broom D M），弗雷泽（Fraser A F），2015. 家畜行为与福利[M]. 第 4 版. 魏荣，等，译. 北京：中国农业出版社.

曹菡艾（Deborah Cao），2018. 科学视角下的农场动物福利[M]. 顾宪红，译. 北京：中国农业大学出版社.

柴同杰，2016. 动物保护及福利[M]. 第 2 版. 北京：中国农业出版社.

陈幼春，2012. 现代肉牛生产[M]. 第 2 版. 北京：中国农业出版社.

陈幼春，吴克谦，2007. 实用养牛大全[M]. 北京：中国农业出版社.

丑武江，2016. 养牛与牛病防治[M]. 第 2 版. 北京：中国农业大学出版社.

丹麦农牧业知识中心（SEGES），2019. 奶牛幸福之源：基于奶牛自然习性的牧场设计推荐[M]. 内蒙古蒙牛乳业（集团）股份有限公司，译. 北京：中国农业出版社.

刁其玉，2003. 奶牛规模养殖技术[M]. 北京：中国农业科学技术出版社.

国家研究委员会，农业委员会，动物营养委员会，等，1988. 肉牛营养需要[M]. 第 6 版. 马曼云，叶瑞甫，译. 北京：农业出版社.

果戈里（Gregory N G），2008. 动物福利与肉类生产[M]. 第 2 版. 顾宪红，时建忠，译. 北京：中国农业出版社.

冀一伦，2004. 实用养牛科学[M]. 第 2 版. 北京：中国农业出版社.

贾幼陵，2014. 动物福利概论[M]. 北京：中国农业出版社.

贾幼陵，2017. 动物福利概论[M]. 第 2 版. 北京：中国农业出版社.

凯茜·德怀尔（Cathy Dwyer），2019. 绵羊的福利[M]. 吕慎金，主译. 北京：中国农业出版社.

柯良备，2016. 肉牛养殖实用技术[M]. 银川：阳光出版社.

孔雪旺，孙攀峰，2013. 养牛与牛病防治[M]. 北京：中国农业大学出版社.

兰海军，2011. 养牛与牛病防治[M]. 北京：中国农业大学出版社.

林诚玉，陈幼春，1989. 奶牛肉牛高产技术[M]. 北京：金盾出版社.

刘敏雄，王柱三，1984. 家畜行为学[M]. 北京：农业出版社.

刘太宇，2008. 养牛生产[M]. 北京：中国农业大学出版社.

刘太宇，郑立，2015. 养牛生产技术[M]. 第 3 版. 北京：中国农业大学出版社.

刘云国，2010. 养殖畜禽动物福利解读[M]. 北京：金盾出版社.

吕海明，2020. 肉牛异食癖的发生原因、危害、临床症状和防治措施[J]. 现代畜牧科技
（1）：110-111.

迈克尔（Michael C），等，2010. 长途运输与农场动物福利[M]. 顾宪红，主译. 北京：中
国农业科学技术出版社.

毛建，2010. 牧草与养殖[M]. 成都：电子科技大学出版社.

莫放，2010. 养牛生产学[M]. 第 2 版. 北京：中国农业大学出版社.

邱怀，2002. 现代乳牛学[M]. 北京：中国农业出版社.

曲永利，陈勇，2014. 养牛学[M]. 北京：化学工业出版社.

权凯，2010. 奶牛健康高产养殖手册[M]. 郑州：河南科学技术出版社.

任丽萍，2014. 畜禽福利与畜产品品质安全[M]. 北京：中国农业大学出版社.

宋连喜，田长永，2014. 牛生产[M]. 第 2 版. 北京：中国农业大学出版社.

孙丽荣，郑海英，贾伟星，2015. 优质肉牛养殖技术[M]. 赤峰：内蒙古科学技术出版社.

孙树春，张鹤平，2015. 牛的行为与精细饲养管理技术指南[M]. 北京：化学工业出版社.

泰勒（Tyler H D），恩斯明格（Ensminger M E），2007. 奶牛科学[M]. 第 4 版. 张沅，王
雅春，张胜利，主译. 北京：中国农业大学出版社.

覃国森，丁洪涛，2006. 养牛与牛病防治[M]. 北京：中国农业大学出版社.

田牧群，2008. 肉牛疾病防治实用技术[M]. 银川：宁夏人民出版社.

王根林，2014. 养牛学[M]. 第 3 版. 北京：中国农业出版社.

王璐菊，张延贵，2014. 养牛生产技术[M]. 北京：中国农业大学出版社.

王学兵，2011. 牛场多发疾病防控手册[M]. 郑州：河南科学技术出版社.

王之盛，万发春，2013. 肉牛标准化规模养殖图册[M]. 北京：中国农业出版社.

吴国娟，2012. 动物福利与实验动物[M]. 北京：中国农业出版社.

吴心华，孙文华，2013. 奶牛健康养殖技术[M]. 银川：阳光出版社.

夏风竹，孙莉，2014. 高效养牛技术[M]. 石家庄：河北科学技术出版社.

许尚忠，高雪，2013. 中国黄牛学[M]. 北京：中国农业出版社.

姚亚铃，2016. 肉牛规模化健康养殖彩色图册[M]. 长沙：湖南科学技术出版社.

于利子，宋学功，王永明，2009. 基地肉牛养殖技术[M]. 银川：宁夏人民出版社.

昝林森，2017. 牛生产学[M]. 第 3 版. 北京：中国农业出版社.

赵爱云，齐萌，井波，2019. 动物保护与福利[M]. 北京：中国农业科学技术出版社.

图书在版编目（CIP）数据

肉牛全程福利生产新技术／翟琇，贾伟星主编 . —
北京：中国农业出版社，2021.4
　ISBN 978-7-109-28099-1

　　Ⅰ.①肉…　Ⅱ.①翟…②贾…　Ⅲ.①肉牛—饲养管
理　Ⅳ.①S823.9

中国版本图书馆 CIP 数据核字（2021）第 061644 号

中国农业出版社出版

地址：北京市朝阳区麦子店街 18 号楼
邮编：100125
责任编辑：冀　刚
版式设计：杜　然　责任校对：周丽芳
印刷：北京中兴印刷有限公司
版次：2021 年 4 月第 1 版
印次：2021 年 4 月北京第 1 次印刷
发行：新华书店北京发行所
开本：700mm×1000mm　1/16
印张：13.75
字数：280 千字
定价：78.00 元